家族與社會

台灣與中國社會研究的基礎理念

陳其南　著

序 言
本土社會研究理念的探索

　　本書收錄了作者最近以來一直陸續發表過的主要研究論文，這些論文所討論的對象包括了台灣原住民族、台灣漢人社會和中國傳統社會，在時代方面則涉及了持續到今天的傳統制度，也包括明清以前以至商周時代的題材。不過，這些橫跨不同時空的研究，在旨趣方面也很清楚地貫穿於「家族與社會」這個標題所涵蓋的範圍中。透過對不同時期和地區社會的分析，這些研究旨在探討家族或親屬制度本身，及其在各該社會中展現的形態和作用。

　　關於台灣和中國社會的研究，作者嘗試努力的是想從本土學者的觀點對過去的研究提出反省性的思考，試圖探索我們自己的問題意識，如果可能的話也試圖自己去回答這些問題，進而建構出一個屬於本土學者的理論模型。許多人可能都跟作者有相同的看法，即從事社會科學研究的學者向來都無可避免地需要接受西方理論的訓練，不知不覺受西方本位的思考模式所限制。由於學術思想發展的歷史與客觀條件之限制，此種傾向原本無可厚非，何況我們本來就沒有自己的所謂社會科學傳統。但是，如果在研究我們自己的社會，在建立我們自己的學術傳統之過程中，大家仍然深受這些源出西方

社會研究的本位理論所制約，始終毫無批判性地把這些理論照搬不誤，那麼對本土社會研究可能產生誤導的作用尚在其次，恐怕也不知不覺扭曲了這些原有的理論本身。問題不僅發生於本土學者身上，即使在那些以研究台灣和中國社會為職志的西方學者身上也屢見不鮮。本書的論作相信已經明白指出了這類問題。

事實上，在有關中國社會研究的學界中，我們不難發現本地學者缺乏批判性的「自我殖民化」之現象，例如以外來學者及其英文論述為尚而忽略其理論品質內涵，甚至在潛意識裡排斥或貶低本地學者使用本土語言所做的研究。本書所代表的努力，如果有些許意義的話，那應該就是在於試圖衝破這個限制，以建立中文論述為主的一些用心了。

作者在從事這些研究的過程中，深深感到有必要在本土社會研究方面加強建立一個以中文論述為基礎的社會理論傳統，不僅以中文為表達方式，而且以本地學者對本地社會的研究理念做為問題意識的基礎。這並不是要走入排外的義和團心態，也不是要耽溺於敝帚自珍，而是因為唯有透過這種努力，我們才有可能擺脫自我殖民的束縛，也才有資格去質疑或肯定「社會科學中國化」的必要和可能性。由於社會研究本身的特殊性，我們對國際間的主流或中心學界所能做出的貢獻──假如這種貢獻是必要的話，乃在於透過本土性的洞察，從考察自己社會中提出獨特的經驗與見解。如此本地學者才能建立與國際學界「對話」的權力，而不是爭著透過合作研究或扮演代理人角色，或做為西方學界提供瑣碎註解和枝節例證的附庸。台灣的社會發展已經超越這個階段了，學界中人應虛心思考本身的角色和地位。為建立一個獨立自主立場的台灣中文社會科學傳

統，假如個人的經驗有助於年輕學者的自覺與反省，那麼我們也應該可以「過河卒子」當之無愧於心了。畢竟在學術上要擺脫「殖民地」心態，要比在政治和經濟上困難得多，因為學術殖民意識的界線沒有那麼清楚，學術殖民現象的衝擊也沒有切膚之痛。對於素來即以第三世界現狀為主要關懷對象的人類學家而言，這種「自我殖民化」的徵候是最容易體察不過的事了。

　　雖然作者個人有意識地在朝著這個方向做點滴的努力，然而對國內學界許多自我矮化的客觀現實，也頗覺痛感。例如在傳統中國家族制度的研究方面，拙著從西方人類學傳統的基礎出發，正面對他們的中國家族研究理論提出根本性的質疑，並將拙論的建構放回西方人類學傳統的理論架構中做「對話」。英文學界向來即在不自覺的過程中陷入理論陣營中的派系立場，成為拙論所徹底批判的對象，但由於國內學界向來的依賴性格，作者的此番用意恐怕也是一廂情願。相對的，未必捲入這種理論派系立場的日本學界，一般而言反而有較令人鼓舞的接受性，在研討會中的議論，年輕學者的評論，和他們積極的翻譯，使得這個研究得以為日本學界所悉。我也深為他們的興致所感動，且從他們的交往中獲益良多。他們有些甚至因為拙文的刺戟而認為應該是我們共同從東方社會本土的立場出發，開始對西方社會研究理念提出反省批判的時候了，我希望特別提到幾位熟知的同好，包括沖繩國際大學的小熊誠，東京大學的田仲一成、若林正丈，東京都立大學的渡邊欣雄，東北大學的瀬川昌久，原香港日本總領事館的中生勝美，高知大學的片山剛，以及上田信、深尾葉子、西澤治彥、川崎有三等諸先生。

　　最後，希望以此書獻給我所出身的台灣社會與台灣人類學界。

本書各篇論文在研究和寫作發表時都受到此間許多老師前輩和朋友們的指導與幫助。本書的出版則得力於聯經出版公司編輯部和王震邦等諸先輩的協助,在此一併誌謝。這些論文也代表了作者心智和學術成長的過程,其中容有錯誤和不成熟之處,尚祈讀者不吝指正。

一九八八年十月廿五日

目　　次

序言：本土社會研究理念的探索…………………………………… i

第一章　台灣原住民族的社會人類學研究…………………………… 1

第二章　台灣漢人移民社會的建立及其轉型………………………57

第三章　現階段中國社會研究的檢討：

　　　　台灣研究的一些啓示………………………………………97

第四章　「房」與傳統中國家族制度：

　　　　兼論西方人類學的中國家族研究…………………………129

第五章　方志資料與中國宗族發展的研究…………………………215

第六章　明清徽州商人的職業觀與家族主義：

　　　　兼論韋伯理論與儒家倫理…………………………………259

第七章　中國古代親屬制度與婚姻形態：

　　　　稱謂、廟號與婚制…………………………………………313

第一章
台灣原住民族的社會人類學研究 *

一、前言

台灣光復後有關原住民族的人類學研究應該從1949年談起。這一年剛好也是西方人類學發展史上的關鍵時刻。在這同一年中，美國的莫達克（George P. Murdock）出版了《社會結構》（*Social Structure*）一書，法國的李維史陀（Claude Lévi-Strauss）出版了結構學派的經典著作《親屬的基本結構》（*Les Structures élémentaires de la parente*）。集英國社會人類學親屬理論之大成的《非洲親屬與婚姻制度》（*African Systems of Kinship and Marriage*, A. R.

---

* 本文第二、三節原以日文〈高山族系住民的社會と文化〉發表，載戴國煇編《もっと知りたい台灣》（東京：弘文堂，1987）。今改譯成中文並略作修訂。其餘各節原發表於台北南港中央研究院民族學研究所「台灣高山族研究的回顧與前瞻」研討會（1975），後載於《中央研究院民族學研究所集刊》，40期，頁19－49。原附〈光復後高山族社會文化人類學文獻目錄〉，今從略。

Radcliffe-Brown 和 C. D. Forde合編）也僅僅慢了一年出版。

　　也就是在這一年（民國38年），國立臺灣大學設立了國內第一個考古人類學系。在這一年的夏天，中央研究院歷史語言研究所、臺大考古人類學系和臺灣省文獻委員會，在林氏學田的資助下聯合展開了戰後所做的第一次高山族人類學調查研究。那就是關於泰雅族的「瑞岩民族學調查」。其報告出版於次年的《文獻專刊》第1卷第2號上面。其中包括陳紹馨的〈人口與家族〉，石璋如和陳奇祿的〈物質文化〉，林衡立的〈宗教〉，董作賓的〈時間觀念〉，芮逸夫的〈系譜〉及〈親屬制度〉（後者較晚出版），李濟的〈體質〉。這次調查前後雖然只花了12天，但卻是一次非常成功的team work，是後來國內從事民族學田野調查的範例。

　　轉眼之間，其達克等人的這些著作已經成了古典，大部分都免不了受到批評和修正。1961年，李區（Edmund Leach）的《人類學的反思》（*Rethinking Anthropology*）一書是個開始，此後人類學界不斷地對過去被奉為圭臬的理論產生懷疑，對人類學者的研究態度感到不滿，對土著的實際問題表示前所未有的關切。關於台灣原住民族的人類學研究，目前似乎也是到了應該做一些反思和檢討的時候了。以下擬提出幾個問題來討論：

　　⑴在民族誌的整理方面，多執著於固定不變的方式，例如親屬稱謂的分類、家庭結構的類型和構成分子之統計，缺乏因族而異的彈性。因此不能掌握各族的主題意識，例如布農族的家庭成員觀念和親屬稱謂在社會制度上的意義。

　　⑵曾被用於處理高山族親屬分類的Harvey-Liu Notation System，大膽地將婚姻關係「化約」為繼嗣聯繫的關係，在邏輯上有商榷的

餘地。

(3)在親屬理論方面，國內有關臺灣高山族的研究雖有衛惠林的世系論架構，但在概念上頗多謬誤或前後不一致之處。在處理民族誌材料時也偶陷於主觀性。

(4)王崧興等以非單系理論為基礎批評前述之世系論，但並未解決根本的問題，尤其是大而化之的Kith-based group概念和模糊的宗教和經濟關係概念。

(5)關於群體構成法則的問題，有許多不同類型的中心主義者（衛惠林的世系中心論和王崧興所代表的constitution觀念）、消極論者（如非單系說）和社會全體論者（如中根千枝對雅美族研究的觀點），這些均未能充分反映社會事實。

(6)在討論到社會群體構成時，對質與量的問題混淆不清，例如有關系性的討論，泰雅、雅美和阿美可能是程度的問題，而排灣、魯凱和卑南卻與「系性」無關。

(7)向來的高山族民族誌著作太過於格式化，未能適當地整合社會生活的各個層面，尤其是在社會關係和儀式行為之間。

(8)過去雖有統合觀念（syntagmatic view）的功能論者討論宗教信仰和儀式行為的社會意義。但最豐富的置換觀念（paradigmatic view），或所謂象徵的（metaphoric or symbolic）層面則尚未被發掘。

(9)此種討論架構也可用於批評和期望目前已經式微的物質文化和原始藝術之研究。

這裡所討論的範圍和採取的出發點，可以與馬淵東一在日本《民族學研究》18卷上所發表的〈高砂族に關する社會人類學〉相比

擬，討論的範圍將盡量局限在可以稱之為社會人類學研究的部分。馬淵在1954發表的這篇文章可說是對日本人戰前所做研究的總結，雖然他以社會人類學為名，但大部分的內容是在介紹「臨時臺灣舊慣調查會」以來的調查事業。而這些調查，包括岡田謙、古野清人，以及他本人在戰前所發表的，都只能算是民族誌的報告，所以稱之為社會人類學，與其說是就研究的方法而言，倒不如說是在於調查項目的共通性。關於這一點，光復後的研究多少有些進步，其成果是不容一筆抹殺的。至少我們今天可以拿出來討論的，就要比馬淵這一篇更富於理論的刺戟性，對未來的研究更具有啟發性。同時還要強調一點，本文並未打算探討所有有關高山族研究的業績，而主要是局限於以社會組織為中心的研究，因此無可避免地遺漏了一些關於高山族研究的重要貢獻，例如凌純聲和鹿野忠雄等人所開啟的物質文化和泛太平洋地區之比較研究，光復後早期單純以民族誌為工作目標的許多著作，以及最近方興未艾的文化與人格、文化變遷和經濟發展之研究等等。相信這些業績在其他的地方已經、或將得到適當的評價。即使在本文探討範圍之內的，我也採取比較屬於批評的態度，這些批評的尺度是最近十年左右才建立起來的。

二、台灣原住民族概觀

在進入問題的討論之前，我們有必要對於台灣原住民族的一般概況和社會組織形態做一些基本的認識。台灣的原住民族，向來總稱為「高山族」或「山地同胞」，實際上包括了分布相當廣闊，語言和文化差別很大的九個族群。根據現在的民族學分類，這九族分

別稱為泰雅（Atayal）、賽夏（Saisiat）、布農（Bunun）、曹
（Tsao）、魯凱（Rukai）、排灣（Paiwan）、阿美（Ami）、卑
南（Puyuma）和雅美（Yami）。日據時代，這些族群稱為「高砂
族」或「蕃族」。在更早的清代文獻中則稱為「生番」或「山番」，
以別於「熟番」或「化番」。生熟之別是以其漢化程度為標準的，
所以是一種主觀而且隨時間而不同的劃分法。不過此種用語把人群
的文明開化程度比喻為食物料理的生食與熟食之分別卻頗富於結構
人類學的象徵含義。

　　自清代以來，所謂的熟番大部分是指原來住在台灣平地和近山
地區的「平埔族」①。但「平埔族」也是包括幾個不同系統的族群
之泛稱。而且，從荷蘭據台時期以來，許多平埔族都已經消失或漢
化，除非是專門研究這問題的學者，一般人已經無從知道目前尚存
的平埔族之所在了。不過，台灣西部平原的許多地名都仍顯示出過
去平埔族的存在痕跡，例如「番社」、「舊社」、「社口」等。在
宜蘭或較內陸的埔里一帶也有像「阿里史」、「利澤簡」或「加納
埔」這類明顯地是平埔族後來新建立的聚落地名。我們甚至還可以
在這些地方的居民中找到平埔族的文化傳統遺跡。今天一般習稱的
「高山族」或「原住民族」並不包括這些平埔族群。

　　如果我們把台灣原住民族的地理分布聯想起來，也許更容易記
得這些族群的名稱（如圖1-1），泰雅和賽夏分布於台灣北部山地，
像花蓮太魯閣、台北縣烏來、大溪角板山、台中梨山進去以北的範

―――――――――――

①關於平埔族的研究文獻請參閱潘英海、翁佳音、詹素娟編，《台灣平埔族
　研究書目彙編》（台北：中研院民族所，1988）。

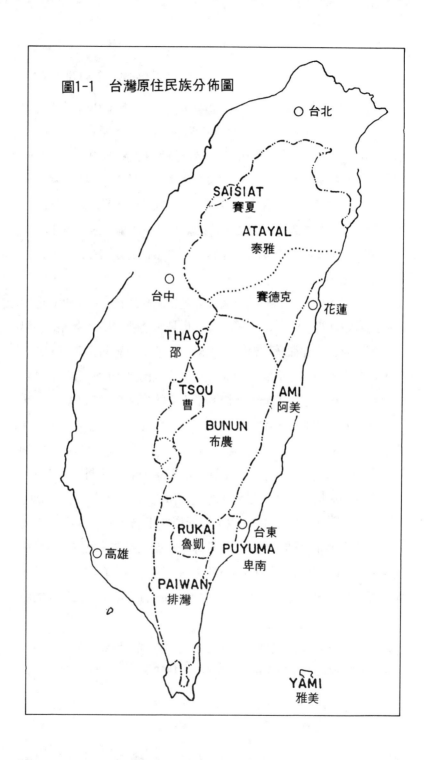

圖1-1　台灣原住民族分佈圖

圍都是泰雅族分布區。賽夏族的人口已經很少，主要居住在新竹縣和苗栗縣的山區。布農族和曹族（又稱鄒族）則佔居台灣山地的中段。布農族主要在南投、高雄、台東、花蓮等四縣的山地，分布範圍很廣。曹族限於嘉義阿里山附近，及南投縣的南端一部分，人口也比布農族少得多。南部山地則為魯凱族和排灣族分布區。東部南端為人口較少的卑南族，而整個花蓮台東縱谷和海岸山脈則是阿美族分布區。阿美族在九族中人口最多。根據1964年的調查統計，台灣山地全部九族約24萬的人口當中，阿美族就佔了9萬。雅美族居住在台東海外的蘭嶼島上，應該算是海洋民族，而非「高山族」。實際上，阿美族和卑南族也大多住在平地而非山地，因此在台灣民政的行政系統上又有所謂「平地山胞」與「山地山胞」等有語意矛盾的分類法。關於名稱和分類的問題，我們在這裡也無從太挑剔了；只要瞭解這些名稱所指涉的範圍即可。至於日月潭德化社的邵族，有些人曾經將之列入高山族之中而成為第十族（陳奇祿，1958），但因人口太少已不重要。

　　台灣原住民族的九個族群在起源上雖然均屬於所謂馬來亞玻里尼西亞（Malayo-Polynesian）系統，但彼此之間在語言、物質文化和社會組織方面仍有很大的不同。即使任何兩族之間的語言有些基本辭彙很相近，但彼此仍然無法做有效的溝通（費羅禮，1969）。在傳統的物質文化和精神生活方面，也不難找出其豐富的變異（Chen, 1968）。各族文化均有其特色，例如雅美族的拼板舟和捕飛魚的生活方式（Kano and Segawa, 1956），排灣和魯凱族的木雕和貴族制度，卑南族盛行的巫術和祭司制度，阿美族的年齡組織、豐年祭和製陶技術，泰雅族的編織和祭團組織，賽夏族一年一度的矮人祭，

曹族的會所組織，以及布農族專長的狩獵和小米種植等等。同樣的，我們在高山族中可以找到具有較漢人更為嚴格的父系氏族社會（布農族），也可以找到傳統上很典型的母系社會（阿美族），有的族群較近於母系（卑南族），有的可以算是父系，但沒有布農族那麼極端（曹族、賽夏族和雅美族）。由此可以看出台灣高山族表現在文化和社會組織的多樣性，幾乎相當程度地代表了人類文化變異的全部領域。在這裡我們根據過去學者的研究，特別是日本學者馬淵東一（Mabuchi Toichi）的著作，先將各族之社會特徵加以整理一番。

三、各族群之社會特徵

泰雅族和賽夏族

泰雅族與賽夏族在地理和文化上是兩個頗為相近的族群，傳統的居住形態有些是各個家戶散居各處一方，有些則聚居為村莊部落。男女結婚之後即於男方家族附近另立新居，因此每個家戶的平均人口較少，而且婚後的居住形態明顯地是父系傾向。但是婚後建居在女方家族附近的也有，在日據時期約佔有百分之十。泰雅族的兄弟與姊妹之間，堂表兄弟和堂表姊妹之間，有嚴格的性禁忌，彼此互相避諱，不得談論有關性事，甚至彼此也不得一起談論與第三者之間的婚事。他們認為違反此項禁忌者會激怒祖靈，並危及整個社群，必須殺豬做為犧牲驅邪。此項禁忌也影響到義兄弟之間的關係，故女人結婚或生子時會危及其兄弟和堂表兄弟，因此其丈夫必須提供小米酒、衣服或貝珠以做為驅邪之用（Mabuchi, 1960：131）。

社會組織的地方差異也很明顯，賽夏族有外婚的父系宗族組織，所以後來再轉化為漢人的姓氏時較為簡單。住在東部的泰雅族稱為賽德克，其一部分村落則為完全由同一男性祖先的後代所組成之地域化的父系宗族。

但最值得注意的是存在於北部泰雅人的祭團組織，稱為*gaga*。根據古野清人（1945）等人的研究，每一個祭團大致由十個左右之家戶所構成，而以其中最有勢力的人為首領，並以其名為該祭團之名稱。祭團的主要構成分子是該首領的男性後代，但也包括姻親及其他無親屬關係者。這種社會組織的性質如何，在民族學界仍是一個爭論性的問題。有些學者認為祭團是父系的（衛惠林，1963），有些則認為主要是基於居住地緣、儀式共享及首領的名望所構成的（Mabuchi, 1960：129），有些稱之為「非單系社會」而認為此種團體是以Kith（血親+姻親）為基礎的（王崧興，1965），不過這些說法顯然都值得再深究。

在泰雅族原居地的西南地區，這些個別的祭團會結合起來構成更大的祭團，涵蓋較大範圍的聚落群，共同參與婚禮和共享獵物，並有一共同領袖，在社會組織上形成一個亞族（sub-tribe）的形態。馬淵（Mabuchi, 1960:131）認為這是由於防衛性的考慮而形成的。

雅美族

在社會組織上，與泰雅族一樣具有強烈的父系傾向，但並不排拒母方和妻方姻親關係者，為蘭嶼島上的雅美族。雅美族的聚落是典型的集居型，自十九世紀末以來一直維持一千多乃至二千多的人口，平均分別居住在瀕臨海岸的六個部落。每個部落很清楚地是由

個別家戶的居住單位所構成，包括建於地平面之下的主屋，一層在地平面下、一層在地平面上的工作房，高架的涼臺，以及豬舍、穀倉等附屬建築。一個居住單位通常只容納一個核心家族，即一對夫婦及其未婚子女。子女婚後即遷出，慢慢發展出完整的獨立居住單位。婚後的居住地點原則上是父系的，很少例外。財產的繼承也是以父系為原則，但往往參與死者葬禮者也分得家屬的建材與水田。

在家戶單位之上，據現有的民族誌報告（Kano and Segawa, 1956；衛惠林、劉斌雄，1962），有以父系血緣關係為主的宗族觀念，但除了一些共同的禁忌和同族名稱之外，並無具體的功能做為團結和延續的基礎。不過此種父系傾向確曾影響其他功能性的合作團體之形成，例如以捕飛魚為主的漁團組織，和共用灌溉水渠的團體。但一如泰雅族的祭團，雅美族的這些合作團體的構成也不排除姻親和非親屬的成員，因此也有類似的不同意見（衛惠林、劉斌雄，1962；中根千枝、王崧興，1963）。

雖然雅美族的部落是密集的聚居型，但並無形式上的部落領袖，部落的事物通常取決於村中的長老們之協議。但諸如飛魚漁撈的禁忌和活動則為整個部落，甚至全雅美族所遵循，若有違背易引起公憤。藉著不同部落間的通婚關係，像可乘十人的大船之下水禮，不僅為該漁團之盛事，且為全部落之盛事，觀禮者包括其他部落之居民。除此之外，我們沒有見過更大規模的全族集體活動。

雅美族雖然像台灣本島的高山族一樣種植小米和薯類作物，但傳統上卻以水芋為主要作物，在河谷兩旁蜿蜒曲折的梯田形成一幅美麗的幾何圖案，這是其他各族所缺少的作物和景觀。水芋不僅供日常食用，且與小米一樣是祭儀中不可或缺的祭品。每當家屋落成

或大船下水，均需覆以水芋，需要量頗大，往往在數年前即需準備
種植。

　　但雅美族之生業最大特色殆為以飛魚為主的漁撈活動。飛魚是
雅美族最受尊敬和喜愛的魚類，可以說是雅美族宗教信仰和社會活
動的指導者。因為飛魚的汛期是季節性的（約在4—6月間），而飛
魚漁撈的期間又有許多的禁忌，因此成為整年生產活動的高潮期。
此時，全族均沈浸在不同的漁撈活動的安排中。耗費極多精力和時
間始能建造成功的大船，其主要的目的即在於捕飛魚，而以大船為
中心所構成的漁團組織則是雅美族社會最重要的團體性組織。如果
不是為了飛魚，大概就不會有這種對稱優雅、雕刻美麗的拼木板舟，
也就沒有漁團組織，雅美族生活自然就不會如此多采多姿。

布農族與曹族

　　布農族和曹族代表典型的父系社會，不僅是婚後的居處法則是
絕對的父系，而且其他的繼嗣制度也是父系的。意識形態上不只以
父系為繼嗣（descent）原則，而且社會組織也是根據父系繼嗣原則
所構成。因此，我們可以發現大家族制度普遍存在於布農族和曹族
的家戶中。戰前，布農族平均每戶人口為9.4人，是所有各族中最
高者（泰雅族和賽夏族為4.8人，雅美族為4.7人），有些家族甚至
多達20或30人。但這些大家族所構成的家戶並不聚居成部落，而是
傾向於散居的，頂多構成小聚落。

　　雖然聚落形態並未把屬於同一父系的各家戶在空間上集聚起來，
但父系繼嗣的觀念卻清楚地表現在外婚的規定上。透過外婚範圍的
規定，我們才弄清楚了不同層次的父系繼嗣團體組織。關於這方面

的研究以馬淵東一（1938; 1974）最為卓越。馬淵根據外婚的規定把布農族和曹族的父系繼嗣團體分為三級：大氏族（phratry）、中氏族（clan）、小氏族（sub-clan）。在布農族中：⑴屬於同一大氏族之成員不可通婚；⑵與母親屬同一中氏族的成員也為禁婚對象；⑶雙方之母親若來自同一中氏族也互為禁婚對象。在曹族中，由於社會規模較小，無大氏族之存在，故僅能禁止屬於同一中氏族之成員間互婚，另外則與布農族一樣，禁止與母親同屬一中氏族的成員結婚。至於雙方母親同屬一中氏族者不禁婚，但雙方母親為親姊妹者仍然禁婚。

布農族的大氏族和曹族的中氏族有同食祭粟的儀式，並有獸肉分享的關係。但除此之外，並無其他經濟、政治和儀式上的功能，因為散居之故，個別的家戶仍然是主要的社會單位。與漢人的父系繼嗣觀念比較，布農族和曹族的母親一方顯然仍保留其原有的氏族身分，不因為已經嫁出到其他氏族而有所改變。在漢人社會中，女子嫁出後即脫離其父親所屬之氏族而完全納入其丈夫之氏族成員中，因此其子女之禁婚對象基本上不考慮母親在婚前所屬之氏族關係。

在大氏族的組織之上，布農族又分為八個亞族，曹族分為四個亞族，分別具有自己的方言和文化特質。這些亞族有共同的族群意識，並在政治上構成認同之單位。曹族之亞族更有形式化的政治組織，有世代相傳的首領，以及設於首領同族所在地的亞族會所。此會所也稱男人會所，在傳統時期掛著獵首得來的敵人頭骨及其他祭祀用品，是各亞族舉行成年禮及各種儀式的場所。因此每一亞族是由一個中心村落和數個衛星村落所組成，各個村落有自己的男人會所。

在小氏族之下，同屬一父系繼嗣的幾個家戶因居住地的相鄰也會結合成一個祭祀單位，祭祀用具和敵人的頭骨均放在共同的祭屋中。在曹族中，此種家戶群的組織更為團結，並扮演經濟上的功能。在布農族中，家戶群之上，小氏族之下，還有父系宗族群的單位。

馬淵東一（Mabuchi, 1958；1970）的研究並特別指出布農族社會中母方氏族的祖靈要比父方氏族者優越，並將此種關係歸類為印度尼西亞型（Indonesian type）。而大洋洲型（Oceanian type）的社會剛好相反，嫁出的姊妹及其後代要比兄弟及其後代為優越。

阿美族

相對於分布在台灣中部深山中的布農族和曹族，佔居台灣東部海岸平原的阿美族則以母系制著稱，而且是大型聚落的集居形態。根據戰前馬淵的統計，每一聚落平均有六百至七百人之多，盛行部落內婚。婚後的居住法則是母系的，財產繼承也是母系的，但幾十年來的漢化已經對此制度產生相當大的影響。家戶的大小，南北阿美族有差別。中南部阿美因為多母系大家族，故平均每戶人口較多（9.5人），北部阿美較少大家族，每戶平均不過5.2人。

阿美族的母系制並不是布農族和曹族父系制的倒影。阿美族的母系氏族一般並不構成外婚單位，其外婚規定是雙系延伸的，但延伸範圍並不一致。南北阿美的禁婚範圍只及第二從表（包括雙方平交表），中部阿美則擴大至第四從表（包括雙方平交表）。在母系繼嗣團體的構成上，北部阿美除少數祭司家屬因為遵守某些儀式而由三、四個家族構成一小型的母系同族之外，幾無任何母系宗族團體。中南部阿美則有大約50個母系氏族分別再細分為或多或少的宗

族團體。每一氏族有特別之名稱,通常分別具有特殊的食物禁忌、儀式行為及埋葬方式。除此之外,氏族並沒有很強的超村際功能。有些村落的母系宗族團體在早些時候曾經構成外婚單位。馬淵(Mabuchi, 1960:134)認為宗族外婚是因為環境關係在後來才發生的地方性習俗,並非阿美族的原初形態。

在中部阿美族中,以超村際的社會組織和橫切母系宗族的年齡階級為其特徵。例如,被稱為馬太安的一群,即包括了六個大部落,而成為一個部落族群。在這個族群中,有一個最高的總頭目,是全群的政治和宗教領袖。總頭目之下有四至六個頭目共同管理全馬太安族群的事務。而這些頭目又是各部落之長老所共同選舉出來的。各部落也有各自的代表,負責管理事務並排解糾紛。在部落之下,則有鄰坊組織。所以,從上到下有階層性的行政組織。

用以維繫此種部落系統的年齡階級,則是依據男子之不同年齡加以嚴格地分組。例如馬太安阿美族的全體男子即分為十三級,這十三級又再歸類為四個階段:壯丁、壯年、老人和退休等階段。每一級均有負責人統率。此種制度可以說是部落生活的重心,為個人教育成長的訓練機構,也是社會身分地位的依據標準,而且與部落的系統組織配合,兼具了政治、宗教、經濟和防衛的功能。

與其他高山族比較,母系制度和年齡階級乃成為阿美族最具特色的社會組織形態。戰後有關高山族的民族學研究中,阿美族是最受注意的一族,已出版了相當多的專刊(劉斌雄等, 1965;阮昌銳, 1969;馬淵悟, 1976-80;末成道男, 1983)。

魯凱族與排灣族

　　魯凱和排灣兩族在文化和社會組織方面也很相近，可以歸為一組，早期的民族學者有時候就將他們視為一族。這一組正好與北部的泰雅和賽夏，及中部的布農和曹族，互相對應。早期，魯凱族和排灣族的平均每戶人口也只在4.9人，屬小家庭的規模。男女婚後的居住形態大部分是隨夫方居住，但也有不少是隨妻方家族居住的。在繼承制度方面，採取了長嗣繼承制，但他們的所謂長嗣是不分性別的，如果長嗣是個女性，那麼便由她來繼承。其他次子或次女以下，則另立新居。因此，我們很難依照所謂父系或母系的法則來將他們的社會形態做精確的分類。在民族學上，一般稱之為ambilineal system，意即可由兒子或女兒來繼承的繼嗣制度（參見Mabuchi, 1960; 石磊, 1971）。

　　魯凱族和排灣族最具特色的社會制度是各部落都分為貴族（頭目）和平民兩個階級。通常是一個部落有一個頭目，但也有一個部落有多個頭目，或一個頭目透過其分封的貴族兼領幾個部落。頭目或貴族是根據長子（在魯凱族）或長嗣（在排灣族）繼承制度而世襲的。他們可以向自己所轄領的平民徵取稅收和勞役。因為具有這些實質權利，而且在繼承制度上又承認女性的地位，不同部落之間的貴族乃經常運用婚姻的策略互相兼領或組成聯盟。這也使得部落間的貴族政治關係頗為複雜而富於歷史意義。

　　貴族階級的存在，也就意味著有閒的富裕階級之文化特色，他們不僅享有特別的政治威望，而且在社會和經濟生活上也與平民有別。最足以顯示此種差別的是頭目的住家及其享用的物品。例如魯

凱族和排灣族貴族的石板屋和屋內的石雕或木雕就是最受注意的文化藝術成就。有些屋子用了一坪大的石板，都是平民們辛苦地從數百、甚至千餘公尺下的河谷中，靠著雙手搬運到部落，獻給頭目家的。雕刻的題材都以百步蛇和男女人身為主題。百步蛇在傳說中幾乎等於他們的圖騰，這也是貴族所享用的符號。另外，貴族家中往往珍藏了祖傳的陶甕，做為其家系傳承的象徵。

由於社會和經濟的變遷，頭目或貴族制度的作用雖然已經逐漸式微，但其痕跡到今天仍然深植於這兩族的居民中。男女在論及婚嫁時，是否在階級上門當戶對一直是不能忽略的考慮。目前的地方政治關係也仍然與傳統的領袖權威配合，以前的貴族成了今天的村長、鄉長、地方議會議員或國會議員等。

卑南族

位於台東市附近的卑南族，是一個人口規模很小的族群，在地理位置上剛好介於阿美族、布農族、魯凱族和排灣族等幾個大族之間。也許是因為民族接觸的歷史原因，使得卑南族的社會似乎混合了這幾族的多樣特徵。

卑南族的主要社會團體是由一種具備共同從事農耕、狩獵、獵首和祭祀卜筮的儀式團體。每一個部落均由幾個這種儀式集團所構成，而各自以自己的靈屋為中心。外表看起來頗為類似宗族式的親屬團體，卑南人也認為那是他們的親屬組織。但其成員資格是隨成員之選擇而定的，而選擇的方式又是多依靠占卜來決定。有些成員的儀式團體歸屬也可以一改再改。這種依靠神占來決定的繼嗣觀念，跟人類學家向來完全根據系譜標準來決定成員資格的性質有很大的

差異。但人類學者仍然傾向於以男女之世系觀念來加以分類，所以馬淵（Mabuchi, 1960:135）也就追隨莫達克（G. Murdock）的看法，視之為類似魯凱和排灣的ambilineal制度。所以卑南族的繼承制度也頗令民族學者困擾。婚後的居住形態大部分是隨妻方的，不過也有不少是隨夫方，因此有些學者認為他們較接近於阿美族的母系制度（如衛惠林, 1958）。

但是，卑南族社會中最令人著迷的是他們的男人會所、年齡組織及成年禮。這些組織和儀式活動主要局限在部落之內，甚至是在前述的祭祀宗族之內，規模也就沒有馬太安阿美族的年齡組織那麼大，但卑南族的年齡組織卻較為嚴格。男孩子一到了十三歲就要通過不同的訓練和儀式過程，進住到會所或宿舍，接受年長者的命令，從事必要的服務工作，並通過嚴厲的考驗，例如早期的獵猴和獵人首儀式。一般而言，卑南族的男人社會早期相當軍事化，而令人覺得有好戰的傾向，這也許是因為人口少，處境受威脅，而不得不發展出來的形態吧？在歷史上，卑南大社或「卑南王」在眾多高山族中一直令漢人印象深刻。到今天，卑南族的男人仍然相當活躍於台灣原住民社會政治活動中。

四、人類學研究的諸問題

家庭結構

在前言中，我把臺大考古人類學系的成立與莫達克等人著作的出版，故意在時間上做一對比，這並不是要附庸驥尾。事實上，要

討論戰後國內學者對高山族的社會人類學研究，不管是回顧與前瞻都不能離開這三本著作所代表的精神。尤其是莫達克的影響力始終未見削弱，這可以從台灣高山族家庭結構的研究中明顯看出來。

陳奇祿與芮逸夫兩位先生最早將莫達克的親屬分類法引進臺灣高山族的研究，前者包辦了家庭結構的分類，至於親屬稱謂更是後者的天下。陳氏在1955年於《中國民族學報》第1期發表魯凱族的家族與婚姻以後，他所用的分類法一直被沿用到石磊在1971年所出版的《筏灣》這本專刊上。其間或有部分的修改和補充，但對於一個知識消費者來說，它們仍然顯出是來自同一公司的產品，其規格化和標準化的程度，幾乎可立刻拿來做機械式的泛文化比較。尤其是家庭構成分子的統計表格更可上溯自1950年，陳紹馨的《瑞岩調查報告》。

這種方法並沒有什麼不好的地方，它仍然是剛進入田野首先要做的第一件事。但在探討一個社會的家庭結構時，可能佔比例甚少的特殊型更具有研究的價值。什麼樣的人可以算做一個家庭的成員？在這一點上，每一個高山族社會所認可的範圍可能有很大的不同，例如布農族的觀念與其他各族就有明顯的差別，甚至可能修改人類學教科書對家庭的定義。過去的報告指出布農族常有「同姓同居人」的依附（岡田謙, 1942:140-7）。我們稱之為「同居人」，在觀念上可能與布農族有所不同。這一類的家庭今天如果還有，也只佔很小的比例，在陳氏的分類裡面也許只能歸入「其他」的一欄，而被忽略掉。就是今天已經完全沒有集合式（compound）的家庭結構，布農族對於我們所謂的收養關係仍然是一種很特有的形態，這方面有待進一步的探討。未來對於家庭結構的研究，不應只局限於社會

學式的問卷普查，更應該著重不同家庭結構之間的發展關係，從developmental cycle去把握動態的家庭觀念。雖然有些報告已經採用了這個架構，但都只是在強調現象的統計分布（normal distribution），而忽略了法則規範（normative）的層次。在這方面漢人的研究曾發揮了意想不到的成果，請參考孔邁隆（Myron Cohen）最近的一篇文章（1970）。這裡只是舉一個例子來說明：人類學所要追求的不只是社會現象的統計形態（statistical outcome）而已，隱藏在這些事實背後的「法則」（jural rule）可能更具有價值。

親屬稱謂

芮逸夫在1954年發表〈川南雅雀苗的親屬稱謂制探源〉一文，綜合了莫達克以前，包括Lowie, Kirchhoff諸家的分類，另定一個四型48式的檢驗公式。這個方法與前述的家庭結構分類同樣膾炙人口。芮氏的論文本身是一個很新也很有創見的貢獻，但後來的研究者老是依樣畫葫蘆地用到其他任何民族的研究上，這種情況或許也已埋沒了我們從高山族的親屬稱謂制研究所可能產生的貢獻。事實上，一個民族的親屬稱謂是否如此簡單的就可以交代完畢？根據芮逸夫（1950；1972: 1284）和馬淵（Mabuchiy 1960:130-1）的報告，泰雅族應該是夏威夷型，而宋龍生所調查的卻是愛斯基摩型（李亦園、徐人仁等, 1963:193）。對於這種異例，如果確實無誤的話，似有加以解釋的必要。丘其謙在潭南調查布農族卡社群的親屬稱謂（1966: 97-108），其不一貫的程度，不僅無法根據芮式加以歸類，而且也很難跟前人的調查互相驗證。如果瞭解無誤，他所說的布農族之「舅方稱謂制」（avuncular system）是與其他各族完全不同

而特別需要我們注意的「雙分合併制」（bifurcate merging system），
其「表親制」（cousin system）更不在莫達克的六個主要類型之內。
國內學者唯一研究布農族的材料就是這一部。這至少提醒我們，布
農族的親屬稱謂並不單純。早經馬淵（1938:19-21; 1974（3）:25
-6）指出的特殊稱謂，tan-qapo（指母之兄弟）和maš-loqai（指姊
妹之子）也出現在丘著的親屬稱謂表中（1966: 99, 102），但所指
之親屬類型略有差異。丘著對馬淵的東西似乎並不在意，我們應該
注意到這種奧馬哈（Omaha）型的特質如何被馬淵漂亮地納入他的
姊妹靈優越說（Mabuchi, 1970）裡面。丘氏卻仍然執著於奧馬哈
的嚴格型式，而否定卡社布農族的此種傾向（1966:108），留下前
述的兩個特殊稱謂，令人不知所以然。

也許還可以舉出一個例子來說明親屬稱謂尚有其他更重要的意
義待我們探討。石磊《筏灣》一書記載他收集到一個例子，是不同
輩分間的親屬結婚後所產生的稱謂問題（1971: 77-78）。可惜，他
並未告訴我們筏灣人如何把這種情況制度化。雖然是個小問題，但
對於重視名分的排灣族而言，這是否與貴族制度有某種關係可循？
親屬行為與貴族平民的社會關係如何取得協調？這是我們極想知道
的。

符號與觀念

另外，在石磊的這本報告裡，他採用了劉斌雄所設計出來的一
套表符系統（Notation System）來說明親屬稱謂的關係（1971: 71
-76）。既然這種方法已經用到高山族的研究上，便值得在這裡提
出個人的一點淺見。同時這也是國內學者在親屬制度研究的方法上，

一個較受重視的貢獻。過去我直接從劉先生處受益良多，覺得有義務在此做一點評介。

劉氏（1972）的數字符號系統，如他所說明的，是要把所有的親屬關係用親子關係加以組合來表示，進而想提出一套能用數學運算的數字符號系統，以供進一步做為親屬結構分析之用。換句話說，他的目的不但是要設計一套能夠處理所有社會親屬關係的符號，而且要能夠數字化以便運算。關於後一目標，我的瞭解還不夠對這個系統有所批評，但要達到前一目標，使該符號系統適用於所有社會，也就是說他所謂的系譜空間之計算，必須是根據人類共通的概念所構成的，這一點恐怕仍然存在著一些問題。向來討論親屬關係之構成要素或系譜空間之計算，始終無法，或說不敢將婚姻關係再化約成更基本的要素。Goodenough（1970: 97）甚至確認我們若無法將屬於生物事實的親子關係和依社會認可的婚姻關係加以滿意的概念化，我們便不能對於親屬分類做有意義的比較。可是劉氏卻大膽地根據所謂生物事實，將婚姻關係「還原」為繼嗣聯繫的關係。在觀念上，這是否能通過泛文化應用的試煉，尚在未知之數。所謂Harvey-Liu數字符號系統的化約過程是這樣的（劉斌雄, 1972: 258-9）：

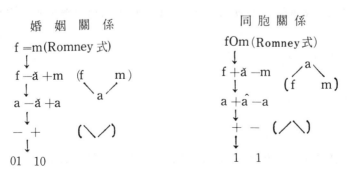

如果劉先生可以採用此種邏輯觀念（類似雅美族的親從子名制之觀念），我們為什麼不能根據Trobriand島民，或Tikopia土著的觀念做為分析的依據？前者認為父與子無生物性關聯，父為母之姻親；後者認為子女是直接來自父親的精子，母親懷的不過是父親的胎而已（Leach, 1961:24-5）。我們根據什麼理由可以把夫妻關係化約成父子和母子關係的總和？此種推論在邏輯過程上是否犯了飛躍的謬誤？

關於親子和婚姻關係的幾種不同類型之概念：

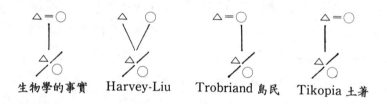

生物學的事實　　Harvey-Liu　　Trobriand 島民　　Tikopia 土著

劉先生（1969: 29, 56, 63, 67）在探討Murngin的親屬結構時，仍然依據同樣的概念來處理，所以他所提出的structural models of prescriptive *marriage* systems是一些忽略了「婚姻」關係（很難找出配對），而只強調代間和世系關係的模式。這冒了一個很大的險，如果澳洲土著的概念與其一致，那麼這個模式可以說是成功的（但實際情形似乎並不如此樂觀）；否則，這種以非婚姻的概念去探討聯姻關係的嘗試是值得保留的。

世系中心主義

現在讓我們再回到高山族的問題上。

在高山族的社會人類學研究中，頗帶有「非洲模式」（*African*

Systems）之味道的，是衛惠林的研究。但從他的報告中，我們無法確定這一點，是否還有其他原因，譬如因為他是出身於宗族社會的漢人，或者因為他一開始就碰到了世系宗族很明顯的曹族也未可知。但不管如何，在許多研究者當中，能走遍所有高山族，敢從事綜合比較的，衛氏是少數的幾個人之一。他想從臺灣高山族的親屬研究中理出系統，甚至要建立他的大型理論（grand theory），此種見解深得我心。臺灣高山族社會組織的多樣性可以說是人類學的一大寶庫，是任何「一般理論」（general theory）必須通過的試金石。可惜衛氏的努力並沒有像我們所期望的那麼成功。今天也許我們可以較客觀地來探討其原因，多少總可以透露出研究高山族社會的一些問題。

　　衛惠林在1958年的〈臺灣土著社會的世系制度〉一文中，把泰雅、雅美均列入「父系世系」社會，把阿美、卑南列入為母系社會，魯凱和排灣則為「雙性家系世系」社會（ambilateral　residential lineageous society〔原文照錄〕），而他說在父系氏族的賽夏、布農和曹族社會根本沒有世系組織（頁4）。為了瞭解他所用的術語，容我直接引用幾段原文（粗體字為筆者所強調之處）：

> 氏族（clan）是基於個人的世系關係與**群內親疏遠近法則**為基礎的親族群（頁1）。

> 〔世系群的〕繼嗣法則可以是單系的，也可以是（雙性的或）雙系的。世系群常有兩種組織範圍，一個是近親群的範圍，是**由一個小家族（nuclear family）為中心向上追溯**幾

代的親屬範圍，我們可以稱之為近親世系群（minimal
lineage），……另一個是以一個始祖（男性或女性），或
一個祖宅或祖居地為出發點向下繁衍的genealogical descent
group或者稱之曰遠祖世系群（maximal lineage）（頁5）。

泰雅族與雅美族的近親世系群都是向上推算至高祖，傍系
擴展到第三從兄弟範圍。……這個父系近親群在泰雅族與
雅美族都是無姓氏的團體，**其範圍與中國的五服範圍相同，
從自己向卑親延伸的範圍也是一樣。**……至父系遠祖群的
性質與範圍兩族有極大的殊異，在泰雅族的遠祖群只是一
種概然性的同祖群〔按此處指*gamil*或*gaga*〕，……雅美
族的遠祖群則是較清楚的父系組織〔按此處指'*satengu*和
itetenguan〕（頁8）。

　　衛氏只注意同祖不同祖，而忽略了男女系性，這是所有混淆的
來源。後來在1964年衛氏又發表了一篇〈論繼嗣群結構原則與血親
關係範疇〉。這是受莫達克（1960）第二波影響以後所寫出來的文
章，在觀念上多少有了改變，從下述幾點可見其一二：
　　⑴「並系」從「世系」的觀念中分離出來，世系只指單系（1964:
27），這才是正確的系性觀念。
　　⑵中國五服的例子在1958年用來說明世系（lineage）的父系近
親群（最小世系群），在1964年則又從lineage分離出來，當做別於
繼嗣群的所謂「共作血親關係範疇」來說明（1964: 34）。這有一
部分是正確的，但他對於kindred的觀點是所謂「繼嗣群較小單位

加上若干外族血親而成」（1964: 35），實際上，他的所謂「近親世系群」在1958年的定義，根本就是kindred。也就是說他的kindred究竟是「祖先中心」（ancestor-centred）或是「自身中心」（ego-centred），或就是「世系」（lineage）？這是我們現在仍無法明白的。

(3)再看他對「共作血親關係」的概念：「血親〔kindred〕關係範疇不論其範圍大小、結構內容如何，它總是為實現共作〔corporate〕行為的機構」（1964: 38），照他的翻譯，也就是說kindred總是corporate group，這顯然又與時下的社會人類學說法大相逕庭。而且他把corporate group譯成共作團體或行為團體，似乎又是在指action group，或許在他的觀念裡面，corporate group就是一般人類學家所說的action group。事實上這兩者是相對的術語和概念，衛氏明顯誤解了corporate group（法人團體）之意。假如看了他對莫達克的批評（1964: 38），我們會更抓不著衛氏的真正意思。

造成衛先生此種混淆的原因，一方面固然是當時人類學界對非單系社會的理論尚未成熟，第一篇寫成的時候，Davenport（1959），Murdock（1960），Freeman（1962）等人的重要著作均未出版。但另一方面，他對每一族的親屬制度未嘗做確切的分析，因此才會有這種大而化之的問題產生。還沒有踏入田野就準備尋找世系，而他的世系群觀念又跟其他人有所不同，我想這是後來他與王崧興爭論的問題所在。

我們說衛氏在探討高山族社會的時候是受了世系中心主義的影響，每到一個社會可以問出系譜，土著可以說出一個名詞來表示只存在於系譜上的宗支關係，那麼他就認為這個社會有了「世系群」，

其他的社會關係便以這種「世系群」為基礎原則所構成。宋龍生（1963，1964）對泰雅族和卑南族的報告是受他的影響，劉斌雄等（1965）的阿美族研究也多少可以看出此種傾向。把一些母系社會的組織當做是父系社會的鏡像（mirror image）來處理，而不強調母系社會所固有的內在特質。我們能不怪這種父系世系中心主義嗎？

首先對這種觀念表示懷疑者，可能是王崧興先生，他在〈非單系社會の研究〉（1965）一文中發表了他對泰雅族和雅美族社會的不同看法。在高山族的研究中，這是一篇重要的論文，很值得繼續討論下去，可惜回到臺灣後，作者的興趣就轉向漢人方面去了。這也反應出當時國內人類學界研究的一般風氣，我們可以稍作保留地說，有關高山族的社會人類學之研究，一直到最近大致仍停留在這個時期的水準。

親屬邏輯的樊籠

王崧興對衛惠林、劉斌雄有關雅美族一書（1962）的評語中，已經對雅美族是否有「世系群」表示懷疑（中根千枝、王崧興，1963），在後來的論文裡面，他根據系譜資料把紅頭的幾個漁團之成員重作分析，認為雅美族的漁團成員是以kith（血親＋姻親）為基礎所組成。他對泰雅族的*gaga*也持同一觀點（王崧興，1965）。

首先，我們說王氏所採用的kith-based group，這個觀念有多少分析價值？從早期開始，人類學家即以kinship為探討初民社會群體構成的法則，但所談的kinship之範圍正無限制地擴展中。先有只限於單系血親的世系論（lineage theory），後有包括雙系血親群的

「親類」（kindred）或「雙系」（cognatic）等觀念，其後更有包括血親和姻親的「親戚」（kith）觀念之提出，但起先還是有個居中的「自身」（ego），即所謂kith-centred group，所以還是有個範圍，而現在王氏所用的kith-based group卻可以像鏈條一樣毫無限制地擴展。在一個小土寡民的原始社會究竟能有多少人可以逃出這個kith-based group？以這種具有無限包容性的概念來研究一個群體的構成能夠告訴我們什麼？

　　王崧興似乎也體會到這種困境，所以他旋即建議放棄根據親屬關係來探討這兩個社會的群體構成。也就是說他一方面從親屬的關係要去尋求泰雅族的gaga和雅美族的漁團之構成法則，他說這些都不是根據lineage principle所構成的團體，而是kith-based group。然後他又告訴我們，對於這兩個社會的群體構成而言，宗教關係和經濟關係都要比親屬關係來得重要。這似乎有點矛盾，但此種見解在某方面來說是正確的。不過我們先談它的混淆之處，我想這些概念的澄清可以幫助我們瞭解臺灣高山族的社會組織。

　　先就親屬制度中的宗族世系群關係而論，王氏的論文一開頭就說：「向來對於具有單系血緣集團的社會之研究，我有兩個疑問，第一，沒有單系血緣集團的社會是以何種corporation來代替lineage〔世系群或宗族〕？」我們試根據lineage所包含的不同層次之定義或所謂語意的成分分析法來尋求所有可能的答案：

　　⑴「世系群」是「繼嗣團體」，那麼可以「非繼嗣團體」來代替「世系群」，例如根據kindred或kith做基礎所構成的團體。

　　⑵「世系群」是一種親屬團體，那麼可以非親屬團體來代替「世系群」，或說以跟親屬無關的成員資格為原則來組成corporate group，

例如經濟的標準，或宗教信仰的條件，或地緣關係等。王氏所說的宗教或經濟關係是否指此而言？

(3)「世系群」是組成一個團體或社會的一種原則或所謂constitution，那麼我們可以無原則的或非constitution的情況來看一個群體的成員構成。

第三種答案可以舉個例來說明，衛惠林認為泰雅社會的基本原則是世系主義，王崧興說不是，而是kith主義或宗教主義。如果我是泰雅人的話也許會說我們沒什麼主義，只要對我們有利，不論那一種原則都可以。親屬關係，不過是我們的一種社會資源而已，我們不受親屬原則支配，而是在操縱、運用親屬關係。關於臺灣高山族親屬制度的研究，我們不僅要跳出衛氏的「世系中心論」，更要跳出王氏的「構成原則中心論」，從社會生活的實際分析著手，從田野參與的過程中去把握重心。

「社會全體論」的問題

第二個答案，王氏的文章已有提示，此處不再贅言。關於第一個可能的答案，泰雅族和雅美族到底是父系、雙系或所謂非單系社會？王先生這篇論文雖然把這兩個社會都歸到非單系社會的範疇之內，但我們從他的分析只知道*gaga*和漁團不是父系世系群所構成的團體，我們並不知道這兩個社會對於「繼嗣」所持的態度如何？我想，用來分別單系和非單系的繼嗣觀念跟有沒有世系群是不同層次的問題。沒有世系群並不能說就是非單系。而且我們知道馬來亞玻里尼西亞社會的親屬制度與土地所有制度或居處法則有密切的關係，從Sahlins, Goodenough以來的分析都明白指出這一點，可惜我們

對高山族的土地繼承關係缺乏有參考價值的分析。但只就目前對這個問題僅有的瞭解而言，我們並不能否認泰雅和雅美的父系世系觀念是相當的強。如中根千枝在評衛、劉一書中所指出的，雅美社會一方面雙系的「親類」扮演著非常重要的角色，同時，其社會組織是以父系所構成的地域集團為單位。她說：「就嚴格的意義來說，〔雅美〕**社會全體**並不能說是根據單系血緣所組織而成的。」（中根千枝、王崧興, 1963:62）這一句結論充分顯示出人類學者研究社會組織向來所抱持的一個態度。我們要問：什麼叫做「社會全體」？要把社會全體拿來分類，這顯然是過去西方學者的一種「中心主義」，以為一個社會的親屬團體或其他群體的成員資格、繼承法則、家庭組織等都是受同一法則的支配，那就是「繼嗣」，是父系或母系，或雙重單系，或現在所謂的雙系。從這個角度看來，莫達克（Murdock, 1960: 2-3）把雅美族認為是雙系，固然跟衛氏認為雅美族是父系世系社會一樣的錯誤。可是用非單系（non-unilineal）這個反面和消極意義的名詞來代替雙系，也沒有解決什麼問題。如果有人指著這一棟建築問：「這是那一個研究所？」我們可否回答「這不是數學研究所」就可以了事呢？

這種「社會全體」論的結構主義正受到各方面的批評和修正。世界上究竟有幾個社會能夠像日本或Nuer一樣的tightly structured，而可以論其"overall structure"？英國Manchester School一夥人有的提出conflict的重要性，有的則採用了所謂situational analysis。連牛津的Needham（1971: 10-13）也開始反動，他提出的解決辦法是不要再一味地去尋找具有許多不同功能的社會全體之基本繼嗣法則，而以兩性的組合為標準分出六個基本的descent modes。如此

在一個社會裡，不同的權利即可透過不同的方式傳承。或像一些美國學者所喜用的scale analysis也是一說（Buchler and Selby, 1968: 102-4）。

系性的迷思

王崧興所提的第二個問題是說：假如把單系繼嗣當做一個組織的原理，那麼這並不是有否單系繼嗣的問題，而是程度差別的問題。借用此種說法，我們認為單系與非單系恐怕不是性質差別的問題，而是程度差別的問題。漢人與布農族同樣是父系，可是內容卻大不相同；北部阿美和南部阿美同樣是母系，可是其嚴格性也有相當的差別；泰雅族和雅美族可能是在父系—母系連續線的中間偏左。排灣族和魯凱族被稱為是ambilineal，也就是說在計算繼嗣時男女兩性擇一均可，可是從另一個角度來看，這兩個社會的繼嗣根本與性別無關，也就是說與系性（lineality）無關，而是根據年長制（seniority）建立其家系的傳承，但人類學家卻根據性別的原則把它們納入ambilineal，是否過分主觀？關於這些社會的研究，我們需要參考從莫達克以後，澳洲學者在New Guinea Highland的報告。例如Chimbu和Mae Enga等社會的繼嗣認定即充滿著許多變則，但仍然被認為是父系世系社會。

真正應該是性質上有差別的，反而被認為是程度的問題，卑南族就是一個例子。根據末成道男（1970）和喬健（1972）等人的報告，卑南族的karumahan，或譯做「祖家」的繼承是以神擇來決定的，而有些人類學家卻硬是根據其男系或女系所佔的比例加以歸類，衛惠林（1962）稱之為母系，莫達克（Murdock, 1960: 10）

稱之為ambilineal，末成道男（1970: 107）則提出非單系之說。我看人類學家對繼嗣的結構觀念恐怕需要跟卑南族巫師的占卜較個長短。不論如何，如果相信我們的人類學家同胞的話，第一，我們會以為卑南族的巫師也是個腦子裡面充滿著許多繼嗣概念來占卜的；第二，會以為人類學家的能力是超乎巫師的，他們的命定較巫師占卜的概率，在瞭解卑南族的社會方面更為有效。是不是這個樣子？

宗教儀式的道路

親屬研究在人類學中的地位就如邏輯在哲學中的地位一樣，不但一樣的重要，而且是一樣的令人頭疼。看來，我們對親屬問題的爭辯是無可避免的。可是如果我們的目的是要瞭解某一族群的社會結構，那麼一直在親屬的問題上打轉可能會得不償失，尤其是對於一些系性不甚明確的社會，親屬關係往往只是處於潛伏的狀態，是可以被操縱運用的社會資源。我們所要探討的社會結構法則並不在於親屬關係的層面上，而是在於操縱這些社會關係的過程或意識形態上。英國的一些社會人類學家告訴我們，儀式行為或象徵行為往往是瞭解社會結構和運作過程的重要關鍵。從儀式結構的分析裡面可以透視出社會群體在不同地方、不同時間的結構及其轉形。

老實說，這種觀念對國內的學者而言並不太陌生，李亦園先生在1960年曾發表一篇〈論北呂宋 Ifugao 的宗教結構〉，已經明白地揭示了儀式行為的研究在瞭解社會組織上的重要性。他根據參與者的社會關係把Ifugao的宗教儀式分為三類：家庭或個人的儀式、親族群儀式和社群儀式。這個架構讓我們想起Monica　Wilson在Tanzanya的兩個研究：*Rituals of Kinship among the Nyakyusa*（1957）

和*Communal Rituals of the Nyakyusa*（1959）。但這一類型的研究可以說國內很少曾經用之於高山族。馬淵（Mabuchi, 1958）卻能夠根據他在布農族所得的材料發表了一篇"The Two Types of Kinship Rituals among Malayo-Polynesian Peoples"，戰後的馬淵已經邁出了民族誌描述的階段，開始做真正屬於社會人類學的高山族研究，他的另一篇短文，〈阿里山ツオウ族の道路祭〉（1953）則嘗試討論曹族的社群儀式。

李亦園的Ifugao這篇文章前言曾說道：「Ifugao人的材料，是研究宗教組織和社會組織相關的典型例子，很有與高山族做比較的意義，故本文之作僅作為將來返回田野後的借鑑。」（1960a: 399）後來，李氏有一篇很短但卻直接談到社會宗教系統的文章（1962b），在論及泰雅族的祭團（1962a）和雅美族的靈魂信仰時（1960b），他對於宗教信仰的社會功能面有許多深入的見解，尤其是關於雅美族的一篇，我們很可以拿來跟Spiro（1952）在菲律賓高山族的研究比較著看。其他，像唐美君先生（1973）也有關於排灣族喪葬儀禮的社會意義之分析。一般而言，功能論者的研究，大多局限於對該社會的某一套行為方式做個別功能的探討。至於以該社會特有的制度脈絡（context）為背景展開其討論者，尚未多見。而後者才是功能論的精神所在。

整體意識

然而要使親屬制度、社會組織、宗教觀念和儀式行為的研究能夠突破各自的範圍彼此整合，我們必須先改變向來出現在高山族民族誌的格式主義。以前在搶救高山族文化的時候，如果是團隊合作，

總是各個項目有專人負責；如果是單兵作戰，也是章節分明各不相干。這是patchwork，不是holistic view。在我們看來，英國和美國人類學者似乎有一個差別：英國社會人類學者比較難以說出誰是專攻親屬，誰是專攻原始宗教，誰又是政治人類學專家，在這方面美國的學者似乎比較能專一點，所以不僅要科際整合，恐怕人類學內各分科也非來個整合不可。

總之，我們在進入田野時，雖然難免多少有先入為主的構想，但切不可把敞開的心胸關閉了起來，而看不到別的事物。Victor Turner（1969: 7）在這件事情上的經驗，說起來頗為動人：

> 在前九個月的田野工作中，我收集了一大堆資料，包括親屬、村落結構、婚姻關係、家庭和個人的收支情形、部族和村落政治，以及生業活動，筆記上全是系譜；另外還做了村落的平面圖，收集了人口資料；我也到處在尋找罕見的，或難以察覺的親屬稱謂。雖然我已經精通土著的語言，可是我仍然感到非常不安，總覺得我好像是個旁觀的局外人。我不斷地聽到附近傳來的鼓聲，我所認識的土著總會有一段時間離開我去參加一些非常祕異（exotical）的儀禮，……我不得不承認，如果我要知道Ndembu文化的事物，我必須克服對儀式行為的偏見，開始去從事調查。

如果田野做得夠深入的話，相信我們也會聽到類似這種鼓聲的呼喚。我的經驗還不足以舉出實際的高山族例子來說明此種可能性，但布農族一年裡面，神聖的、有禁忌的日子可達七、八十天到一百

二、三十天之多,可以想知儀式在社會生活上的重要性。以我對雅美族的瞭解也可以得到不少暗示。前面曾提到王崧興先生把雅美族的漁團組成認為是一種經濟關係很重要的團體,我一直懷疑這一點。雅美族捕飛魚的性質是很特殊的,不但伴有許多儀式和禁忌,而且在社會關係上更有特別的意義存在。他們有兩種漁法,一種稱為somoo,其成員是團體性的,只能在夜間用大船出海捕撈,所捕飛魚的種類為sinoowan,捕得之魚稱為magagun-so-panid,其調理法不可用火燒,且只能在屋內吃;另一種漁法稱為matao,是個別的,較自由的漁法,白天各乘小船出海,所捕之種類為pinatawan,捕得之魚稱為mivara-so-panid,其調理法可以用火燒,不一定要在屋內食用(鹿野忠雄,1944)。為什麼有這個分別,尚未明瞭,但若跟Lienhardt在Dinka族的研究比較似乎更覺有趣,在那裡人際關係被比喻成牛群,而成群定時出現的飛魚對雅美人而言,其所代表的意義恐怕不止於此。在雅美社會生活中最重要的船祭和飛魚祭之儀式行為的社會意義則亟待探討,解決的途徑只有一條路,那就是趕快回到田野上,去瞭解船、飛魚、漁團和雅美社會之間的關係。

藝術的象徵

這裡要說明的宗教信仰與社會組織的關係,並不是指像前述李亦園等人的著作中所揭示的功能關係,而是一種象徵的關係,用結構學派的術語來說,前者是一種組合的(syntagmatic或metonymic)關係,後者是置換的(paradigmatic或metaphoric)關係。這一個討論架構令我們想到另一種與儀式行為同樣是屬於表意行為(expressive behavior(或象徵行為(symbolic behavior)的文化要素是原始藝術。

由於高山族的原始藝術在國內人類學的研究史上佔有重要的地位，我們是否可以從社會人類學的角度給予這方面的研究一個展望？談這個問題，一方面也是因為年輕的一代仍有不少同學對原始藝術至少是充滿著欣賞的興趣，希望未來的研究者不至於跟「中央學界」疏離得太遠，也提醒大家注意到這方面的研究可能產生的一些貢獻。

也許我們該從陳奇祿先生的*Material Culture*這本書談起，這本著作不論是在資料的收集或理論的探討方面均有獨到之處。可惜這種自從鹿野忠雄以來，像凌純聲和陳奇祿一樣，要把高山族放到整個太平洋區文化史的架構中來探討其文化特質之類緣性的研究，似乎再也不容易喚起年輕學生對這方面的興趣，而陳氏對這方面的研究或許也已經告了一個段落。對於高山族的原始藝術和工藝技術的研究，在社會文化人類學強大勢力的籠罩之下，顯得單薄而缺乏生氣。在強調田野工作的深入參與觀察之風氣下，這種根據博物館式的標本採集之研究被認為是落伍的。臺大考古系、或是民族所的標本陳列室跟它對面的圖書室正逐漸地疏離，疏離到令人驚訝當初怎麼會搞進這些頭疼的東西進來。我們可以預料如此下去，總有一天這些陳列室可能會獨立成為臺大或中研院的附屬博物館。除了德語系的國家以外，這種現象似乎普遍存在於英美各國。而事實上，近一、二十年來我們比較知道的研究大多是些德語系的「民族學者」或博物館的curators。

對人類學家來說，這是一段相當長的冬眠，但春天還是會來臨。近年來，社會人類學家在儀式行為和神話研究方面有了革命性的改變之後，他們對原始藝術又產生了興趣。藝術的東西可能只是在表現某些自然物，而是在告訴我們一些關係：人與自然、人與社會

等。如果對於一個部族的社會結構或思想形態沒有系統的瞭解，那麼我們可能無法真正瞭解該部族所特有的藝術表現方式，同樣是一種象徵行為，我們當然可以從語言學、儀式和神話的研究獲得啟示。

這一種原始藝術的研究要求學者從事深入的田野工作和廣泛的人類學知識，或許可以把目前的疏離現象再拉回來。我們可以舉出這樣的一本代表作讓大家相信這種展望，那就是最近剛出版的Anthony Forge編的*Primitive Art and Society*（1973），其他熟悉的社會人類學者弗斯（R. Firth）和李區（E. Leach）等人都有其著作在內。回頭再看排灣族和雅美族的造形藝術，我們不禁對高山族原始藝術研究的未來充滿著期望，如Forge所說的：「我不相信未來的十年中，原始藝術的人類學研究不會在社會和文化人類學的領域中佔一席重要之地，假使把藝術當做是有系統的溝通行為（communication）來研究而獲得成功的話，不只對於人類學理論，就是對心理學和語言學也必然大有一番貢獻。」（1973: xxi-xxii）

結語

這裡對過去的研究比較多用批判的態度，但要知道，未來的高山族研究，我們仍然需要這些前輩們的指導，不論過去所做的成果如何，他們總是代表一群研究高山族的先驅。他們看過許多我們現在已看不到的高山族社會場景，他們多少也對自己過去的工作感到不滿，這正是促使學術進步的原動力。而且，大家對高山族的問題疏離過一陣子之後，再從新的角度回頭來看，相信必然可以帶來更深入的見解。

五、討論摘要

施振民先生：

陳奇祿先生曾提到，一個學者的研究受其性格的影響。個人的背景、學術傳統和所接受的理論訓練和他的研究有很大的關係。我想，陳其南較偏向於社會人類學也是一個例子。

在陳其南所談到的問題中，有兩點我是很贊同的。在臺灣的親屬研究當中，一直沒有人完全把泰雅族的*gaga*和雅美族船團的組織弄的很清楚；同時在這種雙系的親屬制度中，居然沒有人注意到非親屬群及其活動。要對社群的形成、功能及其改變加以研究，誠如陳其南所說，要由社會行為加以了解。另外，我們對於價值和象徵方面也沒有注意到，在物質文化方面，亦沒有很深入地說明一些問題：如排灣的木雕、紡織和其階級制度、領袖有相當的關係；但其間的關係究竟如何並沒加以深入的研究。

理論的訓練固然很重要，而我們有了一套理論進入田野後，也應能接受田野材料給我們的啟示，不要為理論所限。還有，我覺得很奇怪的一種現象，現在年輕的同仁和同學中，似乎沒有人對物質文化感興趣。假如我們能像陳其南所說的，用象徵理論或社會功能的觀念來研究物質文化，或許能提高這種興趣。

還有語言的問題，或許我們以前研究高山族的前輩同事們均懂得日語，沒有語言的障礙，所以我們一直沒有高山族語言的訓練（除了做語言研究的學者以外），無法更深入地對其整體文化的了解。

另外，我們有充分的戶口資料，但也可能因此使得我們停在家族構成的分析，沒有更深入的分析來了解親屬制度真正的功能。

我覺得最大的一個缺點是，我們的民族誌對整個文化的深度表現的不夠，或許是田野工作的期間不夠長，參與不夠，這也可能牽涉到經費問題，我們是否能讓一些提供我們研究的單位了解人類學的研究方法不同於其他學科，必須有長期的參與才能對文化深入瞭解。

對於高山族的研究，由於漢化已深，往往沒有真正進入「異文化」的感覺。我們是否能訓練年輕人多方面的發展，能到外國研究，由田野中提取經驗。和外國成立交換制度，例如我們到菲律賓研究土著，而他們來研究高山族。

陳奇祿先生：

提到文化的消失，我覺得物質文化消失的最快，不只高山族如此，漢人社會亦復如此，幾年前常聽到的賣番薯和賣麵人的聲音，現在幾乎聽不到了。木屐現也很少看到了，如果當初能早加以收集便好了。我認為漢人社會的文化也是不容忽視的，應有部分的人研究高山族，也有部分的人研究漢人社會。如現在研究高山族的人太少，我們便應加強；研究物質文化的人太少，我們也應加強。總之，要能做到平衡發展。

幾年前菲律賓一個亞洲研究所的所長來臺，和我談到許多交換計畫的問題。當時我便向教育部建議我們應該成立一個東南亞研究所。區域研究（Area study）中，和我們最密切的應該是研究日本、韓國的東亞研究所。而東南亞研究所則研究菲律賓、泰國等這些國

家。

　　我們是否能由經費中撥一點錢，譬如說和菲律賓做交換研究，相信是很有益處的。籌大錢不易，我想由小一點的地方開始並不會很難的。談到民族學的發展，我們若能將臺灣高山族的研究擴展到東南亞的研究，臺灣高山族的研究便有他的應用價值，因為事實上臺灣高山族是屬於東南亞的一系。

石　磊先生：

　　陳其南先生在談到親屬稱謂研究時，曾提到拙著《筏灣》的「缺陷」。

　　在未答覆陳先生這一連串的「質詢」之前，先說明我記載那些例子的原始動機。我所以要引這兩個例子，旨在說明排灣族親屬稱謂制度如何受其他社會因素的影響。這種影響是因婚姻造成的。因為筏灣人的親屬禁婚範圍小於親類（ kindred ）的範圍，而筏灣人又把在禁婚範圍之外而在親類範圍之內的親屬列為優先擇偶對象；再加上擇偶不受輩份的限制，而把輩份給弄亂了。

　　頭一個例子是這樣的：如下表G為C的配偶，因婚姻關係而成

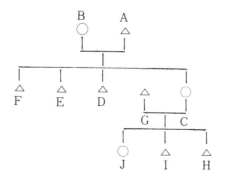

為A、B家庭的一員，在偶然的一個場合裡，我聽到F呼G為ama（父）（實際上F與G的關係應為平輩姻親，F應呼G為aʔa）。

第二個例子比較複雜。如下表I與P在沒有結婚以前，是尊輩與卑輩的血親關係，I與O的女孩S、P與W的女孩U之間的關係也是尊輩與卑輩的血親。I與P結婚後，接著V出世。因為V的出世使S與U間的關係變得曖昧。S與V是同父異母姊弟，U與V是同母異父姊弟，在這種情況下，S也隨著V改稱U為aʔa了。

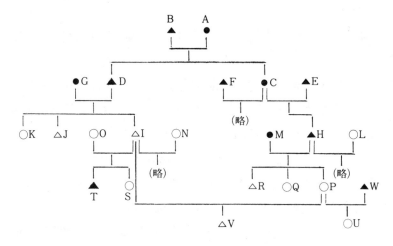

這兩個例子有一共同的特徵，就是稱呼者的年齡小於被稱呼者。在頭一個例子裡，C與G相差13歲（C為民國21年出生，而G則為民國8年出生），C與F也相差約有15歲（民國52年我在調查時，C為31歲而F不過剛國民學校畢業），如此，G與F的相差至少為28歲左右。這樣的差別，F呼G為父，就年齡講是可以通的。S與U的情形也如此，S認為既然她與V為同父異母姊弟，而U與V為同母異父姊弟，而U的年齡又比S為長，自己不好意思就直呼U為aʔa。

　　從這兩個例子我們可以看出，稱呼的改變與否完全在邊緣關係上，如頭一例子的G與F；第二例子的S與U。就核心關係而論，如頭一例子的C與G，G與A、B，第二例子的I與P等無論如何都會隨著新關係而改變稱呼的。這樣我想可以算回答了陳先生的第一個問題。

　　陳先生的第二個問題我想用這個方式回答。雖然筏灣的階層社會是依重長制的親屬原則建立起來的，但親屬行為卻是超社會階層的。換句話說，同一親屬原則，如以配偶為最近的親屬，平民與貴族完全通用。

　　至於劉斌雄先生Notation System是他研究親屬稱謂所發展出來的一套工具。這套工具的發展基礎是系譜空間，所以它的功效也自有其限制，例如01祇能表示子女的關係，卻不能表示出它所代表的社會意義。這種情形劉先生自己也明白，他並不想設計出萬能的工具來。我覺得劉先生把所有的親屬關係（包括血親與姻親在內）分為兩大類：直系的與非直系的兩大類。在直系親屬內僅有直系血親；非直系親屬內則包括旁系血親與姻親兩大類。直系血親關係又分為尊輩與卑輩兩種，尊輩關係以上升的觀念表示，卑輩關係以下降的觀念表示。表示非直系血親親屬的關係除了上述的兩個觀念外，還需要共同祖先（最低共同祖先）與共同後裔（最高共同後裔）兩個觀念加以輔助。旁系血親需要通過共同祖先，姻親（包括配偶在內）則需要通過共同後裔。在傳統的親屬研究中，大家都認為血親與姻親是兩個截然不同的範圍而無法加以溝通，劉先生卻認為雖然血親與姻親就身分而論是無法改變的，但通過不同的孔道兩者可以互相交織在一起而發生關聯。這是劉氏在親屬研究上的最大貢獻，

他打開了多年來人類學者在親屬研究的領域中無法打開的死結。以此為基礎，他研究澳洲孟根族的親屬制度，美洲Crow-Omaha的親屬制度。從他的研究我們可以看出劉先生所提出的基本觀念是經得起考驗的！

劉斌雄先生：

陳其南先生對Harvey-Liu system的質疑，是建立在「向來討論親屬關係之構成要素或系譜空間之計算，始終無法，或說不敢將婚姻關係再化約成更基本的要素」這一命題而發的。因為婚姻關係是社會認可的制度，例如Trobriand或Tikopia等民族誌資料所示，各民族有關婚姻的ideology不但和生物學的事實不整合，而且相互間有很大的差距。因此陳先生認為：

一、Harvey-Liu system大膽地根據所謂生物事實，將婚姻「還原」為繼嗣聯繫的關係，並主張這一套符號系統能夠處理所有社會親屬關係，這些在邏輯上都有商榷的餘地。

二、對孟根族（Murngin）親屬結構也依據同樣的概念來處理，所提出的結構模式忽略了「婚姻」關係，除非其與澳洲土著的概念一致，這種以非婚姻的概念去探討聯婚關係的嘗試是值得保留。

陳先生更進一步的引用古登納夫（Goodenough 1970：97）的說法來加強他的看法，他說甚至古登納夫確認我們若無法將屬於生物事實的親子關係和社會所認可的婚姻關係加以滿意的概念化，我們便不能對於親屬分類做有意義的比較。古登納夫的原意是否如此，我們把原文引用於下：

We anthropologists have assumed that kinship is universal, that all societies have kinship systems. If we are correct in this assumption, if every human society does have some set of relationships whose definition involves genealogical considerations of some kind, then genealogical space must be constructed of things that are common to all mankind. These, we have seen, are parenthood and socially recognized sexual unions in which women are eligible to bear and from which women and especially men derive rights in children and thus establish parent-child relationships. If we cannot find a satisfactory way to conceptualize these things so that they withstand the test of cross-cultural application, we shall be unable to make meaningful comparison of the many ways in which people handle the classification of siblings and cousins（Goodenough, 1970:97）

我們人類學者一直認為親屬關係是普遍存在的，所有的社會都有親屬制度。假若這種看法是正確的，那麼每一社會都有若干涉及以某種系譜來界定的關係。這樣的話，系譜空間一定是建立在全人類共同的事物上面。我們已知道這些是「父母的身分」及由社會認可的兩性結合，女性能生育子女而女性尤其是男性對其子女的權利和由此建立的親子關係。如果我們無法將此用一適當方法加以概念化而使其能經得起汎文化研究的驗證，我們便不能對人類多種不同用以處理同胞與堂表兄弟分類作有意義的比較。

文中把parenthood譯成父母的身分，也可做親子關係；社會認

可的兩性結合是婚姻（marriage）的同意語（同上：6-17）。該文的前段說，系譜空間必須建立在全人類共同的親屬關係，即一般化的親子關係（parenthood）和婚姻（marriage）上面；後段說，假若對親子關係和婚姻無法給滿意的能適合任何情況的定義，便不能對親屬稱謂做有意義的比較研究。若套上數學術語，系譜空間建立在所有社會親子關係和婚姻關係交集上，比較研究即必須建立在連集上。事實上，古登納夫敘述系譜空間時，也明白的交代過這一點。他下的定義是「系譜空間是由連結兩個人，即自我（ego）和他我（alter）的鍊子（chain）所組成，這些鍊子是由一個或一個以上的親子連繫及一個或一個以上的婚姻帶（marital ties）的雙方或一方所構成」（同上：74）。陳先生以婚姻關係的連集來解釋系譜空間的婚姻，使其負荷量超出應有的範圍，以致誤解系譜空間符號系統基本性質。

　　至於「向來討論親屬關係的系譜空間，始終無法，或說不敢將婚姻關係再化約成更基本的要素」這一論斷，也不是正確的。雖然古登納夫認為親子關係和婚姻是構成系譜空間的基本要素，但大多數採用直系（親子關係）、婚姻、同胞三種連繫為構成原理（例如Romney and D'Andrade, 1964: 147; Coult and Randolph, 1965：21），也有只採用直系或親子連繫一項為構成原理者（MacFarlane, 1883：47；Radcliffe-Brown, 1930：121-22）。把婚姻連繫還原為直系連繫複合者不是始俑於Harvey-Liu system。狹義的婚姻只指對所出的孩子能建立親子關係的一對配偶而言，此外並無其他含意，故改配偶稱孩子的父親或母親，這對信息的傳遞而言，是沒有任何損失的。

　　Kinship notation system是人類學者用來記錄系譜空間的符號系統，只表示自我和他我之間的系譜距離，而摒棄其他一切的信息。故對Trobriand的「父」或Tikopia的「父」而言，我們只能採用同一個符號來表示之，因為兩者的系譜空間相等；至於他們認不認父子之間有生物性關聯，這些信息不在符號表達範圍之內。

　　Kinship notation system現時所面臨的挑戰，不是如何設計一套有Trobriand式的或Tikopia式的包含特殊信息的符號系統，而是能不能設計一套更有效的把有關系譜空間的種種信息迅速報導的符號系統。Harvey-Liu system針對這一目標而設計者與其他符號系統並無二致。假若該制有任何的大膽處——設這意味說前人未說者——是頭一次透露不同運算數或母數（generator）的結合產生不同的系譜空間體系，並探討該體系的數學性質。「親屬範疇」（kinship category）是以不分性別的親子連繫為母數而產生的元素的集合，具有「多價群」（multi-group）的數學性質。「親屬類型」（kinship type）是以分辨性別的親子連繫為母數而產生的元素的集合，也具有多價群的數學性質。「親屬分節」（kinship segment）是以父子連繫和母子連繫為母數，由其特定結合方式而產生的元素的集合，具有群的數學性質。如此，由各種不同母數的不同的結合方式，可產生種種不同的系譜空間體系。這意味著，兩個親屬制度屬於同一系譜空間體系時始可做比較研究，否則必須變換為同一系譜空間，或根本無法做比較研究。多種系譜空間理論有多大的實效，這是正待驗證的。

　　孟根族的研究是根據上述的新觀念，首次設計母方交表婚分節結構的數學模式。在圖示（graph）中，婚姻關係不用等號（＝）而

改用母數指示父母分節的所在來代替。這不過是婚姻關係不同方式的表達，不能把沒有使用等號就當做忽略婚姻關係看待。若忽視了婚姻關係，制定婚的結構模式是根本無從建起的。**Murngin**的分節結構圖很難讀是事實。一般的說，難度常與所透露的信息量成正比例。故結構圖設計的好壞必須看所透露信息的多寡來決定。下面，我們引用李維史陀（Lévi-Strauss1969：222）用來表示母方交表婚的圖示來看符號和信息之間有何種相關關係。

在圖a，箭頭表示婚姻方向，例如A→B表示男A娶女B，其餘可類推。這種圖示是陳先生所說的注重婚姻關係的圖，但圖中忽略了直系關係（父子、母子關係都無法找），所以李維史陀在本文裡補充說（A, C）和（B, D）各構成父子對。我們可以設計圖b來補修前圖之缺，並改用單線表示父子關係，雙線表示婚姻關係。這些圖示所透露的信息是，除了已知項外還有：（A, B, C, D）構成一母系循環組，A，B，C，D之間所舉行的制定婚是舅甥女婚（ZD marriage），母方交表婚是屬於副次的。但這些信息，不是等號所直示的，誤讀者大有人在，連李維史陀也難於倖免（Liu, 1968: 30-31）。讀圖之難不在於符號的有無，而在於如何解讀蘊藏於圖示中的信息。

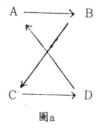

圖a

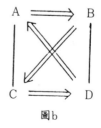

圖b

　　孟根族的分節結構圖，是根據母方交表婚的原理設計四遊群、六遊群及八遊群所構成的連婚圈，進而探討其數學模式的純理論性產品。這些分節空間所透露的信息，究竟有多大的可信度？當時沒有任何的田野資料可證實有連婚圈的存在，遑論驗證個別空間信息的內涵。到了Shapiro（1968：346-53）新田野報告的出現，六遊群連婚圈的存在首次被證實，其結構的數學模式終於得了一次檢驗的機會。Shapiro帶來的最驚人的消息是，孟根族在六遊群連婚圈裡所採用的婚姻方式，竟是ZDD交換婚！但這正是系譜空間結構圖所透露的信息，只有在六遊群連婚圈裡（不發生在其他任何連婚圈裡）ZDD交換婚是必然伴生於母方交表婚的副次性婚姻方式。這是二十四個分節分屬於兩條母系線，產生母系偶族的緣故。Shapiro也發見親屬稱謂分屬於兩組母系序續（matri-sequence），所記錄的序續也達於十個之長，但他未至於發見十二代循環之理，也未察覺ZDD交換婚和母方交表婚之間的理論脈絡。這也許跟他所採用的圖示方法有關，由於傳統的圖示無法透露這些信息，新資料只徒增理論家的困擾，大家只好誤認Warner調查時採用母方交表婚的孟根族，到了Shapiro調查時已改用ZDD交換婚了（Liu, 1970: 120-22; 1973: 105-8）。

　　李區在 *Rethinking Anthropology* 一書裡所強調的，社會人類學除了傳統的比較研究之外，必須開拓一般化或法則化（generalization）的研究途徑。他認為這條路，應將每一社會存在的有條理的觀念認作一個數學模式（By thinking of the organizational ideas that are present in any society as constituting a mathematical pattern）來探討，始可達到（Leach, 1961: 2）。如何發掘蘊藏於現象深層裡

的數學模式，這是當代人類學所面臨的考驗之一。李區推崇Lévi-Strauss的研究是朝向這個方向的典型例子，雖然結構主義者不輕易談論數理模式的探討，但其究極的目標是相等無疑。Harvey-Liu system的提出，孟根族結構的數學探討，也是朝向這一方向所做的試探。這是一條未開拓的路徑，希望國內也有一群新血，本著冒險犯難的精神，把荒徑拓成平坦的康莊大道。

參考書目

宋龍生

　1963　〈南澳泰雅族的部落組織〉，《中央研究院民族所集刊》15:
　　　　　165-223。

　1964　〈臺東平原的卑南族調查簡報〉，《臺灣大學考古人類學刊》
　　　　　23124:67-82。

王崧興

　1965　〈非單系社會の研究〉，《民族學研究》 30（3）:193-208。

中根千枝、王崧興

　1963　〈臺灣ヤミ族の社會組織について〉，《民族學研究》 27
　　　　（4）:57-61。

末成道男

　1970　〈臺灣プユマ族の親族組織の志向性〉，《民族學研究》 35
　　　　（2）:87-123。

　1983　《台灣アミ族の社會組織と變化》（東京：東京大學出版會）。

古野清人

　1945　《高砂族の祭儀生活》（東京：三省堂）。

石磊

　1971　《筏灣：一個排灣族部落的民族學田野調查報告》（中央研
　　　　究院民族學研究所專刊之21，臺北）。

丘其謙

　　1966　《布農族卡社群的社會組織》（中央研究院民族學研究所專
　　　　　刊第7號，臺北）。

李亦園

　　1960a　〈北呂宋Ifugao族的宗教結構〉，《中央研究院民族學研
　　　　　　究所集刊》9:387-409。

　　1960b　〈Anito 的社會功能——雅美族靈魂信仰的社會心理學研
　　　　　　究〉，《中央研究院民族學研究所集刊》 10:41-55。

　　1962a　〈祖靈的庇蔭——南澳泰雅族超自然信仰研究〉，《中央
　　　　　　研究院民族學研究所集刊》 14:1-46。

　　1962b　〈臺灣土著族的兩種社會宗教結構系統〉，《亞洲史學家
　　　　　　會議第二屆會議論文集》（臺北），頁241-252。

李亦園、徐人仁、宋龍生、吳燕和

　　1963　《南澳的泰雅人——民族學田野調查與研究》（上冊）（中
　　　　　央研究院民族學研究所專刊之5，臺北）。

阮昌銳

　　1969　《大港口的阿美族》（上、下冊）（中央研究院民族學研究
　　　　　所專刊甲種第18、19號，臺北）。

芮逸夫

　　1950　〈瑞岩泰耶魯族親族制初探〉，《臺灣文化》6（3/4）:1-10。

　　1954　〈川南永寧河源苗族親屬稱謂制探源〉，《臺灣大學考古人
　　　　　類學刊》 3:1-13。

岡田謙

　　1942　《未開社會に於ける家族》（東京：弘文堂）。

唐美君

　　1973　　〈臺灣排灣族來義村喪葬儀式之結構分析〉（英文），《國
　　　　　　立臺灣大學考古人類學刊》 33/34:9-35。

馬淵悟

　　1976-80　〈台灣海岸Ami族調查報告Ⅰ～Ⅵ〉，《歷史と構造》
　　　　　　5: 11-32,6:3-22, 7:43-52, 8:39-46。

馬淵東一

　　1938　　〈中部高砂族の父系制における母族の地位〉，《民族學年
　　　　　　報》第一卷，頁1-68。

　　1953　　〈阿里山ツオウ族の道路祭〉，《人類科學5，1952年度九
　　　　　　學會連合年報》（九學會連合編集）。

　　1954　　〈高砂族に關する社會人類學〉，《民族學研究》 18（1/2）:
　　　　　　86-104。

　　1974　　《馬淵東一著作集》（三卷）（東京：社會思想社）。

鹿野忠雄

　　1944　　〈紅頭嶼ヤミ族と飛魚〉，《太平洋圈民族と文化》，上卷，
　　　　　　頁503-561。

陳奇祿

　　1955　　〈臺灣屏東霧台魯凱族的家族和婚姻〉，《中國民族學報》
　　　　　　1:103-123。

　　1958　　《日月潭邵族調查報告》（國立臺灣大學考古人類學專刊第
　　　　　　1種）。

陳紹馨

　　1950　　〈瑞岩民族學初步調查報告——人口、教育及家族的構成分
　　　　　　子〉，《文獻專刊》 1（2）:9-18。

費羅禮（Ferrell, Raleigh）

　1969　《臺灣土著族的文化、語言分類探究》（英文）（中央研究
　　　　院民族學研究所專刊甲種第17號，臺北）。

喬健

　1972　〈卑南族呂家社祖家族制度的研究〉，《中央研究院民族學
　　　　研究所集刊》 34:1-21。

劉斌雄

　1969　〈Murngin 親屬結構的數學研究〉，《中央研究院民族學
　　　　研究所集刊》 27:25-99。

　1972　〈親屬類型的數字符號系統〉，《中央研究院民族學研究所
　　　　集刊》 33:255-285。

劉斌雄、丘其謙、石磊、陳清清

　1965　《秀姑巒阿美族的社會組織》（中央研究院民族學研究所專
　　　　刊之8，臺北）。

衛惠林

　1958　〈臺灣土著社會的世系制度〉，《中央研究院民族學研究所
　　　　集刊》5:1-28。

　1962　〈卑南的母系氏族與世系制度〉，《國立臺灣大學考古人類
　　　　學刊》 19/20:65-82。

　1963　〈泰雅族的父系世系群與雙系共作組織〉，《臺灣文獻》14
　　　　（3）:20-27。

　1964　〈論繼嗣群結構原則與血親關係範疇〉，《中央研究院民族
　　　　學研究所集刊》 18:1-43。

衛惠林、王人英

　1966　《臺灣土著各族群近年人口增加與聚落移動調查報告》（臺

北：國立台灣大學考古人類學系）。

衛惠林、劉斌雄

1962　《蘭嶼雅美族的社會組織》（中央研究院民族學研究所專刊
之1，臺北）。

Buchler, I. R. and H.A. Selby

1968　*Kinship and Social Organization.*（New York: Macmillan），
pp.102-104.

Chen, Chi-lu

1968　*Material Culture of the Formosan Aborigines.*（Taipei: Taiwan
Museum）.

Cohen, Myron L.

1970　"Developmental Process in the Chinese Domestic Group,"
in M. Freedman,（ed.），*Family and Kinship in Chinese
Society.*（Stanford），pp.25-36.

Coult, Allan D., and Richard R. Randolgh

1965　"Computer Methods for Analyzing Genealogical Space,"
American Anthropologist 67:21-29.

Davenport, W.

1959　"Nonunilinear Descent and Descent Groups," *American
Anthropologist* 61:557-572.

Freeman, J. D.

1962　"On the Concept of the Kindred," *Journal of the Royal
Anthropological Institute* 91:192-220.

Goodenough, Ward H.

　　1970　*Description and Comparison in Cultural Anthropology.*
　　　　　（Chicago: Aldine）.

Kano, Tadao, and Kokichi Segawa

　　1956　*An Illustrated Ethnography of Formosan Aborigines,* Vol. 1,
　　　　　The Yami.（Tokyo: Maruzen）.

Leach, Edmund R.

　　1961　*Rethinking Anthropology.*（London: Athlone）.

Lévi-Strauss, Claude

　　1969　*The Elementary Structures of Kinship.*（Boston: Beacon
　　　　　Press）.

Liu, Pin-Hsiung

　　1958　"Theory of Groups of Permutations, Matrices and Kinship,"
　　　　　《中央研究院民族學研究所集刊》 26:29-40。

　　1970　*Murngin: A Mathematical Solution.*（中央研究院民族學研
　　　　　究所專刊乙種第2號，臺北）。

　　1973　"A CA＊Book Review: Murngin - A Mathematical Solution,"
　　　　　Current Anthropology 14（1-2）: 103-110.

Mabuchi Toichi

　　1958　"The Two Types of Kinship Rituals among Malayo-Polynesian
　　　　　Peoples," *Proceedings of the Ninth International Congress for
　　　　　the History of Religions.*（Tokyo:Maruzen, 1960）, pp.51-62.

　　1960　"The Aboriginal Peoples of Formosa," in George P. Murdock,
　　　　　（ed.）, *Social Structure in Southeast Asia.*（New York:
　　　　　Werner–Gren Foundation for Anthropological Research,

1960）, pp.127-140.

1970　"A Trend toward the Omaha Type in the Bunun Kinship Terminology," in Jean Pouillon and Pierre Maranda,（eds.）, *Echanges et Communications, Mélanges offerts à Claude LéviStraus ă l'occasion de son 60ème anniversaire.*（The Hague）, pp.321-346.

Macfarlane, A.

1883　"Analysis of Relationship of Consanguinity and Affinity," *Journal of Royal Anthropological Institute* 12: 46-63.

Murdock, George P.（ed.）

1960　*Social Structure in Southeast Asia.* Viking Fund Publications in Anthropology, No.29.（New York: Werner-Gren Foundation for Anthropological Research）.

Needham, Rodney

1971　"Remarks on the Kinship and Marriage," in R. Needham,（ed.）, *Rethinking Kinship and Marriage.*（London: Tovistock）.

Radcliffe-Brown, Alfred R.

1930　"A System of Notaation for Relationships," *Man* 30.

Romney, A. Kimball, and R. G. D'Andrade

1964　"Cognitive Aspects of English Kin Term," *American Anthropologist* 66（3-2）: 146-170.

Shapiro, Warren

1968　"The Exchange of Sister's Danghter's Daughters in Northeast Arnhem Land," *Southwestern Journal of Anthropology* 24:

349-353.

Spiro, M.E.

1952 "Ghosts, Ifaluk and Teleological Functionalism," *American Anthropologist* 54（4）: 497-503.

Turner, Victor W.

1969 *The Ritual Process.*（Chicago: Aldine）.

第二章
台灣漢人移民社會的建立及其轉型*

一、前言

　　本文主要在探討清代臺灣漢人社會從早期的移民社會形態，逐漸轉化為臺灣本土社會的過程，特別是表現在拓墾形態、土地所有制度與社會群體構成法則的變遷方面。作者嘗試從人類學的角度去分析歷史材料，以說明臺灣漢人移民社會如何由初期的「墾首制」開墾組織形態，隨著水利的開發和水稻耕作的普及，發展出多層的租佃關係和階層化的社會形態。同時，在社會群體關係上，臺灣漢人如何由早期的祖籍地緣分類意識，移向新的臺灣本地地緣認同意識，一方面是藉著地方寺廟神信仰祭祀圈的融合作用，一方面則是由於本地血緣宗族組織的建立和發展。在宗族形態上，臺灣漢人則由早期受祖籍分配形態影響的「移植型」宗族組織，即「唐山祖」

＊本文原作為台灣大學碩士學位論文（1975年），全文出版於1987年，題《台灣的傳統中國社會》（台北：允晨出版社）。今略作刪節改寫，僅作為台灣社會發展史形態的簡要介紹。

宗族（照丁份的丁仔會和照股份的祖公會），逐漸轉變為源於來臺開基祖在臺灣本地所形成的、以「房份」為組織法則的「開臺祖」宗族。

本文著重在概述這些不同社會經濟層面的變遷軌跡，並提出「土著化」的概念來說明此種轉型過程。較詳細的資料論證，請參閱《臺灣的傳統中國社會》（台北, 1987）。

二、漢人移民的拓展

中國大陸來臺漢人在臺灣的拓殖雖然早在荷蘭人據臺之時（1624-1661）已經開始，但真正奠定漢人移民臺灣之基礎的是在鄭成功驅逐荷蘭人之後。從這時候起，臺灣做為一個華南移民移入區，才與南洋地區開始分道揚鑣。

荷蘭人在臺灣的殖民政策純粹是商業性的，以能夠取得貿易上的利益為主要策略，土地的拓殖只是附帶的事業。荷蘭人據臺之後以臺南安平一帶做為基地以進行對中國大陸和日本列島的貿易（曹永和, 1954: 70），後來雖然做了有計畫的墾殖，但生產的目標主要是做為商品的甘蔗。因此，這時候的臺灣經濟社會結構，實無異於東南亞其他地區的西方帝國殖民地，基本上是由本土社會和殖民者所構成的多元社會（plural society）。漢人在這個社會中扮演了土著民族和荷蘭人之間的中介角色，整個社會的政治經濟控制權仍操於荷蘭人手中。

鄭成功率其宗黨部屬移住臺灣時，雖然並不單純為了殖民，但由於採取了寓兵於農的政策而奠定了一個純粹以農業為主的漢人移

民區。明鄭的開拓，一方面承襲了荷蘭時代的「王田」，後來稱之為「官田」；一方面則由鎮營之兵於所駐之地自耕自給，是為「營盤田」。另外，其宗黨及文武官員並與有力者合作招募佃農，從事開墾，是為「文武官田」和「私田」。其拓殖的區域大致以今日的臺南、鳳山一帶為中心向南北擴展。據估計，前後隨鄭氏來臺的漢人約在六萬人上下，加上荷蘭領臺時期之移民，約略在十萬人以上（曹永和, 1954: 77）。

　　鄭氏父子經營臺灣的時間僅有二十三年（1661-1683），經過幾次征討，清廷終於領有臺灣。初期，鄭氏遺民多棄地撤退，任其荒蕪。而且清廷一再限制大陸人民渡臺，並約束漢人的墾殖範圍。所以，臺灣漢人的人口一度減少甚多，但這只是短暫的過渡時期而已，並不影響臺灣為漢人之殖民地的事實。漢人實際上已經取得了完全的控制權，臺灣只不過是中國本土的延伸，一個海外的邊疆。而且，統治者的身分是來自封建的農業帝國，不是重商的殖民帝國，所以統治者與移民之間構成一個只有社會的階層性，而無文化之多元現象的邊疆社會。

　　清廷統治臺灣的初期政策只是消極的防守、封禁而已，並無積極鼓勵人民來臺開發之意（莊金德, 1964: 1）。凡是偷渡來臺之民人多被認為是在內地無恆產、游手好閒之徒，是影響社會安定的不良分子。但是，儘管政府消極，人民卻頗為積極，他們利用各種方式，循不同途徑，有時更冒著生命的危險偷渡來臺從事開墾。到了乾隆四十七年（1782），據載「臺灣府屬實在土著、流寓、民戶、男婦共九十一萬二千九百二十名口」[1]。乾隆五十三年（1788）已

①〈戶部為「內閣抄出福建巡撫雅奏」移會〉，《臺案彙錄丙集》（臺灣文

有如此之報告：「臺灣為五方雜處之區，本無土著。祇因地土膏腴，易於謀生食力，民人挈眷居住，日聚日多，……雖係海外一隅，**而村莊戶口較之內地郡邑不啻數倍。**」[②] 臺灣開拓的成就，實際上是靠這些不畏艱辛的移民之偉大力量。

自乾隆末年以後，清廷雖然仍一再申明偷渡之禁令，但這時已經准許文武各官及安分良民攜眷渡臺，且經設立官渡以去流弊，故偷渡的問題已不嚴重。乾隆五十四年（1789）閩浙總督奏請開放蚶江港口，並將臺灣理番同知移往鹿港，以便民人渡臺（莊金德，1964：49-50）。這也顯出移民拓展的方向已由南部轉向中、北部。實際上，在康熙末年，移民的拓展已經越過濁水溪以北了。康熙《諸羅縣志》記載：「於是康熙四十三年，……流移開墾之眾，已漸過斗六門以北矣。自四十九年……，蓋數年間，而流移開墾之眾，又漸過半線〔今之彰化市附近〕、大肚溪以北矣。」[③] 雍正元年（1723）彰化正式設縣。而淡水廳開拓的極盛時期乃是乾隆以後的事情。到了嘉慶年間，漢人移民的勢力已侵入了宜蘭和水沙連（今之集集和埔里等地）等山後地區。嘉慶十六年（1811）查照保甲門牌，並調查土著及流寓戶口所得，實際全臺戶口總數為241,217戶，丁口2,003,861口。光緒三年（1877）則有320萬人，十八至廿一年（1892-1895）間為編纂《臺灣通志》所做之戶口統計則有2,545,731人[④]。

<hr>

② 〈大學士公阿桂等奏摺〉，《臺案彙錄庚集》（臺灣文獻叢刊第200種），頁156-157。

③ 康熙《諸羅縣志》（臺灣文獻叢刊第141種），卷7，〈兵防志〉頁110, 112。

④ 同上，頁238, 239-241。馬若孟（Ramon Myers）認為1811年和1877年的

獻叢刊第176種），頁91-92。

　　隨著土地的開發和人口的增加，清廷在臺灣的統治機構也愈趨完善。從領臺初期的一府三縣，增設擴大至割日前的三府十一縣四廳一直隸州，並獨立自成一省。但清廷對於這種政治制度的更張，大部分是出於被動的，例如經1721年朱一貴之亂，為謀善後，始增設北路之彰化縣和淡水廳。1810年因海寇屢次窺伺噶瑪蘭，始奏請收入版圖。1874年日本覬覦臺灣番地，總理船政大臣沈葆楨始奏請巡撫改駐臺灣，而恆春之設縣，卑南之設廳可以說是在加強南端之防務。1885年因中法戰爭才促成了臺灣建省，並做大幅度的添改行政機構。此後臺灣巡撫劉銘傳對臺灣從事積極的開發事業，而清廷之主動取消一切入臺禁令是在光緒元年（1875）。

三、開墾組織與土地制度

墾首制的拓墾形態

　　早期清廷的治臺「政策」對大陸人民渡臺之限制極嚴，但由於執行的問題實際上並沒有遏止這股移民的勢力。從有關的文獻上來看，這些「流民」一旦偷渡成功，似乎便可隨一己之能力闢土耕種，而不必擔心會受到官府的壓迫或管束。清政府除了規定漢人不得私越番界開墾以外，按《戶部則例》，凡「各直省實在可墾荒地，無

人口數字顯然過高，依據他的外推法（extrapolating），1811年的人口應在50-75萬之間。他根據日本人的統計，指出1905年之人口只有289萬人。

論土著流離，俱准報墾」。又規定：「凡報墾者必開縣界址土名，聽官查勘，出示曉諭後五個月，如無原業呈報，地方官即取結給照，限年陞科……墾戶不請印照，以私墾論。」據此，官府得照臺灣荒地勸墾之規定，發給墾照，其中主要載明墾戶須於一定期限內招佃開墾，然後報課陞科，繳納正供，同時也都賦予墾戶治安之義務⑤。

這些墾戶向官府申請的，大多是數十甲（一甲約等於一公頃）以上的土地，非自己能力所能耕作，因此必須再招徠佃戶，將既得的土地劃分成小塊租給佃人開墾。墾成之後，由佃戶繳納一定的租額給墾戶。這些租佃關係或憑口頭約定，或載明於墾戶和佃戶的契約文字上。戴炎輝研究臺灣大小租業則指出：在初期，墾戶對於佃戶供給種籽農具或其他必需品。但通常情形概約定由佃戶負擔墾費，如墾照中所說「前去開埠築圳，墾闢成田」等。墾戶將墾地分給佃戶，讓佃戶自備工本從事墾殖。有時墾戶也與佃戶分擔墾費，尤其是在開築埠圳方面。故有些墾照也載明：「其築陂鑿圳工費，主四佃六津出。圳大汴，墾戶辦理。各大小水汴，耕佃自備。若文武官公事到庄，墾戶策應。庄中庶務，各佃自當。」（戴炎輝，1964）

清初臺灣漢人在臺灣一開始招墾便已形成此種三層關係：由墾戶向官府申請給照開墾，繳納一定的正供額，官府則承認墾戶為業主；業主再招徠佃戶力墾者，收取一定的租額。此種開墾組織的形成顯然是由於邊疆環境所使然，但是對以後的土地所有制度卻產生很大的影響。早期從大陸偷渡來臺的流民大多一貧如洗，他們必須投靠有資本的墾戶給予種籽和農具，由墾戶向官府申請開墾權。而

⑤此類契字也以《清代臺灣大租調查書》收錄最全，見頁59-150。

官府對這些流民的治安問題，也都交給墾戶自行負責。尤其是靠近生番之地需要自衛的武裝力量，此種開墾組織更屬必要，靠此種組織佃戶乃可獲得權利和生命的保障。所以墾戶和佃戶的關係，在此種邊疆環境下，有一部分已超出了純粹土地租佃的經濟關係，而略具有行政和司法的主從關係。因此墾戶不只是土地的業主，而且是這一開墾組織之首，故也稱為「墾首」。佃戶由於實際從事墾殖，往往於墾成之後對土地享有超出一般佃戶所具有的支配權，這可以從佃戶也被稱為「墾戶」的事實中表現出來。吾人實可稱呼此種開墾制度為「墾首制」。現在我們已經很難再重建這一種開墾組織的實際運作情形。富田芳郎調查臺中盆地北面的平原，神岡和大雅一帶，以岸裡大社通事張達京為墾首的墾區，為我們提供一個較具體的例子（富田芳郎，1943：158-164）。嘉慶元年（1796），宜蘭的吳沙與淡水人柯成、何績、趙隆盛等共同出資，廣招三籍流民進入宜蘭拓墾，也是一個著名的例子⑥。

　　墾首大戶在此邊疆社會中，顯然佔著極重要之角色。他們挾其資本和勢力，得到官方的協助與保護，割據一方，形同小諸侯。墾首對其墾佃不但有收租權，而且更具備替官府執行監督之權。同時，他也是官府徵稅的對象，無形中靠著官威而維持其權勢。在此種環境下，佃戶唯有依附有力墾首；否則，即使一些零細墾戶墾成熟田之後，也難免為豪強所橫領。一般小民由於不知官法，開墾之初並不見得全部領了墾照。有許多奸黠之徒，往往見某地既經開墾，乃

---

⑥《噶瑪蘭廳志》，卷 7，〈雜識・紀人〉，頁 329-330；又見《臺灣文化志》（下），頁320-322。

觀其將成之際,潛赴官廳申請給照,將廣大之地段全據為己業,大可數百甲,少則數十甲。無照者究竟無法與有照者爭訟,只好承認其為業主,繳納大租。這種大租戶,常不費絲毫之工力,便坐收鉅利(伊能嘉矩, 1928〔中〕: 547)。

墾首的存在不僅為官方所承認,而且因此而發生的開墾組織儼然已經是一種社會制度。迄至道光年間,大墾首的組織仍然是漢人向番地開墾的主要力量。清代臺灣的開墾組織顯然頗具規模。墾首大部分是由一些擁有雄厚資本的富豪所組成,他們通常領有數百甲的田園,指揮數十個佃人,對外可以防番,對內則握有警察權。此種以大資本家為主的「墾首組織」可以說是早期漢人開拓臺灣的最主要形態。

關於早期大墾首的數目和分布,向來缺乏詳細可靠的文獻資料,惟以日人據臺初期,有臨時臺灣土地調查局和臨時臺灣舊慣調查會的調查報告,大致對於每一地區的開墾歷史和主要墾首均有零散的記載。伊能嘉矩所編臺灣《地名辭書》(1909: 53-54)有較具系統的整理,其中所載有關南北各地的開發時期及重要的始墾者或墾首相當詳盡。計出現於該等資料的始墾者即有五百餘名之多,大多數均成立於乾隆末年以前。後來這些「大租權」(即墾首向佃戶所收之佃租)不是轉讓頻繁,便是不斷鬮分,很少維持過百年的。迄至日人實行臺灣土地調查時(1898-1904),大租額就有1,076,436石之鉅,土地之廣佔全島田園十分之六,核定應領償金之大租權者共三萬六千餘人(程家穎, 1915: 57-60)。

開墾組織與租賦結構

　　與上述之墾首制類似者為「官莊」。早期臺灣有較多的荒地乏人開墾，曾有動用公帑，由各縣召墾，或為文武養廉之具，或為民田充公歸官者。此種官莊之收租權自然屬官府所有，而且已含正供在內，稱為「官租」，其租額與普通大租無異[7]。最有名者為拳和官莊（位於新店萬盛莊和八里和尚洲），計達420甲以上。這類官莊的演變，也與墾首組織所形成之大小租關係同樣命運。

　　從清代官府的立場而言，臺灣的土地可分成兩種。原來平埔番社所共有之地，稱為「番地」，向來均無徵賦之例。番界以外，無人佔有之土地均為「官地」，可由墾戶報墾，墾成之後，必須將甲數申報官府以請陞科。這一部分又分為舊額田園和新墾田園。所謂「舊額田園」是指明鄭時期已墾成之地；「新墾田園」則為清領臺以後經官發給墾照而由民人墾成或由官出資招佃開墾者，此一部分已如前述。

　　關於番地尚須加以說明。平埔番地若由漢人向番社租贌或典買得來之墾地，按例需繳納「番租」給番社或番人，其性質完全與漢人之給墾一樣。故所納之番租，也稱為「番大租」，而前面所述之漢人墾首大租遂有「漢大租」之稱[8]。但有一部分負擔番租之墾戶，後來又自為墾首，再招徠佃戶（即後來之小租戶）。在此種情形下，番租又居於普通大租之上[9]。番租租額大都比照前述之漢大租，但

----

[7]《臺灣私法》，第一卷（上），頁403以下。

[8]《臺灣私法》，第一卷（上），頁353-354。

[9]同上，頁357；又見《臺灣慣習記事》，3(8)，〈舊慣諮詢筆記〉，頁33-34。

因不同地方、不同情況而有差異。此處必須先說明,所謂「大租」
之稱,是原來的佃戶再將土地佃租給更下層的佃戶而只收取佃租(即
小租)之後,為了區別才改稱墾首所收之佃租為「大租」的。顯然
並不是一開始就有大小租之稱。

　　若將墾首制、官莊和番租之租稅關係比較,大致有如表2-1之
平行關係。假如從佃戶的立場來看,其租稅負擔不論何者都一樣。
這三種租佃關係主要是分布於臺灣中、北部,即所謂新墾地區。至
於南部地方,則大部分為舊額田園,其租稅關係又如何呢?

表2-1　清代之土地業主、耕佃和地租結構

官廳	←(正供)—	墾首	←(漢大租)—	佃戶
官廳	←——(官莊租)——			佃戶
番社	←(番租)—	墾首	←(大　租)—	佃戶
		番社	←(番大租)—	佃戶

　　據續修《臺灣府志》記載,清領臺以後,明鄭時期所有「官私
田園,悉為民業,酌減舊額,按則勻徵。既以偽產歸之於民,而復
減其額,以便輸將」[10]。換句話說,這些官私田園,即官田和文武
官田,到了清代已變為民業,只徵收正供,即承認原來之佃戶為業
主。而且臺南地方可耕之地已經不多,所以一般均認為後來不再發

---

[10]《續修臺灣府志》(臺灣文獻叢刊第 121 種),卷 4,〈賦役・租賦・
　　附考〉,頁241。

生像中北部那樣複雜的大小租關係。但這一部分舊額田園的租賦額雖然已經過「酌減舊額」，其數字仍然高過中北部新墾田園的大租額（陳其南，1987：58）。故從租稅結構來看，官廳雖然承認舊額田園之佃戶為業主，但實際上官廳之地位實具有大租戶之性質，與前述之官莊類似。在新墾田園的一類中，宜蘭地區是個特例，其租稅結構倒類似舊額田園⑪。

　　總之，對於佃戶而言，其土地不論是佃自墾首、官莊、番社，或為舊額田園之業主，在租賦關係上實屬同一性質。唯一的差別在於業主權的問題。舊額田園之業主已如前述，在隸清以後即歸民人。新墾田園中，除宜蘭地區之外，開墾初期的墾首、官莊和番社是官府所承認的業主。這三者的業主權如下面所要討論的，後來也都落到佃戶手中，而在土地所有權的觀念上與舊額田園漸趨於一致。

　　顯然，清初臺灣漢人實際從事耕種者，不論南北，均已負擔佔實際收穫物至少十分之一以上價值的租稅。收取這份租稅者在南部主要是官府一手包辦，在中、北部則為墾首和番社，官府也佔了一部分，如表2-1所示。墾首之上另有官府收取一部分的大租額做為正供。而墾首和番人所收之佃租，後來被稱為「漢大租」和「番大租」。官府承認南部舊額田園的耕種者是業主，而中、北部則只承認墾首和番社是業主，實際從事耕種者為佃戶。但如前面所討論的，這只是形式上的問題，對於所有佃戶而言，其租賦額並無根本上的差異。甚至在社會階層化的意義上，這些坐收租賦者也是一丘之貉。

---

⑪《噶瑪蘭廳志》（臺灣文獻叢刊第160種），卷2下，〈賦役〉，頁67, 72；卷8，〈雜識（下）〉，頁426。

在漢人之間，他們或者是挾有權勢的官吏，或者是資本雄厚的富豪，或者是豪強霸佔的土豪，有的更是兩者兼具。否則，他們也是彼此依賴共存。官府或借助私人資本而開闢疆土增加稅收，墾首或大租戶則更假官吏之威以維持其大租權。如所周知，大租額中是包含正供額的，無大租即無正供。而納正供是業主的義務，所以官吏必須維護墾首或大租戶的業主權。

光緒年間，劉銘傳清丈田賦實行所謂「留六減四」之法，即從大租額中扣除四成還給佃戶（小租戶）繳納正供，也即承認原佃戶之業主權。如此一來，雖然大租戶仍然保留六成之大租額，但因與官無關，「無靠官威，便難以收足」[12]。大租權需要賴官方保護的情形也可從番大租的例子得到說明。原來由漢人向番社所租贌或典買之墾地，必須向番人或番社繳納番租，業主權在於番人手中。但後來漢人的勢力終於壓倒番人，往往背棄當初的契約，而抗納番租。番租是番人唯一之生路，最後終不得不由政府特別加以保護[13]。否則番人只好棄地遷徙，遠至埔里或宜蘭。

水稻耕作與土地制度

自康熙末年以來，臺灣由於人口大為增加，而且大陸各省米糧不足，曾使稻米價格大為提高（周省人, 1966: 118-137）。蔗糖生產過剩，價格相對低落，如施鹿門等均把糖業資本轉投資於水利的開發，以促進水稻耕作（森田明, 1974: 521）。水利的開發及水稻

---

[12] 見《臺灣的傳統中國社會》，附錄，〈清末的鹿港・錢糧〉，頁194。
[13] 參見《臺灣私法》，第一卷（上），頁358。

耕作的普及實為漢人在臺灣開拓的第二時期之特徵，被稱為是臺灣
農業史上的第一次革命。如下面所要討論的，此種生產制度的改變
深切地影響到土地所有制和社會組織的變遷。水利的開發在臺灣這
樣的地理環境下是絕對必要的，不論種稻或植蔗均需灌溉，只是程
度不同而已。所以大租戶的開墾對水利設施的投資均不遺餘力。我
們可以相信以水稻為主要作物的臺灣北、中部地區，其開墾事業和
水利設施在乾隆年間已經大致完成。由於水利設施的改善，業主得
以向佃戶逐年收取更高的大租額，而影響了臺灣的土地所有制度。

　　原來，臺灣的慣例是墾戶將土地交給佃戶開墾時，大租額均行
「一九五抽」。即從土地的實際收穫量中，每一百石業主得15石，
佃人得85石，稱為「抽的租」。同時在所遺留下來的給佃批中，均
一再言明將來開成水田之後，按甲納租，每甲納粟8石，不論豐歉，
不得增多減少，是為「結定租」[14]。若行抽的租，則租額將依每年
作物的豐歉而有不同，業主與佃戶一同負擔此種風險。或說開墾初
期，無埤圳以資灌溉，因此無法保證一定的收穫額。而水利灌溉設
施顯然使此種情形改觀，而以趨向於結定租較為方便。如此不但免
除業主和佃戶間「言多說寡之嫌」，而且「與其勞而有礙業佃之誼，
熟若逸而忘競之風」。但考之咸豐以後的給佃批[15]，顯示此種改變

[14]《清代台灣大租調查書》，頁65以下（9、12、19、25、35等條），試舉
　一例：「未成水田，照莊例一九五抽的，業主得一五，佃耕得八五……。
　若成水田，奉文丈甲，每甲納租八石。」（見頁67〔12條〕，乾隆35年，
　1770）。

[15]同上，頁143以下（例如106至112條等），試舉一例：「其埔地原係旱瘠

大都出之於佃戶的意見，而且均載明該田原來不是缺水就是無圳水可資灌溉的旱磽之地，「難堪按甲」，故行抽的租。現在則已墾成水田，照理說，不但有較穩定的收入，而且單位面積的產量實際上必然已經有顯著的增加，所以佃戶才主動要求行結定租。

Evelyn S. Rawski（1972: 178）研究華南的鄉民經濟，認為死租（即前述之「結定租」）是稻作地區一般的公式，而活租（類似臺灣「抽的租」）則大多行於華北麥作地區。但她認為結定租對地主比較有利，因為如此地主可以不必跟佃戶一齊負擔風險。從以上所分析的結果看來臺灣的情況可能並不是這個樣子。結定租大多每甲固定抽8石為大租額，據一般的意見，此種租率約略為十分之一，故實際較「一九五抽」的比例為少。但我認為業主後來依結定租所收的絕對大租額並未減少，因為早期旱田收成較低，照一九五抽的租額比率雖然較高，其實際所收絕對大租額也因此而不可能太高，甚至比不上墾成水田後固定每甲抽8石之結定租。

由旱田轉向水稻耕作的過程中，不僅單位面積產量增加，使同樣面積的土地可以養活更多的人口，而且因為需要集約的勞力投入，也使得原為佃戶的小租戶無法兼顧原來他向大租戶佃得的所有土地，因此必須再佃出一部分耕地給其他佃人耕作才划算。簡言之，水稻耕作的普及使得整個農村經濟邁向以小農經營制為基礎的形態。平

之所，並無大溪圳水通流灌溉，年間依例抽的，不堪奉文按丈甲聲，係佃人勤勞，即就處築坡鑿圳引水灌蔭，墾闢耕種，遞年抽的不一，業佃維艱，是以佃戶╳╳前來商議……，遞年結定大租肆石正。」（頁146-147〔110條〕，道光29年，1849）

均每戶的耕地面積因此再度往下層細分乃是必然的現象。所以臺灣漢人的土地分配過程乃有這樣的說法:「**千萬人墾之,十數人承之,而業戶一人。墾照所給者或千數百甲,淡水是也。**」而號稱無業戶的宜蘭也不例外,所謂「萬人墾之,千人承之,地數千甲,給墾者數千人,每人數甲,最多者數十甲,並無業戶,以民為佃,噶瑪蘭是也」⑯。這兩段引文中實際上也已經把清代臺灣鄉村社會的階層化現象,簡單地勾勒出來了。經過這一分化的過程,土地收穫物的分配乃由早期的三層關係轉變成後來的四層關係,其中墾戶轉化為大租戶,佃戶變成小租戶,而整個結構則是多出了現耕佃人(見表2-2)。

表2-2　清代前後期地租結構的轉變

官廳→墾　首→佃　戶(早期)

官廳→大租戶→小租戶→現耕佃人(晚期)

　　根據這種租佃關係,假設土地的實際收穫量為100石,那麼小租戶從現耕佃人身上約收取其中的40-60石,但其中的10-15石要再繳給大租戶,政府再從大租戶收取2-4石左右的正供。顯然再從前述的三層分配關係再複雜化成此種四層關係,而仍然有利可圖,只有從增加單位面積的生產量著手。而水稻耕作正是實現此種理想的最普遍方式。

---

⑯方傳穟,〈稟告總督孫爾準書〉,道光4年(1824)。又見〈開埔里社議〉,《彰化縣志》(台灣文獻叢刊第156種),頁409。

　　我們可以說，早期從墾戶手中贌得土地的佃戶，乃是一面透過水利的開發，穩定了土地的生產力，而向業主要求更有利的的大租額，即從抽的租變成結定租。這時佃戶也多負擔了一層水租。另一方面由於佃戶對土地本身投入了大量的勞力，而使土地更適合於一年兩作的水稻耕作，無形中又倍增了土地的價值。此種價值乃是佃戶勞苦的成果，其所有權自屬於佃戶本身，因此乃建立一種與大租權之來源完全不同性質的小租權。

　　論及中國稻作地區的一田兩主制，一些學者往往把臺灣的大小租關係與福建的一田兩主制混為一談[17]，但筆者認為這兩者在發生的過程上有基本的不同。清水泰次（1954）、片岡芝子（1964）的研究指出，江南之一田兩主制乃是地主層分化所產生，而有所謂「田骨」和「田皮」之分，這些所有權的分化其實是基於納稅原因，即所謂包攬包納，或者是典押的結果。清代來臺任職的內地官吏往往也是以福建的習慣來比擬臺灣，如鹿港廳知事陳盛韶即說道：「管荒埔者收大租，即內地所謂田骨也。墾荒埔者收小租，即內地所謂田皮也。」[18] 但如上所分析的，臺灣大小租業之起源乃是佃戶層分化的結果，而不是地主層為納稅原因所產生的分化（也見仁井田陞，1960: 205-206）。

---

[17]參見《臺灣私法》，第一卷（上），頁269；戴炎輝，〈臺灣大小租業及墾佃之關係〉，《臺灣文獻》，14卷2期（1963）。

[18]陳盛韶，《問俗錄》，卷5，〈鹿港廳・大小租〉。

土地制度與社會階層化

水利的開發、水稻耕作的普及、人口大量的增加、土地所有制的複雜化、以及社會的階層化，可以說是清代中期以後臺灣漢人社會所產生的最大變動。其過程是漸進的，我們很難找出確切的時間。但從前面的討論中，我們可以認為乾隆末年，即十八世紀末，是一個轉捩點。而在這同時，社會的內部構成也開始做激烈的重組，此將留待下節討論。這裡必須先對於建立在土地經濟基礎上的社會階層化現象做一概略的討論。

乾隆末年，彰化發生首次大規模的械鬥事件，善後事宜中有一項論及「周卹窮佃以蘇民困」，稱「上年匪徒聚眾焚殺，莊民紛紛逃避。**殷實之家**大都挾貲而去。**中人之產**亦俱負載而行，及事平歸莊，綢繆栖息，尚不至於缺乏。唯無力**窮民佃戶**，遭此流離，衣食不無窮迫。」[19]這一段記載充分顯示出財富分配不均所造成的不同社會階層對於社會動亂的不同反應。假如這個財富不均是如我們所推論的，建立於土地經濟基礎上的話，那麼我們可以說，所謂「殷實之家」是代表大租戶的階層。他們只是坐收大租，此種大租權是不會因現耕佃人或小租戶的轉移而消失的。他們與土地本身的關係不大，故可以「挾貲而去」。

實際上，大租戶的階層大部分是屬於所謂離村地主，他們很少是居住在鄉村的，大部分都匯集於城市內，甚至遠在中國大陸。至於收租的事，則有各收租館之管事負責。例如因討伐明鄭有功的施

---

[19]《臺案彙錄己集》（臺灣文獻叢刊第191種），頁290-291。

琅將軍，曾由官給南部地方三千甲的廣大埔地，招徠漳泉移民開墾
而收取大租。原來在鳳山、嘉義間有租館十所，年收大租穀六千石。
至道光年間，因其後裔賣掉六館，剩下四館，由在臺管事負責。除
租館費用及正供以外，尚可收入田租銀一千六百元，由管事解送到
北京施家[20]。康熙末年，彰化地區的大租戶施長齡，於其墾業「築
圳陞科，年收租穀近四萬五千餘石」。施家向居鹿港，其產業分由
十二館負責（森田明，1974：538-539）。

　　至於代表小租戶的「中產之家」，於整個清代歷史中，他們或
者力爭上游，累積財富，終於跨越大租戶，成為深具影響力的士紳
階層。林維源一家可以說是這類型的例子，其累積的過程相當迅速，
而且其產業主要是握有實權的小租業（Wickberg，1970：91n.）。
或者這些小租戶仍然居於中產之家，但他們在清代臺灣鄉村社會的
活動中佔著重要的地位。如前面所述，這批小租戶在崛起的過程中，
乃是由於他們對土地的深厚關係，而從墾首手中掌握了土地的實權，
更進一步將之出佃於現耕佃人，但大多仍然保留著一部分的耕地。
所以，他們是離不開鄉村社會的。他們構成村落團體中的領導階層，
他們擔任村落中的總理或董事之職位，是維持鄉村社會秩序的中堅。
當劉銘傳清理田賦時，將田賦改由小租戶繳納，規定小租戶為業主。
因此，這些小租戶更獲得官府的保障，而地位益趨鞏固。

　　日人據臺初期，曾經做過大規模的土地調查，當時臺灣各地大
小租戶和佃戶的分布如表2-3。經過一、二百年的分割轉移，大租
戶和小租戶的數目增加頗多，已經相當零散。由表中可見小租戶數

――――――――――

[20]《臺灣私法》，第1卷（上），頁456-457。

表2-3　1899年臺灣大小租戶統計

類　別	臺　北	臺　　中	臺　　南	宜　蘭	合　　計
大租戶	1,172	8,395	9,131	－	18,698
小租戶	23,153	59,593	56,666	4,296	143,708
佃　戶	42,717	72,702	69,654	7,229	192,302
不　詳	10,159	－	－	－	10,159
合　計	77,201	140,690	135,451	11,525	364,867

資料來源：臺灣總督府，《總督府第三統計書》（1899），卷三。

目幾乎與佃戶接近矣。但小租權的分配是很不平均的，往往少數的
人擁有絕大多數的小租土地，而大多數的小租戶所擁有小租地的比
率反而少得多。隨後，日本統治者在土地制度上取消了大租戶的階
層，而小租戶不但獲得保留，且在改善強化固有之保甲制度時，更
進一步鞏固了這一階層的領導地位。一些勢力較大的小租戶擔任著
日本當權者和村民之間的橋樑，而且在其他宗教和社會的功能上，
他們也是居於領導地位。

　　然而，構成村落社會之主體的，乃是廣大的「窮民佃戶」階層，
他們真正很少有機會力爭上游。地主的剝削，社會的擾攘不安，使
他們「到處流離，衣食不無窘迫」。社會的安定也沒有改善此種情
況，他們的處境總是隨著時代而日趨困難。十九世紀末葉，由於經
濟的成長和人口的壓力，使土地的價值增加，地主們時常在佃契期
滿後改換佃戶，以獲得較有利的條件。雖然佃戶們據稱尚能維持其
最低的生活水準，但是從1870年代以後，小租額實際上已經加倍，
日據後的1900年，小租權的買賣價格已經三倍於1850年代。除此

之外，佃戶尚須負擔磧地銀（Wickberg, 1970：81-82）。據Wickberg
的研究，在十九世紀末，每一個村庄的耕地，大約均有75%都是由
佃人所耕作，比起華南的50%還要高出甚多（同上：85, 88）。

　　從土地經濟的討論，我們至少對清代的臺灣漢人社會構成有一
個概括的印象。這個社會的階層化現象大致是呈階序狀（hierarchical）
的構造，最底層是佔人口大多數的佃農階層，他們是直接的生產者，
整個鄉村社會賴以生存的泉源。其上面所盤踞的是一些自己擁有土
地，掌握村落領導權的在庄地主。更往上層則是依賴大租為其基礎
的離村地主階層。

四、社會分類意識與土著化

　　從1683年到1895年的兩百多年中，臺灣的漢人移民社會逐漸
從一個邊疆的環境中掙脫出來，成為人口眾多、安全富庶的土著社
會。整個清代可以說是來臺漢人由移民社會（immigrant society）
走向「土著化」（indigenization）變成為土著社會（native society）
的過程。特別值得我們注意的是，這一個為時相當長久的轉型過程
充分反映在臺灣漢人社會群體構成法則的變遷上。

　　歷史材料可以顯示出臺灣各地區的漢人社會形態有前後期之不
同。在前期，社會的流動性和不穩定性是十分清楚的。頻繁發生的
祖籍分類械鬥是一個最佳的說明。這或許暗示了一種社會人群認同
過程的嘗試和危機期，不同的成分尋找著各自的指涉點。隨著時序
的推進，社會逐漸進入一個穩定的飽和期，產生不同層次的沉澱現
象，各種不同的祖籍群在臺灣構成了成層的分布形態，這是廣為大

家所熟知者。本節的分析將說明這樣一個經過震盪和汰篩而進入「定著化」的過程。

祖籍意識的分類形態及其轉型

　　以祖籍意識為認同基礎劃分人群並從事械鬥之現象並非臺灣所獨有。中國本土，尤其是華南地區，早在十八、九世紀，異姓和異鄉之間的械鬥已經非常激烈，尤其是臺灣移民所來自的潮州、漳州和泉州。臺灣和華南地區的械鬥事件，最大之差異在於前者多起因於不同祖籍群（sub-ethnic groups）之敵對，而後者多為宗族和聯鄉之鬥。謝金鑾有名的〈泉漳治法論〉論及漳州和泉州之械鬥事件謂：「泉民之鬥以鄉鬥，漳民之鬥則以姓鬥。以鄉鬥者，如兩鄉相鬥，地畫東西，近於東者助東，近於西者助西，其牽引嘗至數十鄉。以姓鬥者，如兩姓相鬥，遠鄉之同姓者必受累，受累者亦各自為鬥，其牽引亦能至數十鄉。……究之以鄉鬥者，必大姓為首。」[21] 但「臺灣之民不以族分，而以府為氣類；漳人黨漳，泉人黨泉，粵人黨粵，潮雖粵而亦黨漳，眾輒不下數十萬計」[22]。

　　所以華南和臺灣雖然同樣是械鬥頻繁之區，但由械鬥事件所反映出來的社會組織形態卻不相同。華南是土著社會孕育出來的特殊地緣組織，類似史堅雅（Skinner, 1964-65）所說的基本市集區和傅立曼（Freedman, 1966）所謂的地域化宗族。臺灣則富於移民

---

[21]謝金鑾，〈蛤子難紀略・附泉漳治法論〉，載《治臺必告錄》（台灣文獻叢刊第17種）。

[22]姚瑩，《中復堂選集》（臺灣文獻叢刊第83種），〈答李信齋論臺灣治事書〉，頁11。

社會的特徵，尚未拋棄祖籍的地緣意識。但這個移民社會經過時間的累積也將逐漸土著化，拋棄原來的祖籍分類意識而逐漸培養出新的地緣團體，例如祭祀圈、宗族組織和市集社區等。故本文對於清代臺灣漢人分類械鬥事件之分析，重點並不在於械鬥事件的本身及其成因，而是在於經由械鬥事件所反映出來的社會結構意義。分類械鬥作為臺灣漢人社會組織的一個特徵實與福建廣東的宗族具有同樣的重要性。

清代臺灣漢人之分類事件，可以溯自康熙六十年（1721）朱一貴之亂，至同治（1860年代）以後始漸消弭。其間，乾隆末年至咸豐年間最為激烈。從1768年以至1860年的93年間，有記載的分類械鬥之年代便佔了30年左右，平均每三年即有一次分類械鬥事件（陳其南，1978：95-97）。

從這些記載中，我們可以發現，臺灣漢人的村落居民構成，祖籍是一重要的界線。不同籍的居民，尤其是處於械鬥狀態下者，很少有混居之情形。因此「泉人」乃得以攻殺「漳莊」，「漳人」則搶掠「泉莊」。這種聚落形態的普遍存在使分類事件很快地蔓延至其他地區。當時人對於後來屢次再發生的分類事件，記載道：「閩粵分類之禍，起於匪人，其始小有不平，一閩人出，眾閩人從之，一粵人出，眾粵人和之，不過交界處攄禁爭狠〔原文照錄〕；而閩粵頭家，即通信於同鄉，備豫不虞。於是臺南械鬥，傳聞淡北，遂有一日千里之勢。匪人乘此，播為風謠，鼓動全臺。閩人曰粵人至矣，粵人曰閩人至矣。結黨成群，塞隘門，嚴竹圍，道路不通，紛紛搬徙。」[23]

---

[23]陳盛韶，《問俗錄》，卷6，〈鹿港廳・分類械鬥〉。

　　分類械鬥往往引起各人群的大舉遷徙，使整個臺灣在祖籍人群的分布上更趨於集中。例如，道光六年（1826）彰化閩粵分類，員林一帶粵人紛紛搬入大埔心及關帝廳等莊[24]。而臺北盆地內，今之八里、新莊一帶，康熙末年以來，原有許多粵人入墾，但道光十四年（1834）及二十年（1840）的閩粵分類，使這一帶的粵人盡把田業賣掉，退至桃園中壢一帶，而使臺北盆地內幾乎成為純粹的閩人天下（伊能嘉矩, 1909: 13）。

　　此種因受分類影響而遷徙之例子，不僅發生於鄉村地區，一些市街的興衰所受影響也相當大。嘉義北部的北港街（舊稱笨港），早年為漳人所創建，是富豪巨賈集中之地。乾隆四十七年（1782）漳泉分類，漳人避難移至東面，另建新港街。道光三十年（1850）漳泉再度分類，北港街之漳州人紛紛移住新港街；新港之泉州人則移至北港街（同上: 102-103）。據1928年之統計，新港之漳州人占86%，北港則泉州人佔99%（臺灣總督府官房調查課, 1928: 22-23），可見各聚落不同人群更迭之一般趨勢。臺北萬華和大稻埕兩市街之興起與不同人群之分類械鬥，關係尤為密切。

　　從歷史文獻材料的分析也說明臺灣漢人祖籍分類的各種形態，例如南臺灣之分閩粵，彰化之分漳泉，北部之分頂下郊。有些並不完全是祖籍的問題，例如宜蘭地方的泉粵人和平埔番即聯合與漳人對抗，所以「分類」是比「分籍」的說法更妥當。這些例子都充分說明了「分類」現象在清代臺灣漢人社會結構中所扮演的重要角色。

　　然而，大約在1860年代以後，就很少再見到大規模的、以祖籍

[24]《彰化縣志》（臺灣文獻叢刊第156種），卷11，〈雜識志・兵燹〉，頁383。

人群為分類單位的械鬥事件。從1865年到1895年的三十年間，雖然仍有械鬥事件，但分類的形態顯然已經轉變。例如同治年間（1862-1874）宜蘭平原的西皮福祿之爭就是一個很特殊的例子（伊能嘉矩, 1928〔上〕：954-957）。西皮與福祿之爭只發生於宜蘭和基隆一帶，未曾波及其他地方。顯然這是一種地方性的衝突，而其萌芽之年代約在同治年間，距宜蘭之開闢已經七、八十年。從有關的記述中，我們也找不出此種爭鬥與過去盛極一時的祖籍分類有何關聯。換句話說，這是發源於宜蘭地區的一種特殊的分類意識。同時，在其他地區也慢慢有了同籍人互相械鬥的現象（張菼, 1969）。到了清末時期，臺灣漢人的社會意識顯然已經逐漸拋棄祖籍觀念，而以現居的聚落組織為其主要之生活單位。我們可以認為這是臺灣漢人社會逐漸從一個移民社會轉變成土著社會的過程之最佳說明。而在這個轉變過程中，我們也可以看出村落的寺廟神和宗族組織擔任著最重要的整合角色。

不同祖籍人群大多供奉其特有之神明，並以其廟宇為團結之象徵，此種現象早經學者不斷指出。大體，漳州人多奉祀開漳聖王，泉州三邑人多奉祀觀音佛祖，同安縣人多奉祀保生大帝，安溪縣人多奉祀清水祖師，客家人則多奉祀三山國王。甚至可由一聚落所奉祀之神明，推斷其居民之祖籍（王世慶, 1972）。故人群之分類每與神明會或祭祀圈有不可分的關係。施振民（1973）調查彰化平原的寺廟分布也顯出祖籍與寺廟神之間的密切關係。而許嘉明（1973）的田野資料則指出清代道光年間，在彰化平原的漳州人和客家人曾經聯合起來，構成一個超祖籍分類人群，以對抗泉州人。王世慶

（1972）研究樹林濟安宮信仰範圍擴大的過程，也卓越地說明了此種地緣意識的轉變過程。

從這些研究可以看出，寺廟神的信仰雖然一方面可以用來做為判別不同祖籍移民之依據，且可能成為不同祖籍移民團結之象徵；但在信仰的意識形態上，它是超越祖籍人群之分別的。寺廟神唯有附著在不同祖籍移民的分類意識，才構成一種排外的認同標幟。否則，其信仰圈的擴大通常可以毫無困難地跨越不同祖籍的人群。上述樹林濟安宮是一個例子，而發現在彰化平原的一些三山國王廟，原先可能是客家人所建立供奉的，但後來此種祖籍意識也都被拋棄了，三山國王廟仍然屹立在閩人聚落中，受到不同祖籍人群的奉祀。是緣於此種特性，才使得清代中葉以後，臺灣鄉村的寺廟擔負起整合鄉莊社會的任務，使臺灣漢人社會從傳統的、封建的祖籍分類意識中解放出來，而在新的移民環境建立新的社會秩序。更清楚地說，清代臺灣漢人社會中，新的地緣團體之建立是以寺廟神的信仰為基礎，而發展出新的村落或超村落之社會組織。

宗族的形成與土著化

隨著土著地緣組織的形成，臺灣漢人移民社會的親屬團體——宗族，也開始茁壯、發展。一如過去的研究所指出的，臺灣漢人移民的原籍，即廣東和福建地區，同一宗族的成員往往集中分布於一個鄉鎮或基本市集區。前面已指出，臺灣漢人社會有強烈的祖籍分類意識，再加上械鬥事件的頻繁，同一祖籍群的移民也開始有集中分布的趨勢。因此，我們可以見到有某些地區的移民是來自同一個宗族鄉村的。對於臺灣漢人鄉村社會略有所知的學者很容易就查覺

到此一現象。

　　要瞭解臺灣漢人宗族的形成和分布，首先可以比較臺灣鄉村人口的祖籍和姓氏分布關係。關於祖籍分類，過去臺灣總督府官房調查課編有《臺灣在籍漢民族鄉貫別調查》（1928年出版，1926年之材料）。關於姓氏分布，則有陳紹馨和傅瑞德（Morton H. Fried）1968年出版的《臺灣人口之姓氏分布》。由這些統計資料的分析（陳其南, 1987: 128-131），可見祖籍人群集中分布的比率自南往北逐漸增加，愈往北部愈多的鄉鎮是由單一的祖籍人群所佔居。臺北地區主要為漳州人或泉州人，無粵人佔優勢之鄉鎮。新竹地區則主要為粵人，漳泉只分布於北部及海岸一帶的十三個鄉鎮（佔30%）。中部、雲嘉、臺南三地主要為漳泉。高屏地區各鄉鎮的人口組成較混雜，粵人大多集中於下淡水溪東岸，但在這一地區的比例和閩人相較差不多。

　　更以彰化平原之詳細資料說明此種關係。彰化平原的人口祖籍分布，集中趨勢相當顯著。靠海岸地區幾乎全為泉州人，而靠近八卦山麓地帶則為漳州人或潮州人地區。尤其是從大村到二水之間的七個鄉鎮，幾乎沒有泉州人的足跡，其周圍則完全被泉州人所包圍。泉人在鄰界的幾個鄉鎮佔絕對的多數（參見圖2-1），例如芬園的83%，花壇的85%，秀水的91%，埔鹽的100%，溪湖的95%，北斗的97%，只有在田尾和溪州兩鄉混有較多的漳人（各為42%和47%）。漳州人和潮州人本身在這一地區也並不完全呈混居現象，而有就祖籍之縣或鄉集居的傾向。來自同一祖籍鄉村的移民，往往集中分布於某一範圍。由於這些移民所來自的大陸祖籍鄉村，多為宗族聚集之地，因此在這彰化平原的漳潮分布地區也顯現出宗族聚居的趨勢。

圖2-1　彰化平原的祖籍分佈

再深一層來看，在彰化平原，大村鄉中部即有七、八個村落是
祖籍漳州府平和縣心田鄉賴姓宗族集居之區。埔心鄉和員林鎮一帶
則分別為祖籍廣東潮州府饒平縣的黃和張姓分布區。員林鎮東南

和社頭鄉東北角一帶，從柴頭井到龍井村之間的四個村落是漳州府南靖縣施洋坊頭劉姓宗族分布區。社頭以南，田中鎮以北則為漳州府南靖縣書洋蕭氏分布區。田中以南到二水之間為漳州府漳浦縣陳氏一族分布區。

這幾個姓氏在各鄉鎮均佔全人口之大多數。如果按照陳紹馨和傅瑞德在1956年抽樣的比率換算，大村的賴姓人應有9,644人；埔心和員林的張姓有14,196人，黃姓12,636人；社頭鄉劉姓有5,432人；社頭和田中之蕭姓13,204人；田中和二水之陳姓有12,984人。由此可見這些族姓的規模之大。號稱臺灣人口之大姓的陳、黃、張三姓，在全省人口之比率也不過是11.3%、6.2%、5.3%。顯見，在彰化平原幾個鄉鎮的這些姓氏，所佔的比率均較台灣全省的平均值高出二至四倍。至於賴姓和蕭姓，其集中趨勢更為顯著。賴姓在全省比率為1.4%，蕭姓為0.8%，但大村鄉賴姓佔有45.3%，社頭鄉蕭姓佔有34.6%。據筆者在田野調查所知，這些同姓的人口除極少部分之外，的確是來自同一祖籍鄉村的同一宗族成員，他們不但有詳細的系譜，而且有共同的宗祠。這一類的大族姓在臺灣尚很少被人類學家仔細的研究過。一些研究臺灣漢人的外國人類學家何以不曾注意到這些大宗族的存在，是有些令人感到迷惑。

在臺灣的漢人社會，與中國本土一樣，宗族組織也可以從族產或宗祠的建立看出來。在臺灣，這類族產稱為「祭祀公業」。今天我們即可以根據這些有形的、持續性的祭祀公業之記載來考察宗族發展的問題。日據時期，臺灣總督府出版一冊有關1937年全省祭祀公業的統計資料[25]，其中有一項是這些祭祀公業的成立年代。由這

─────────────

[25]臺灣總督府官房法務課，《祭祀公業調》（臺北・無年代）。

份資料可以看出，祭祀公業的大量設置是在道光以後的事情，而在光緒和明治年間達於極盛，大正年間因為日本殖民政府之管理政策而使公業之設置平均數較前減少。這種趨勢令我們想到宗族在臺灣發展的問題，對這問題最積極地加以討論者為巴博（Burton Pasternak），1964-65年間他在臺灣南部六堆組織中的一個村落做研究，然後發表其宗族「衰微」（atrophy）說。他說：「自從這個村落建立以來，父系性的組織便已經開始其衰微之過程。」（Pasternak, 1968a: 93; 1968b: 321-2）但是他所提的資料只是1935年以後的數字，根據這個資料，他大膽地做了前述的推論，而這個推論顯然是錯誤的。至少在十九世紀末以前，宗族組織在臺灣漢人社會中，有顯著的發展[26]，而且是在祖籍分類人群籠罩下的發展。前面曾經說到，清代臺灣的祖籍分類現象，除了南臺灣粵人的例子以外，幾乎沒有較永久性的組織來作為這些分類人群的團結中心。除了前面曾經提到的祭祀圈以外，宗族組織是另一個可能促進這些漢人移民團結互助的基礎。我們可以說，分類械鬥的頻繁，間接促成了宗族的發展。

　　早期，漢人移民臺灣時，大多數只做暫時居留的打算，後來雖然逐漸定居下來，但對於祖先之崇拜，他們往往是由在臺之宗族成員醵資派人攜往本籍祭祖。可是，經過一段長時間的定居以後，逐

---

[26]當巴博於1968-69做完他在另一個閩人村落的研究以後，筆者在其出版的 *Kinship and Community in Two Chinese Villages*（Stanford, 1972）一書中再找不到"Atrophy"這個字。他只說：「今天，在這三十年中，宗族勢力的削弱是非常明顯的，需要花一番努力來加以解釋。」見上引書，頁74。

漸感到回本籍祭祖之不方便，而且在臺之宗族成員也繁衍不少，其中有能力或有功名者，遂倡導建祠堂，設公業。在田野中，可以發現不少大宗族是如此建立起來的。而臺灣漢人移民在臺灣重建其宗族組織的過程，正顯示他們已經決定把臺灣當做永久之故鄉，不像南洋僑民始終抱著落葉歸根的想法。所以科立斯曼從華僑社會的研究中，得到一個結論：「宗族是不能移植的。」（Crissman, 1967: 194）但我認為這並不是宗族本身的不能移植，而是華僑的觀念中不積極想加以移植。在臺灣的漢人社會到了較晚期，移民不只自己到臺灣，甚至有好多據說是背著「公媽牌」渡海而來的。當有足夠的宗族成員重新在臺灣相聚時，他們便有機會重新建立一個與祖籍之宗族類似的組織。由這裡可以看出臺灣漢人社會和海外華僑社會表現在土著化過程中的不同途徑。假如考慮到明治年間，當臺灣與大陸的交通愈趨困難以後，祭祀公業的大量增加，那麼我們更可以明瞭臺灣漢人土著化速度的加快現象。清代下半葉，臺灣漢人宗族發展的結果，甚至發生了類似華南地區的異姓械鬥事件（戴炎輝, 1966: 194）。

這樣的發展幾乎有點像華南宗族社會的翻版了，也即是說臺灣的漢人社會已從移民社會轉變為典型的土著社會。戴炎輝（1945: 231）的研究曾經把臺灣的祭祀公業組成分為：「鬮分字」祭祀團體與「合約字」祭祀團體兩種。雖然兩者都是以祭祀祖先為目的所組織之團體，但設立的方式卻不同。前者是鬮分家產時抽出一部分來作祭祀公業，鬮分時對家產有份的人全部為派下，而其派下權的份量則照其家產應分額來分配。後者，乃是來自同一祖籍地的墾民以契約方式共同湊錢而購置田產，派下人僅限於出錢的族人。所以，

鬮分字的宗族團體，是由某一位特定祖先之所有男性後代所組成，也就是在鬮分他的財產時抽出一部分充當祭祀公業，是純粹基於血緣關係所組成。享祀的祖先多為世代較近的「開臺祖」。我們為了分析的方便，把這種鬮分字祭祀公業所組成的宗族稱為「開臺祖宗族」，其祭祀對象通常是第一位開臺祖或其後代。

　　相對的，合約字的祭祀團體所祭祀的祖先，世代通常較遠，以便包容更多的成員。這些享祀的祖先是從來沒有來過臺灣的，故稱為「唐山祖」。其派下可以包括數位開臺祖之後代，我們稱之為「唐山祖宗族」。實際上，臺灣民間對於祭祀公業往往也分為大公和小公，這雖然是相對性的名詞，但常被用於分別唐山祖宗族和開臺祖宗族之祭祀公業。根據這樣的定義，開臺祖宗族的祭祀公業雖然有時採合約字的方式組成，但唐山祖宗族之成立則顯然不可能有所謂鬮分字者。

　　由於臺灣漢人宗族成立時，其設定方法有這樣的分別，在宗族內的各個成員的權利義務自然也有不同。一般對中國宗族內部財產支配法則的看法，完全是從分家的觀念延伸而來，即所謂「照房份」（*per stirpes*）。對於開臺祖宗族，或鬮分字的祭祀團體而言，以這一種分配方式最普遍，學者的討論已很多。這種所謂照房份的方式之權利義務分配，是以系譜為其根據（charter）的。然而，因為當事人腦筋裡對於房份往往已經有了清楚的概念，有形的系譜是否存在並不重要。

　　對於唐山祖宗族而言，由於合約時所定法則的不同而各有其特別的組織形態，大部分已經不可能採取「照房份」的方式。因為世代較深，若使用「照房份」的分配方式，那麼整個分配制度必然非

常複雜,而執行起來有實際上的困難。因此唐山祖宗族的構成,表現在祭祀公業上的分配方式往往是照股份(shares)或丁份(per capita),有時兩種同時使用。照丁份的「丁仔公」通常是以某一位唐山祖為其團結核心。其組成方式大體是由該祖之在臺男性子孫均等出資所構成,但由於住居和經濟條件的差異,及個人意願等因素,並非該祖之所有男性子孫均加入這個「公」。

唐山祖宗族在設立過程和分配制度上的此種特殊性,實表現了臺灣做為一個移民社會的性質。例如在社頭和田中的蕭氏宗族,一個「丁仔會」的祭祀公業總是以某一代唐山祖為名,糾合其在台灣之男性後代自由參加均等出資所構成。由於是志願性的,並非該祖之所有男性子孫均加入該公業。這些丁仔會之會份大多數是固定的,以當初出資者為準,不論歷經多少世代均不改變。故有時候後嗣較多的丁份往往為數十人甚至數百人共享,而有些絕嗣者之丁份往往集中於某一後代,故也有一人擁有數丁份者。社頭田中蕭氏宗族內,此種丁仔會或丁仔公共有19個,分別擁有數丁至百餘丁的固定丁額。這些丁仔會可視為「基本」祭祀團體,因為這些丁仔會又可以做為一個法人(corporation),再聯合組織成更大的祭祀團體,稱為「祖公會」。祖公會之組成多以股份名義出之,而無設立者之姓名,成員系譜關係並不重要,其資格完全以出資與否來決定。這也是一種半志願性的祭祀團體,而不是包容完整(inclusive)的親屬團體。

我們說「丁仔會」或「祖公會」是「移植性」的宗族團體,因為其所祭祀的是以未曾到過臺灣的唐山祖為對象。而且,其組成方式也與典型宗族組織的分支相反,是採取融合(fusion)的形態。也就是不同開臺祖的後代聯合起來,組成一個以唐山祖為祭祀對象

的宗族。他們採取與典型宗族（照房份）不同的分配制度而根據股份或丁份的原則。顯然，此種融合型的組織方式容許偏離系譜法則，而採取半志願性的，非家族意識的組織。這就與自然成長的土著宗族（即開臺祖宗族）有所不同，而呈現出移植的性格。臺灣的丁仔會或祖公會所祭祀的唐山祖，可能在其大陸原居地也有宗族組織。丁仔會或祖公會的成立好像是在臺灣移居地有了從大陸「分割」出來的宗族組織，類似細胞的分裂作用形成了兩個獨立的相似的個體一樣。其顯示的土著化意義雖然已經比早期匯錢歸鄉祭祖往前更推進了一步，但比起後來全新的、徹底的在臺灣本土成長出來的宗族組織，則仍未脫移民「祖籍」意識。

臺灣土生土長的宗族，要等到早期的移民在臺已經繁衍了三、四代後才有可能。例如彰化縣大村鄉的賴姓宗族中，有一個以樸園公為共祖的開臺祖宗族。樸園去世時留下為數不少的產業，其中一部分即根據鬮分字的方式留做公業，由其所傳之四房輪流掌管。這份公業並分為兩部分，一個是普通供祭祀目的的祭祀公業，另一個是供獎勵子孫讀書的書田業。在日據時期這兩項公業之土地面積尚分別有五甲多和九甲多。這是一個頗有財富的開臺祖宗族[27]。這種純粹是「土著性」的開臺祖宗族，因為成員之間有清楚的系譜關係可以追尋，所以一切權利和義務的分配都傾向於照房份的方式，有別於丁仔會的照丁份和祖公會的照股份方式。這些差別在漢人宗族構成性質的關係容另文討論。此地要特別指出的是，由於移民社會

---

[27]關於大村賴氏宗族的一些資料也見於：陳棋炎，〈臺中縣大村鄉的家族制度報告〉，《臺灣文化》，4卷1期（1950），頁55-67。

的性質而使得臺灣漢人的宗族組織呈現出多樣的性格，有些甚至是在華南地區所沒有的。這些不同的宗族組織實際上可以根據成員的權利義務分配關係分為上述的丁仔會、祖公會和照系譜關係的一般開臺祖宗族。前二者比較是移民社會初期的形態，是移植型的宗族組織，後者是典型的一般人類學家所瞭解的宗族組織。而臺灣漢人社會的宗族發展形態主要也是傾向於從丁仔會和祖公會等半志願性的唐山祖宗族，移向來臺開基祖派下的典型宗族。

五、結論與討論

從以上的討論我們可以發現：械鬥事件的發生可能有不同的原因，或是因不同時期而顯示出形態上的差異，但其作為社會人群分類的一個極端化的結果則一。換句話說，藉著分類械鬥的分析，我們有可能闡明社會人群分類的現象和原則。同時，由於械鬥成為一個引起官方特別注意的事件，或分類的意識已羼雜在民變的過程中，因此在地方志或史籍中有較為詳細的記載。我們並不難找到參與者的個人歷史背景、起事緣由和審訊資料等。從這些特有的歷史材料的分析中，可以獲得有關當時一般社會結構形態的清楚映像。但是當械鬥作為一種社會衝突的表現逐漸減少之後，根據某些原則作社會群體認同或分類的現象並未消失，只不過是經由某種轉化而以較為平靜的方式成為社會生活的一部分，普遍存在於社會上。但是我們卻不再有較完整的記載，因為這種和緩的社會群體構成，不像械鬥和民變一般會涉及社會治安和秩序問題而成為值得史志記載的事件。例如一般寺廟祭祀圈和宗族的建立就很少發現於地方和官吏的

文書中。對於後期發展出來的一些靜態的社會群體構成，例如宗族組織等，我們只能根據一些官方文獻和學者們的田野資料來回溯和重構。

　　本文的目的是嘗試透過這些社會群體構成法則的變遷來解釋臺灣漢人社會在臺灣本土定著化的過程。這裡所提出的「土著化」理論，在前提上是先認定初期的漢人移民之心態是中國本土的延伸和連續，到了後期才與中國本土社會逐漸疏離而變成以臺灣土地為認同之對象。用來確定此種變遷方向的兩個指標是：祖籍人群械鬥由極盛而趨於減少，同時本地寺廟神的信仰則形成跨越祖籍人群的祭祀圈；宗族的活動則由前期以返唐山祭祖之方式漸變為在臺立祠獨立奉祀。然而「土著化」概念是一個有關社會群體認同或地緣血緣意識等心態上的轉變歷程，我們只能從歷史材料中尋找那些具體的表徵行為，如分類械鬥、宗族或寺廟組織之演變，來確定「土著化」的軌跡。

　　根據本文之論證，在臺灣「土著化」了的漢人社會，實際上是把臺灣漢人在華南原居地的社會形態重新在臺灣建立起來。換句話說，臺灣漢人移民在後期雖然獨自發展出一個「土著社會」來，就如華南漢人社會之為土著社會一般，但其社會結構形態是相同的，特別是表現在宗族發展的過程上。如果傳統形態不經過現代化的衝擊，那麼我們也許會發現臺灣和華南的社會有更多的相似之處，我們也就毫無疑問地更可以說臺灣漢人社會是大陸中國社會的延長或擴展了。

　　「土著化」的概念始終是認為臺灣漢人社會在前後期均屬於中國本土社會的延伸，而其主旨是在討論：在這個前提下，臺灣漢人

移民社會曾經有過怎麼樣的轉型？東南亞或其他地區的華僑社會固然也可以說是中國社會的延長或擴展，但在意義上已與臺灣漢人社會不一樣。基本上，臺灣漢人已發展為一土著社會，不僅是「移」民，而是已經「定著化」了，華僑社會則始終是「移民社會」，對雙方並無本土認同的問題。這一點到了後來東南亞地區的原土著社會之民族意識覺醒，進而建立所謂「民族國家」之後，即產生了認同的問題，造成不少悲劇性的結果。但臺灣漢人社會由於一方面土著化的過程已經完成，一方面完成後所展現的形態又與華南社會一致，因此並無類似華僑社會的兩難問題。這種差別使得我們認為「土著化」的概念在比較臺灣漢人和華僑社會時更能顯出其特質。從近代歷史的經驗看來，中國本土社會的擴展，其真正的基礎是建立在外移社會的「土著化」之轉型，而非僅止於單純的地理延伸。單純的地理延伸之移民並不必然產生土著化的漢人社會，雖然在心理上足以構成母社會的一部分，最後的結果卻不能在地理上有所擴展。

參考書目

王世慶

　　1972　〈民間信仰在不同祖籍移民的鄉村之歷史〉，《臺灣文獻》
　　　　　23（3）：1-38。

仁井田陞

　　1960　〈明清時代の一田兩主慣習とその成立〉，《中國法制史研
　　　　　究・土地法第一部》（東京），頁164-215。

片岡芝子

　　1964　〈福建の一田兩主制について〉，《歷史學研究》294: 42-49。

伊能嘉矩

　　1909　《大日本地名辭書・續編第三・臺灣》（東京）。

　　1928　《臺灣文化志》（東京）。

周省人

　　1966　〈清代臺灣米價誌〉，《臺灣經濟史十集》，頁118-137。

施振民

　　1973　〈祭祀圈與社會組織〉，《中央研究院民族學研究所集刊》
　　　　　36：191-208。

清水泰次

　　1954　〈明代福建の農家經濟——特に一田三主の慣行について〉，
　　　　　《史學新誌》63（7）：1-21。

許嘉明

　　1973　〈彰化平原福佬客的地域組織〉，《中央研究院民族學研究
　　　　　所集刊》36：165-190。

曹永和

　　1954　〈鄭氏時代之臺灣墾殖〉，《臺灣經濟史初集》，頁70-85。

張　菼

　　1969　〈同籍械鬥的吳阿來事件〉，《臺灣文獻》20（4）：118-
　　　　　136。

陳其南

　　1987　《台灣的傳統中國社會》（台北：允晨出版社）。

陳拱炎

　　1950　〈臺中縣大村鄉的家族制度報告〉，《臺灣文化》4（1）：
　　　　　55-67。

莊金德

　　1964　〈清初嚴禁沿海人民偷渡來臺始末〉，《臺灣文獻》14（3）：
　　　　　1-50。

富田芳郎

　　1943　〈臺灣聚落の研究〉，《臺灣文化論叢》（台北：清水書店）
　　　　　1：149-222。

森田明

　　1974　《清代水利史研究》。

程家穎

　　1915　《臺灣土地制度考查報告書》（台灣文獻叢刊第184種，1963）。

臺灣總督府官房調查課（編）

　　1928　《臺灣在籍漢民族鄉貫別調查》。

戴炎輝

1945 〈台灣の家族制度と祖先祭祀團體〉，《臺灣文化論叢》（台北：清水書店），2：181-265。

1963 〈臺灣大小租業及墾佃之關係〉，《臺灣文獻》14（2）：164-165。

1964 〈清代臺灣之大小租業〉，《臺北文獻》，第4期。

1966 〈清代臺灣鄉莊社會的考察〉，《臺灣經濟史十集》（台北），頁87-117。

Crissman, L. W.

1967 "The Segmentary Structure of Urban Overseas Chinese Communities," *Man*（n. s.）2（2）:185-204。

Freedman, M.

1966 *Chinese Lineage and Society: Fukien and Kwangtung,* （London:Athlone）.

Pasternak, Burton

1968a "Agnatic Atrophy in a Formosan Village," American *Anthropologist* 70:93-6

1968b "Atrophy of a Patrilineal Bonds in a Chinese Village in Historical Perspective," *Ethnohistory* 15:293-327.

Rawski, Evelyn Sakakida

1972 *Agricultural Change and the Peasant Economy of South China,* （Cambridge, Mass:Harvard Univevsify Press）.

Skinner, G. W.

1964-65 "Marketing and Social Structure in Rural China," *The Journal of Asian Studies* 24:3-43, 195-228, 363-99.

Wickberg, Edgar B.

1970 "Late Nineteenth Century Land Tenure in North Taiwan," in Leonard H. D. Gordon, (ed.), *Taiwan: Studies in Chinese Local History.* (New York), pp.78-92.

第三章

現階段中國社會研究的檢討：
台灣研究的一些啓示 *

一、前言

　　已故社會學家陳紹馨教授（1966）曾經寫過一篇文章，認為臺灣是中國社會文化研究的實驗室，以臺灣的社會經濟資料自日據時代以來即保留相當完整，且由於地理位置上的孤立，使得臺灣具備成為一個「實驗室」的條件，經此可以觀察中國人口與社會的演變。他說台灣是社會科學研究的寶庫，社會科學家應該善加利用。臺灣在中國研究上可以說是一個具有重大意義的地方，不但在臺灣可以研究中國，而且在某些方面，臺灣比大陸具備更好的研究條件。臺灣的研究不但能促進整個中國的研究，而且對社會科學本身也必定會產生實質的貢獻。

　　我們認為在討論社會科學研究中國化的問題上不能不注意到陳

＊本文（與莊英章同時具名）原發表於楊國樞、文崇一編《社會及行為科學研究的中國化》（台北：中研院，1982），頁281-310。此處已就原文略作修訂。

紹馨在十多年前所提出的這些見解。本文可說是在試圖為他的這個
觀點做一番註解。在這裡期望傳達的一個訊息是：要使社會科學中
國化，臺灣的研究者應該從臺灣本地社會的深度研究開始；要想擺
脫西方人類學或社會科學理論的過度束縛，目前我們研究的策略應
該慢慢從驗證西方的理論，有意識地轉到檢討和批評西方學者的一
些見解，一方面則把握本地學者研究本地社會的優越條件累積出新
的觀點，才有可能建立一個獨特的中國社會科學傳統。一直以深度
研究臺灣傳統社會為主題的本地人類學者，在這方面應該可以更進
一步地展示其優越的視點。雖然這裡所提出的批評和見解仍然是很
初步的，只能說是拋磚引玉，但希望這方面的研究已透露出一些可
以期待的曙光。

　　本文擬從家族、宗族及社會構成法則等三方面來檢討過去中外
學者的研究，以勾劃出從前學者研究的重大貢獻，及若干尚未解決
的難題，並進一步提出將來臺灣漢人社會結構研究中國化的一些途
徑與方向。

二、家族結構

　　研究中國家族或家庭組織的學者越來越感到定義的困難，究竟
在中國社會裡面「家族」單位的界定應該根據什麼標準？如果我們
檢討歷來所有的研究，便會發現學者們的見解實在莫衷一是，例如
葛學浦（D. Kulp, 1925: 142-5）就根據家族的功能，將中國的家
族分成四種不同的類型：自然家族（natural family）、經濟家族
（economic family）、祭祀家族（religious family）及傳統的或宗

族家族（conventional or sib family）。所謂自然家族是一種生殖的團體（biological group），包括父母及其子女，也就是一般所說的核心家族。一個或幾個自然家族也可能是屬於經濟家族，此種經濟家族乃一群人基於血緣或婚姻的關係彼此生活在一起所建立的一個經濟單位，它也許是一個或幾個尚未繼承劃分祖產的自然家族，也可能與宗教家族的範圍重疊。不過葛學浦特別強調經濟家族之成員並不限於居住在同一家內，有時分散到其他地方，只要他們是在同一家長的統率下，具有共同的土地財產、收支及預算，就算是同一個經濟家族。祭祀家族乃祖先崇拜的單位，其範圍有很大的伸縮性，有時與自然家族或經濟家族之範圍一致，有時則包括幾個自然或經濟家族，然而，它也唯有在祭祖的時候才變成一種具體存在的「團體」。傳統家族也就是一種宗族家族，宗族是一種單系親族團體。葛氏所調查的廣東鳳凰村是一個父系宗族之村落，因此每一位村民均屬於同一個宗族家族。

最近孔邁隆（Myron Cohen, 1970: 27-28）的研究則將中國人的家族構成分成三個要素：家產、成員及家計。所謂家產是指在分家過程中可以運用的土地財產，家族成員是指分家時對家產具有特定權利之人，家計是透過一種共同預算之安排而對家產及其他收入之利用。他認為這三種要素均有兩種出現的可能性：家產是集中在一處或分散於數處，成員是集中的或分散的，家計是夥同性或非夥同性。中國的家族結構一向被認為是家產集中、成員集中的夥同性經濟。然而，不少學者強調祇要家族的經濟是夥同性，不管其家產或成員是否集中，都屬於一個共同的家族（Lin, 1948: 13; Yang, 1959: 17; Kulp, 1925: 148; Fei, 1939: 97; Cohen, 1970: 29-30）。換言

之，家族財產之集中或分散，以及家族成員的同住或分住，並不影響家族的完整性。可見，他們特別強調家計夥同性的重要。然而，非夥同性之家計是否形成一個「家」？有些作者的研究即指出非夥同性經濟家族之存在，稱之為「分散的家族」（dispersed family）也就是家族成員仍維持共享尚未分割的世襲財產之最後權利（Moench, 1963: 72）。

這是從某一特定時間的斷面來看家族形態的分類。如果從貫時性（diachronic）的過程來加以探討，特別是就「分家」的過程來看，中國人的分家一般可以包括下列三要項：(1)實質的分開而另組一個家族團體，(2)財產的分析，(3)祖先牌位的分開而分別祭祀（Tang, 1978: 167）。這種分家的過程往往不是一次完成的，有時持續很長久的時間才完成全部之手續。例如，當兒子成年完婚後，年老的父母往往就讓他們「分隨人食」，自己「自炊」或者在兒子家輪流「吃伙頭」[1]。對家產的處理，較常見的例子是年老的父親先分配部分家產給兒子們分別處理，讓他們各自獨立經營，在家計上也各自獨立，自己則保留部分「養老田」，等自己死後再留給兒子們處理。諸如此類的安排，顯示出家產的分析是分幾次進行。此時，成家立業的兄弟之間，各有其獨立的家計，但是以年老父母為中心所形成的家族可能並未完全解體。例如村中的社會或宗教活動，獨立的兄弟各「房」可能並沒有分別具名，仍然包括在以年老父親為名的家內。換言之，非夥同性家計之情況在某一時點也可以算作一個

---

[1]吃伙頭不僅在臺灣很普遍（戴炎輝，1979；李亦園，1967；王崧興，1967），即使在大陸也有這種現象（Pan, 1928：387-89）。

家的單位。

　　隨著社會經濟的發展，特別是工業化和都市化的影響，上述的這種安排在臺灣也越來越普遍。許多來自農村之青年因工作的關係不得不離開本家族，婚後他們自組成一個核心家族，有獨立的家計，然而與本家族並沒有真正脫離關係。換言之，這些核心家族並未分割祖先留下的共同財產，他們在經濟上仍與本家族互通有無，在當地的社會、宗教活動上還是屬於本家族的一分子，甚至在感情上也自認為是本家族的一分子。因此，我們不能不承認他們是同屬於一個擴大家族。這種以若干核心家族圍繞著以父母為中心的非夥同性家計擴大家族，莊英章（1972: 88）稱之為「聯邦式家族」。

　　由以上的討論，我們多少可以看出有關家族單位的界定事實上有一些很難克服的問題。這些問題都跟家族作為一種社會制度的本質有關，我們可以分成兩個層面來加以討論。首先是家族的功能分化問題。如葛學浦的討論所顯示的，傳統中國家族制度其實具有多方面的功能。一如所有其他非工業化社會的家族制度一樣，臺灣的漢人家族也同時具有親屬組織、經濟生活、宗教崇拜和共同居住等等特徵，即使在傳統的時代，具有這些不同功能的許多「家族單位」也不見得就完全會重疊一致，這是葛學浦的研究所要處理的問題。在親屬組織上被認為是一個「家族單位」的團體，可能並不見得同居一處，或在經濟上也自成一個單位，這是相當可以瞭解的。這也許就是為什麼人類學家比較喜歡使用「家族」而不用「家庭」的原因[2]。今天，我們在此討論家族問題時，首先非確定不可的是：我

---

②費孝通對此曾有詳細的論述，參見1948：38-42。

們所討論的是什麼樣的「家族」？我們要從家族的眾多功能中的那一個角度來看家族？學者們的爭論大部分就是源於家族本身這種不定的性質。特別是在目前，功能分化的現象不僅普遍存在於一般的社會制度中，而且已經深入到家族內部。有關教育、宗教信仰、經濟生活、親屬關係，甚至是幼兒的養育都逐漸地社會化，為其他社會制度所取代，使得家族作為一種功能團體已經很難加以確定。

第二層面是家族構成要素的組合問題，即孔邁隆所提出的。他只大分為家產、成員與家計三個要素，以及這三要素的集合或分散情形。實際上這些範疇均可再進一步細分，例如家產中可再分為房地產、田產和動產等；家計生活則可再分為生產、消費或通財與否等細目。這些細目本身的重要性依情境而有很大的差別，根據每一細目所定義出的家族單位也不一致。目前在臺灣從事田野調查的中外人類學者已經發現了一大堆這類的例子。例如，有些已經各居異地的小家庭彼此之間仍然在原居地有共同擁有的祖厝；實際上家計已經分開，不過各自獨立的兄弟家族間在必要時仍然可以互通有無（莊英章, 1972）。有的田產已分了，可是祖屋卻未分③。有的在生產過程中是共同經營的，可是在家計消費方面又明顯地劃分得很清楚。有些共居的家族之間，在經濟生活上劃分得很清楚（Tang, 1978: 165）；有些散居異處的家庭間，在財務上卻儼然成為一體（Fei, 1939; Fried, 1953; Kulp, 1925; Cohen, 1970; Stover, 1976）。因此學者在從事這類研究時，往往會被自己感到興趣的主題所局限，

---

③莊英章在台灣南部崎漏漁村的研究，發現許多村民在分家時，供奉祖先牌位之廳堂並不分，甚至持續好幾代，祭祖時兄弟或伯叔、堂兄弟均一起舉行。

而執著於自己的家族定義，忽略了其他可能的或研究者自己沒有觀察到的變異形態。如果週延地考慮到這些多變的形態，學者可能會比較保守地不敢再對現在的中國家族之界定採取肯定的態度。

目前，每一位從事一兩個少數社區研究的人類學者所能觀察到的，往往是非常有限的樣本，就這些有限樣本所概推出來的家族形態實在不堪一擊。我們很容易就找到被遺漏的個例。如大家所知的，家族單位和家戶的定義實際上可以說是取決於社會經濟變遷所衍生的許多現象。我們對於中國家族結構變異的可能性之瞭解，現在顯然仍是處於試探的階段，但這裡已牽涉到人類學研究方法的問題。每一位研究者通常只能照顧到相當有限的樣本，實在不太可能經由實證的方式推得一個可以涵蓋各種可能變異的模式出來。或許研究者應該同時嘗試從演繹的方向著手，也就是先探討中國家族制度的構成要素，找出或預計各種變異的可能性，然後再建立一些基本的模式。我們也許會發現人類學者在田野所發現的實例只不過是這些無數變異的一小片段而已。本書的第四章基本上就是想從另外一個方向來突破目前中國家族研究所面臨的困境。

三、宗族結構

在有關傳統中國社會的研究中，宗族一直是個中心主題，特別是在人類學界。在臺灣的漢人社會，與中國本土一樣，宗族的建立也被認為是以族產或宗祠為基礎。這類族產，閩籍臺民稱之為「祭祀公業」，客籍則稱之為「蒸嘗」（戴炎輝,1979: 770; Chen, 1978: 324），一般則直接稱之為「公」。例如，「吃公」就是參加祭祖

吃筵席。屬於該祭祀公業團體的成員則稱之為「派下」，「辦公」是指管理某一祭祀公業。

對於臺灣祭祀公業之研究，最早是一些法學者較感興趣，其中最值得一提的是戴炎輝之研究，他把臺灣的祭祀公業組成分為：「鬮分字」祭祀團體與「合約字」祭祀團體兩種（1945: 231，參見本書前章）。戴氏的這個分法兼顧了組織形態和歷史發展的涵義，拙文（陳其南, 1975）及本書第二章在討論臺灣漢人宗族的發展時，即特別加以發揮，視之為移民社會的典型宗族形態。為分析的方便我把鬮分字祭祀公業稱為「小宗族」或「開台祖宗族」，其祭祀對象通常是第一位開臺祖或其後代。而以「唐山祖」為奉祀對象，其派下包括數位開臺祖之後代者，稱為「大宗族」或「唐山祖宗族」。實際上，臺灣民間對於祭祀公業往往也分為大公和小公，這雖然是相對性的名詞，但常被用於分別大宗族和小宗族之祭祀公業。根據這樣的定義，小宗族雖然有時採合約字的方式組成，但大宗族之成立則顯然不可能有所謂鬮分字者。

莊英章在林圯埔的研究（1977）也指出宗族組織的構成包括上述兩種類型。林圯埔墾民在移民社會之初期，為了抵抗異姓的侵入，而組成一種祭祀團體以達到互助合作之目的，他們為了包容更多的成員而以唐山祖為共同奉祀的對象。這種祭祀團體與目前的宗親會之性質不盡相同，兩者雖然都是一種法人團體（corporate group），但宗親會的組成較為鬆懈，只要同姓均可參加。而合約字的祭祀團體的派下人僅限於當初加入會份之後代，不能隨時申請加入。林圯埔所見的另一種宗族團體，即「開台祖宗族」，則由某一位特定祖先之後代所組成，也就是在鬮分財產時抽出一部分充當祭祀公業。

這是純粹基於血緣關係法則所組成的宗族團體。

　　由於臺灣漢人宗族成立時，其設定方法有這樣的分別，在宗族內的各個成員的權利義務自然也有不同。一般對中國宗族內部財產支配法則的看法，完全是從分家的觀念延伸而來，即所謂「照房份」（*per stirpes*）。對於小宗族，或鬮分字的祭祀團體而言，以這一種支配方式最普遍。對於大宗族而言，由於合約時所定法則的不同而各有其特別的組織形態，大部分已經不可能採取「照房份」的方式。一方面是因為合約時，各個成員出資數額不定；一方面則因為世代較深，若使用「照房份」的分配方式；那麼整個分配制度必然非常複雜，而執行起來有實際上的困難。因此「大宗族的構成」表現在祭祀公業上的分配方式往往是照股份（shares）或丁份（*per capita*），有時兩種同時使用。戴炎輝（1945: 235）認為，丁仔會經過幾個世代之後，所有當初出資者的男性子孫均自然成為該會之成員，其權利並無差別，每一位男性子孫都各持一份。但根據筆者（陳其南, 1975: 117-21）在彰化的田野調查資料，這些丁仔公組成丁仔會之會份大多數是固定的，以當初出資者為準，不論經過幾個世代均不改變。故有時候，後嗣較多的丁份，往往有數十人甚或數百人，卻只擁有一個丁份。而有些絕嗣者之丁份往往集中於某一後代，故也有一人擁有數丁者。如此，這種丁仔會的丁份是固定的，至於各丁份的繼承方式則又有遵照房份的傾向。

　　這些做為「基本」祭祀團體的丁仔公本身可以構成一個法人團體單位，再聯合組織成更大的祭祀團體。一般都用「祖公會」來指這種較大的祭祀團體，其組成是以股份名義為之，而設立者之姓名，其系譜關係並不重要，成員資格完全以出資與否來決定（戴炎輝,

1945: 235, 240）。換言之，這也是一種半志願性的祭祀團體。祖公會與丁仔公的最大差異，是在於分配方式的不同。祖公會是以股份為組織單位，只認股不認人；丁仔會則以丁口為組織單位，認丁不認房。

由此可見，這些建立在共同財產關係上的祭祀團體，可分成照房份、股份及丁份等三類。陳奇祿的一篇研究（Chen, 1978: 324-5）也整理出這三種不同的形態，分別稱之為祭祀公業、祖公會和丁仔會。目前西方學者在討論中國的宗族結構均未能注意到這些現象（參見Freedman, 1958, 1966; Potter, 1970; Ahern, 1973; Pasternak, 1969, 1972）。例如，對於討論到如何區分漢人的氏族（clan）與宗族（lineage）之問題，傅立曼（Freedman）主張以公共財產的有無來區分氏族與宗族之間的差異，而不以系譜關係為基礎。換言之，他認為氏族與宗族之間的系譜差異是偶然的，而不是必然的結果。有些宗族雖然沒有系譜，宗族成員之間的血緣關係無法很清楚地追溯出來，但他們所扮演的角色與功能卻和有系譜記載的宗族一樣地有效，所以傅立曼主張一個單系繼嗣群具有某種共同財產者為宗族，沒有共同財產者為氏族（1966: 21-22）。

傅瑞德（Morton Fried）則提出另一種標準，也就是以系譜當做區分氏族與宗族的基本條件。換言之，他主張「宗族」是基於清楚指出的（demonstrated）系譜關係，也就是一個單系繼嗣群來自某一共同的祖先，繼嗣群的成員之間可以追溯出他們的系譜關係；「氏族」則只要根據一般認定的（stipulated）共祖關係即可，成員之間大部分無法清楚地追溯他們的系譜關係，它只是一種基於同姓的基礎所組成的團體（Fried, 1970: 16）。所以，宗族成員的資格

具有排他性，無法任意加以擴充；但氏族成員的資格只要同姓即可，往往為了達到某種社會功能而盡量廷伸其範圍（Fried, 1970: 33）。

傅立曼和傅瑞德分別所堅持的分析概念——族產與系譜，實際上都是用來瞭解漢人宗族所不能或缺的概念（Wang, 1972; 陳其南, 1975; 莊英章, 1975）。有一些單系繼嗣群（unilineal descent groups）之構成法則是既需要族產也需要明確的系譜觀念者，例如上面所說的照房份之小宗族。有一些則是沒有族產，而系譜的正確與否也不重要的單系繼嗣群，並不一定非像傅瑞德所說的財團，或已超出傅立曼所說的宗族以外的同姓關係者。有不少同一單系繼嗣群之成員雖然已經在「五服」之外，但由於附著在地緣關係上，而使彼此之間的關係不是一般所謂的氏族可以充分加以說明的。另一種單系繼嗣群，是具有族產，但並不依據明確的系譜關係作為其權利義務的準則，這是上面所談到的丁仔公和祖公會。因此拙著乃嘗試性地提出小宗族、大宗族和同宗關係的三種類型來分析漢人社會的單系繼嗣群之組織形態，以取代宗族/氏族這種缺乏明確定義的術語。宗族內部的權利義務分配關係至少具有三種類型，即房份（per stirpes）、丁份（per capita）和股份（shares）。理論上，典型的小宗族是照房份組織而成，大宗族則照丁份或股份。然而，丁份和股份並非宗族所特有之組織方式，在這一點上「宗族」實已超出嚴格的親屬團體之外。這也是為什麼宗族理論往往非得與該社會的政治或地緣關係並論不可的緣故。如果照傅瑞德的意見，那麼以上所討論的這三種單系繼嗣群中，只有照房份的才算是宗族，至於丁仔會和祖公會雖有財產，也只能算是氏族。如果依傅立曼的說法，那麼這三種類型全部均應該歸入宗族，而非氏族。傅立曼、傅瑞德和拙著等三種

劃分方法的關係,如下圖所示(陳其南, 1975: 131)。

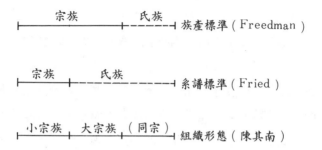

過去西方學者一直忽略了大宗族這一中間形態的組織,其原因顯然是由於他們對臺灣漢人移民社會的本質,及其對宗族形成的客觀條件缺乏瞭解所致。研究臺灣漢人社會的人類學家最熟悉的三峽王姓(Ahern, 1973),中社賴姓(Pasternak, 1972),塩寮葉姓(Cohen, 1969),保安郭姓(Jordan, 1972),彼等所謂的宗族之人口數大都是在二、三百人,不到二千人之間。所以傅立曼一直認為:「這個村落(按指Gallin所研究的彰化埔鹽鄉新興村)所在的臺灣中西部海岸平原區,是一個以缺乏『大氏族』為其特徵的地區。」(Freedman, 1966: 5)而在香港新界,Jack Potter(1970)所研究的屏山鄧氏宗族,Hugh Baker(1968: 122-3)所研究的萬石堂廖氏宗族,在1960年代的人口也不過三千餘人。由此可知學者對於臺灣漢人宗族問題之隔膜。根據莊英章在竹北六家的林姓宗族之調查,不僅整個東平村都屬於這一宗族,甚至擴大到附近鄉鎮。筆者在彰化平原的調查(陳其南, 1987: 127以下; 參見本書前章),更發現許多上萬人口的宗族。

在臺灣所發現的這一類大宗族，有另一層更深的意義。大宗族在設立之過程和分配制度上的特殊性，實表現了臺灣做為一個移民社會的特質。華南的宗族或也容有這兩種不同的組織方式，但其分界點往往模糊不清，而以高度「分支」（segmentation）的形態出現。當開基祖建立宗族以後，歷經數代，或十數代，照房份的方式已經無法實施，便有一部分人丁較旺的宗支凝結成一體，而形成較大宗族內的小宗族。這是宗族自然發展的過程。但在臺灣開基的小宗族，在我們可以充分觀察其自然的分支以前，已經在日據時期宗族道德的毀壞和光復後土地改革政策的衝擊下，逐漸解體。我們所能看到的是一種與分支過程相反的融合（fusion, amalgamation）現象，也就是不同開臺祖的後代聯合起來組成一個以唐山祖為奉祀對象的宗族。如上所述，他們採取與傳統宗族意識形態不同的分配制度，也就是根據股份或丁份。但基本上，分支與融合的功能是相同的，它們都是用來解決「照房份」所無法解決的宗族組織方式。分支型的可以說是一種「照房份內的照房份」，學者稱之為嵌入（nesting）。融合型的則完全脫離此種系譜的桎梏，而採取非家族意識（non-familism）的半志願性組織，即照股份或丁份的方式。這可以說是土著社會和移民社會宗族發展的最大差別。傅立曼（Freedman, 1974: 80）將後者之形態與華南的大宗族（higher order lineage）之形成並論。但如果我們以臺灣大宗族的組成方式與華僑社會的同宗會相比較，則更易於發現這些移民社會的共同特徵。拙著（陳其南, 1987: 138-141; 也見本書頁84-5）即以祭祀公業成立年代的分析來說明清代臺灣漢人移民社會土著化的一個過程。

　　討論到這個階段，很自然地我們牽涉到宗族分支（segmentation）

的問題，一般學者的論點，大多以具有公共財產為宗族分支的基礎，為了要與別的房支有所區別而自成一個祭祀單位（Freedman, 1966; Potter, 1970; Baker, 1968; 莊英章, 1977）。拙著（陳其南, 1975: 121ff, 1987: 145ff）根據彰化平原蕭氏宗族內部的結構法則，企圖從另外一個角度來探討此問題。以蕭氏宗族內傳嗣最盛的第六代仕鼎這一系為例，從第一代至第八代的每一祖先均設有祭祀公業，而且有否同世代的兄弟存在並無關係。換言之，其成立祭祀公業的目的並不是為了分支，或為了與其他房隔開。又如蕭氏祭祀公業中，有公號「舊五甲」與「新五甲」者，其成員組成完全相同，而其成員之系譜關係顯然是以第一代的蕭奮祖為其祭祀對象，但奮祖已經有另一成員較多的祭祀公業「蕭神主座」之存在。像這樣，以一個先祖為中心往往成立許多互相重複的祭祀公業，顯然不是分支的理論所能解釋的。最特別的是，以第一代的蕭滿太為祭祀對象的公業有三個，分別稱為「蕭滿太」，「蕭伯英」和「蕭四房」。早期所擁有的土地面積分別為22甲餘，2甲餘和1甲餘，而「伯英」實即「滿太」的別字，所謂「四房」則是因為滿太傳四房之故。要瞭解此種現象，我們可能必須把合約字祭祀團體的問題與組織原理頗為類似的其他民間祭祀團體，例如神明會等做比較研究。也就是說，撇開宗族的「親屬中心」觀念，而當作地緣社區的一種特殊結社來考察（陳其南, 1975: 121-122）。

關於這個問題，莊英章在中港、頭份地區所搜集的若干族譜及蒸嘗會份資料，可以補充及修正上述論點。中港、頭份的客籍墾民，約在乾隆年間入墾，由於初墾之時條件極為惡劣，他們披荊斬棘、鑿陂開圳，必須通力合作；加以因爭取墾地而與土著及閩籍引起爭

端，更須合力攻防。所以基於相扶相持之目的，在同姓或血緣的基礎上紛紛組織蒸嘗，例如林洪嘗、吳永忠嘗、溫殿玉嘗、黃日新嘗及羅德達嘗等[4]。此外，中港陳氏始祖嘗亦於嘉慶四年成立，初創時的會員共124人，每人認捐一份[5]。祖嘗成立的原始會員之一陳鳳述者，生於乾隆二十六年（1761），十四歲時隨族人來臺，在頭份隆恩官莊當佃戶，種田納租為生。經過二十五年的省吃節用，到嘉慶二十五年才娶妻。終其一生，除了生養輝生、雲生和水生三個兒子外，陳家的地位始終沒有改變，直到第三代孫春龍，主持家務後，陳家的社會經濟地位才有關鍵性的轉變（蔡淵絜，1980: 8-9）。自咸豐末年起，日漸增置田產，光緒九年春龍並開始經營糖廍，家業日興。迨光緒十八年，陳家開始決定自渡臺以來的首次分家，協議由輝生、雲生及水生等三房各營各業，自謀發展。在鬮分家產之際，撥出一部分財產成立「協和嘗」，奉祀開臺祖鳳述公。到了光緒二十三年，春龍又親為七子析產分家，他也保留部分財產，成立「協隆蒸嘗」，以備後代子孫奉祀之費用。此外，陳春龍又為鳳秋、鳳臺、時標、安仁及顯敏等五位伯叔祖成立「五公嘗」。此五公乃當年參加陳氏始祖嘗會份者，因身殁而無嗣，春龍為繼承先人之志，乃彙集五公之會份以為祀典，是為五公祀嘗（陳運棟，1973）。

　　上述中港陳氏始祖嘗等以合約字所組成的蒸嘗，原係共同出資購買祭田，以作祖宗血食者。表面上是祭祖公業，以祭祀其共同之上代祖先為目的，立有規約，事實上是等於現代的土地利用合作社

---

[4]參見《頭份鎮志初稿》（1979：7），以及各蒸嘗之會份簿。

[5]參見中港陳氏始祖嘗會份簿。

⑥。它所扮演的角色與神明會的性質相似⑦，都具有共同投資相扶相持之目的，祇不過它是透過祭祖為手段，而神明會是以祭祀神明為手段。這種合約字蒸嘗很少分支的現象，除非會員之間發生糾紛⑧，或為了某種特殊的緣故，才會分支另組成新的蒸嘗。例如，上述的蕭氏宗族及陳氏五公嘗等，我們不能用一般分支的理論來解釋。然而，鬮分字所組成的蒸嘗，純粹是為了祭祀祖先而成立的，它所扮演的角色與神明會之性質不同，分支的現象也許可以採取傅立曼的理論來說明。根據傅立曼的理論，分支是某些大房為了要與其他房支隔開，而另組一個祭祀公業。

　　以上的論述主要是在說明，像中國社會組織的研究，台灣本地的學者實際上是處於比較有利的地位，特別是因為對於地方史背景以及大區域內一般狀況的瞭解要比研究同一題目的外國學者更為深刻，往往可以尋找出一些容易被忽略的特徵。如果我們要想在一些共同關心的問題上有所突破，似乎應該更積極地往這些方向發展。這類研究的成果，在初步的階段也許只能解決一些小型理論的問題，但至少可以希望將來累積到某一個程度，會自然推動一些較大型理

---

⑥參見頭份溫殿玉嘗會份簿序文；鍾壬壽編著《六堆客家鄉土誌》（1973）。

⑦神明會成立的目的，是於神佛誕辰賽神或敬神時，共同祭祀，會產則為此而設置，祭日會友聚宴，而剩餘金則按股份分配於會友。參見戴炎輝，1979：779。

⑧中港陳氏始祖嘗於嘉慶4年成立，光緒21年因派下人發生糾紛而分裂為禎字號與祥字號兩個嘗。竹山莊姓宗族，也因類似情況而分裂為招富堂與招貴堂，參見莊英章，1975。

論的建立，這也許是中國社會的人類學研究中國化的第一步。

四、中國社會構成法則的討論

　　研究中國社會結構的人類學家曾經探討過根據不同特質來劃分人群的組成方式，最常見者為地緣群體及地域化的宗族。這兩種社會結構法則獨立於土地所有權分配的經濟形態之外，把鄉民和士紳這種階層性的社會構造縱切成不同的地域化群體，而變成彼此共生、互相認同的社會團體。試根據近年來人類學者之研究做進一步的概推以說明地緣意識在不同社會環境下的表現方式。

　　史堅雅（G. W. Skinner, 1964）的研究可以做為我們討論這個問題的起點。他根據所謂中地體系（central place system）的模式指出傳統中國的市場體系，可以說與經濟地理學家研究其他西方社會所得出的普遍模式並無不同之處。但做為一個人類學家，史堅雅所要強調的是此種市場體系表現在中國鄉村社會結構上的特殊意義。他執意要把所謂空間經濟體系特化成一個社會文化體系。對傳統中國鄉民而言，市場體系並不像其他的西方社會，純粹只在經濟生活的層面有其影響力，中國市場體系所具有的社會意義，其重要性並不亞於經濟意義（Skinner, 1964:32）。而且，史氏更認為他說的「基本市集區」（standard marketing area）所構成之社群，是雷飛德（R. Redfield）所謂小傳統文化的負載單位。舉凡金錢上的往來，通婚的範圍，宗族的影響力，大致不出這個範圍。每年的迎神賽會，王爺出巡更加強了區域意識，再次確定此社群的範圍。其他如職業團體、娛樂場合也都以基本市集區為單位，甚至有各自獨立

的度量衡制，具有獨特的地方傳說，構成一個文化單位（Skinner, 1964:35）。

　　總之，我們可以看出史堅雅所要強調的，是各個市集社區根據市場經濟原理所孕育出來的「地方性」色彩。此種地方性色彩，或說「地域意識」之確立是與時俱增的，因為中國社會極端長期的穩定，使得許多地區的市場體系得以在現代化來臨前達到成熟的階段（Skinner, 1964:3）。換句話說，這也就意味著各地區的社會文化系統做為一個分立的社群發展成熟的階段。在現代化的勢力來臨之前，當傳統中國鄉村社會仍處於封閉的狀況時，分立的地方性文化色彩也就隨著市場體系的成熟而與時俱增。在歷史悠久而社會安定的地區，它們已形成史氏所謂階序狀的中地體系。然而我們更感興趣的是，此種地域意識在一些新成立的移民區之表現方式。在那裡，新的經濟、社會體系剛在形成，而移民舊有的地域意識則尚未完全消失，到處顯現出地方主義（provincialism）的影響。尤其是在華南、南洋、臺灣，甚至中國本土的都會地區。後來科立斯曼（Lawrence Crissman, 1972）把史堅雅所建構的市集體系模式運用到彰化平原的二林地區，但無法得到同樣的效果。他認為此乃受該地區「文化崎嶇」現象的影響，導致無法建立一個像四川盆地的市墟系統。

　　臺灣漢人社會在早期的開拓過程中，既然有文化崎嶇的現象存在，想要了解它，某種程度的地方發展史之重建工作應屬必要。根據過去的研究，臺灣農村社會村廟的建立與聚落的發展有密切不可分的關係，而村廟更是村莊組織的核心（戴炎輝, 1943）。可見村廟與墟市一樣是吸引地方居民的中心，兩者對鄉民社會具有同等重要性。日人岡田謙（1938）在臺灣北部之研究，發現祭祀圈和市場

交易範圍有重疊的現象。同時,他並指出臺灣漢人社會的團體生活與祭祀行為緊密結合,從家族、職業到地方人群等,均與祭祀行為有極密切的關係。因此,他強調要了解臺灣村落之地域團體或家族團體的特質,非先弄清楚「祭祀圈」的問題不可。王世慶(1972)在臺北樹林之研究,也以祭祀圈的觀念來探討不同祖籍移民鄉村的民間信仰,究竟是經過怎樣的歷史過程而融合發展;以及廟宇所屬的信仰社區,如何隨著樹林的開發而發展。許嘉明在〈彰化平原福佬客的地域組織〉(1973)一文,也是以祭祀圈的概念來檢視地方群體之組成與居民來源及遷移路線之歷史關係,進而說明地方群體是基於那些因素所形成,以及在各種不同社會處境下的應變方式。

上述學者所謂的「祭祀圈」,僅指居民宗教的活動範圍,或共同舉行祭祀的地域單位,並沒有進一步說明其內涵,因此容易引起誤解,例如De Glopper(1974)在鹿港作調查時,看到很多人家的門楣上或廳堂上,都擺有許多各種不同的廟宇神明之靈符,而認定祭祀圈並非真實的存在。為了避免上述的誤解,施振民(1973)覺得有進一步說明祭祀圈的內涵及其運作的必要。因此,他根據「濁大計畫」民族學組同仁從田野所收集回來的資料,同時參照前人的研究,而建立一個祭祀圈與聚落發展的模式。此一模式的內涵可說是以主祭神為經,以宗教活動為緯,而建立在地域組織上的模式,比起原來的祭祀圈概念更為具體而充實。它不僅可供地域性平面的研究,也能由此了解聚落的階層性;甚至由主祭神的從屬關係所反映的村廟之間的地位階序,一方面可用於社會結構的分析,另一方面可作為地方發展史的探討依據(1973: 204)。然而,此一研究模式的普遍性仍有待進一步的驗證;而且這個祭祀圈模式祇有在一

個較大區域作實證研究，才能看出更廣闊的寺廟分布及其階層性，並藉此了解聚落發展的過程。

從市集結構論到祭祀圈論，在視野上雖然是縮小了，但學者的觀點卻更為謙虛和正確。史堅雅的市集論雖然在研究中國歷史的學者之間受到很大的注目，而且其風行的程度正方興未艾，從人類學的角度來看，這實在有點不可思議，因為史堅雅的模式可能在邏輯上有一個致命性的缺點尚未獲得完全的澄清，歷史學者追隨這個模式自然也就繼承了這個問題而不自知。大部分人只眩惑於中心市場體系的美麗模式，卻很少人會去追尋其背後的邏輯妥當性。基本上，史氏借用經濟地理學（Walter Christaller 的論證）或空間經濟學（August Lösch 的論證）套用在傳統中國鄉民的經濟和社會行為體系上，如果學者知道Christaller模式的根據是德國南部的電話通話次數和醫生看病患之頻率，而Lösch是根據經濟學上假設的生產工廠最佳位置選擇，那麼較敏感的人可能馬上想知道這三種不同文化背景、經濟發展程度和產業類別的社區怎麼會產生相同的經濟空間結構。如果史堅雅的論證是正確的，那麼很自然我們會得到一個驚人的結論：傳統中國鄉民的經濟理性跟南德的醫生、現代化的居民和工廠老闆的經濟理性是一致的，而且傳統中國社區的結構是決定於這同一個市場經濟體系的。史堅雅無意之間觸及了經濟人類學的主要爭論，不知不覺下定了一個結論。換句話說，從經濟人類學的角度來看，史堅雅是位形式論者，但可惜他並沒有清楚地說服我們，這個形式論的假設是否可以成立。

通常，論及鄉民經濟時，我們總要確定鄉民的經濟理性的問題：究竟他是跟資本主義市場經濟中的經濟人假說是同樣的嗎（形式論），

或是不一樣的（實質論）？另一個令人不解的是，在經濟人類學中，史堅雅的問題一直沒人理會，連正面和反面的都很少真正出現過。我們認為這個問題是亟待澄清的，在未確定傳統中國鄉民的經濟性格之前，不論是直接或間接引用中地市場理論都有可能犯上邏輯的跳躍，正在迷惑於社會科學理論的歷史學者或許得謹慎一些。相對的來看，前面所介紹的在臺灣從事地方社區結構研究的學者特別強調宗教、方言等因素，不論是在說明社區結構的起源或形態均具有較妥當的說服力，這個出發點實際上已經拒絕了史堅雅的模式。但有關於史氏理論尚有待從經濟人類學和經濟地理學的角度來批判。

此外，孔邁隆（Myron Cohen, 1968）在研究廣東和廣西的「客家」與「本地」兩個不同祖籍人群之關係時，指出方言（dialect）是鄉民與士紳二分法和宗族以外，中國社會結構的另一個變數，是第三種群體認同（group affiliation）的方法。透過移民和建立聚落過程之分析，他想說明的是：在兩廣地區，方言的差異對於社會群體之構成和聯合有很大的重要性。但孔氏認為「方言群」的概念仍需保留，因為如果這一名詞指的是所有說同一方言的人而言，顯然缺乏社會學上之分析價值。不過方言是可以當做一種社會文化變數，就像「親屬」或「地緣性」一樣。如他所說的，方言界線對於社會關係既有如此廣泛的影響力，它實在可以說是構成群體的一個主要力量，許多特殊的社會活動方式都直接與方言之差異有關，如果不加以考慮，任何有關這一地區的社會組織之研究均不算完整（Cohen, 1968: 286）。

孔邁隆的資料也指出兩廣境內鄉村聚落嚴格地遵照方言界線，甚至婚姻關係也都限於同一方言群內（1968: 271）。而在客家和

廣東本地人的衝突之中，以方言為認同之基礎實包容了親屬和地緣性的團體意識，所以此種衝突可以蔓延到廣大的地區。孔氏指出十九世紀的兩廣就是這種情形（1986: 276）。同時，他還指出士紳階層在這些衝突中均擔任領導者，組織人力從事軍事行動。在此種情況下，地域化的宗族群體被迫融入以方言為認同標準的更大防衛單位中（1986: 280-81）。巴博（Burton Pasternak）在臺灣南部打鐵村之研究，也有類似的情況（1969: 559）。

但是，方言並不是中國社會構成法則中，除階層性現象和宗族以外，僅有的認同標準。甚至它的重要性也比不上涵義更廣泛的「鄉黨觀念」，尤其是海外的華僑社會。孔邁隆所討論的方言只不過是鄉黨觀念的一個特化現象，最根本的問題乃是祖籍觀念，方言的不同正好加強了這種祖籍意識。但即使方言相同，而其社群的分類意識仍然存在，其尖銳性甚至不亞於方言群之衝突。科立斯曼在另一篇文章中（1967）把這些基於不同方言和同鄉關係所構成的略具法人（corporate）性質之社群稱之為"ethnic community"，而認為此乃構成海外華僑都市社會結構的主要成分。

將鄉黨觀念譯成ethnicity，是一個很不恰當的說法，但在此我們還找不出可以總括這些社會組成現象的術語。科立斯曼模仿傅立曼「宗族理論」的分支結構（segmentary structure）之論證是一個很鬆散的結構，他指出ethnicity的劃分標準主要是經驗性的，是根據實際被認可的範疇，並用它來做社群構成的基礎。華僑社會使用許多不同的特質和有關的ethnicity來劃分彼此之間的界線，而其標準是相對的，依情境而定的（Crissman, 1967: 188-9）。他所謂的「分支結構」是首先把華僑依方言之不同，而分成五個方言群：廣

東、海南、客家、福建、潮州。每一個方言社群可以再根據同縣或同府的標準「分支」成次一級的社群，這次一級的社群又可以依據更小的地域單位再「分支」下去，一直到村落的層次。至於同宗（姓）團體，則各自獨立，無階序性構造，不能單獨成為一個分支體系，而必須與祖籍配合方能構成此種體系，但在結構上，同宗團體多較祖籍群次一級（Crissman, 1967 :190-91）。而最基本的單位則是來自同一村落移民所組成的團體（Crissman, 1967: 193）。

中國人善於依環境條件之不同，而採取不同層次的標準來做為結社和認同的基礎，在社會學上是一個很引起注意的特殊現象。傅瑞德給它一個術語，"Tungism"，或即相當於閩南話中的「同仔」，泛指所有同姓、同學、同鄉、同齡等非親屬關係的認同標準（Cohen, 1968: 287,引自Fried, 1962: 25）。

但不論使用那一個術語，如方言群、祖籍群、ethnicity、segmentation、tungism或compatriotism（Feuchtwang, 1974: 264），或採取那一個角度來看這個問題，清代有關臺灣漢人械鬥文獻所使用的稱呼，「分類」，似乎更為卓越地道出了此種社會現象的基本意義。因為在臺灣這個移民社會中，人群的劃分不單是依據方言之不同，如閩粵；而且也依府縣祖籍之不同，如漳州和泉州，或泉州三邑與同安之分；甚至依信仰和喜好樂曲之不同，如宜蘭西皮與福祿之分，故清代文獻中統稱之為「分類」。而這種社會的分類現象更尖銳地表現在械鬥事件上（參見本書頁76-81）。當臺灣的漢人社會逐漸定著化以後，社會群體的分類原則也跟著開始轉變，逐漸以本地的神明信仰（施振民, 1973: 201-3; 許嘉明, 1973: 84）和新興的各種宗族組織為認同對象，特別是從受祖籍分配形態影響的移

植型宗族轉變為源於來臺開基祖在本地所形成的新宗族。漢人社會越是歷史悠久而社會穩定,越傾向於以本地的地緣和宗族關係為社會群體的構成法則;越是不穩定的移民社會或邊疆社會,越傾向於以祖籍地緣或移植性的宗族為人群認同標準。有關中國社會結構的人類學研究到目前均相當清楚地顯示出這個趨向。

由上所述,也可以發現漢人社會的結構法則並非一成不變的,反而是具有相當多的可能性,從方言群、祖籍地緣、宗教信仰,不同層次的宗族關係或戲曲嗜好均可做為群體意識的認同標準,因此乃有不帶任何確切含意的「分類」之本土用語出現。或許「分類」一語是比較能夠點出傳統中國社會構成法則的說法,然而我們也應考慮到可能為此用語含意過於鬆懈和一般化,以致失去任何特定的指謂用途。因此,有關中國社會構成法則的討論,雖然著作已經不少,理論也是層出不窮,但一套可以為大家所同意的普同模式仍然尚未出現。部分原因可能是由於中國社會結構有上面所說的不確定性存在。如果本地學者要在這方面的研究有所推展,恐怕首先就須要面對此種不確定性的問題。

參考書目

王世慶

1972 〈民間信仰在不同祖籍移民的鄉村之歷史〉，《臺灣文獻》
23（3）：1-38。

王崧興

1967 《龜山島——漢人漁村社會之研究》，（中央研究院民族學
研究所專刊之13）。

李亦園

1967 〈臺灣的民族學田野工作〉，《臺灣研究研討會紀錄》（臺
大考古人類學系專刊第4種），頁48-50。

岡田謙

1938 〈臺灣北部村落に於ける祭祀圈〉，《民族學研究》4（1）：
1-22。

施振民

1973 〈祭祀圈與社會組織——彰化平原聚落發展模式的探討〉，
《中央研究院民族學研究所集刊》36：191-208。

許嘉明

1975 〈彰化平原福佬客的地域組織〉，《中央研究院民族學研究
所集刊》36：165-190。

陳其南

1975 《清代臺灣漢人社會的建立及其結構》，（臺灣大學考古人

類學研究所碩士論文）。

1980 〈清代臺灣社會的結構變遷〉，《中央研究院民族學研究所集刊》49：115-148。

1987 《台灣的傳統中國社會》，（臺北：允晨出版社）。

陳紹馨

1966 〈中國社會文化研究的實驗室——臺灣〉，《中央研究院民族學研究所集刊》22：9-14。

陳紹馨和傅瑞德（Morton Fried）

1968 《臺灣人口之姓氏分佈》，（臺北：美國亞洲協會中文研究資料中心）。

陳運棟

1973 《穎川堂陳氏族譜》（油印本）。

1979 《頭份鎮志初稿》（頭份：頭份鎮公所）。

莊英章

1972 〈臺灣農村家族對現代化的適應——一個田野調查實例的分析〉，《中央研究院民族學研究所集刊》34：85-98。

1975 〈臺灣漢人宗族發展的若干問題——寺廟、宗祠與竹山的墾殖型態〉，《中央研究院民族學研究所集刊》36: 113-140。

1977 《林圯埔——一個臺灣市鎮的社會經濟發展史》（中央研究院民族學研究所專刊乙種第8號）。

費孝通

1948 《鄉土中國》（臺北：綠洲出版社）。

蔡淵絜

1980 〈清代臺灣社會上升流動的兩個個案〉，《臺灣風物》30（2）：1-32。

鍾壬壽

1973　《六堆客家鄉土誌》（屏東：常青出版社）。

戴炎輝（田井輝雄）

1943　〈臺灣に清代支那の村莊及び村莊廟〉，《臺灣文化論叢》
（臺北：清水書店），1：233-334。

1945　〈臺灣の家族制度と祖先祭祀團體〉，《臺灣文化論叢》（臺
北：清水書店），2：181-265。

1979　《清代臺灣的鄉治》（臺北：聯經出版公司）。

Ahern, Emily M.

1973　*The Cult of the Dead in a Chinese Village.*（Stanford: Stanford
University Press）.

Baker, Hugh D. R.

1968　*A Chinese Lineage Village.*（London: Frank Case）.

Chen, Chi-lu

1978　"Lineage Organization and Ancestral Worship of the Taiwan
Chinese, " *Studies & Essays in Commemoration of the Golden
Jubilee of Academia Sinica, Vol. II, Social Science and
Humanities,* pp.313-332.

Cohen, Myron

1968　"The Hakka or 'Guest People': Dialect as a Social-Cultural
Variable in Southeastern China," *Ethnohistory* 15（3）:237-92.

1969　"Agnatic Kinship in South Taiwan," *Ethnology* 8（2）:167-182.

1970　"Developmental Process in the Chinese Domestic Group,"

in M. Freedman, （ed.）, *Family and Kinship in Chinese Society.* （Stanford: Stanford University Press）.

Crissman, Lawrence W.

1967　"The Segmentary Structure of Urban Overseas Chinese Com -munities," *Man* 2（2）:185-204.

1972　"Marketing on the Changhua Plain, Taiwan," pp. 215-260 in E.W. Willmott,（ed.）, *Economic Organization in Chinese Society.* （Stanford: Stanford University Press）.

DeGlopper, Ronald R.

1974　"Religion and Ritual in Lukang," pp. 43-71 in Arthur P. Wolf, （ed.）, *Religion and Ritual in Chinese Society.* （Stanford: Stanford University Press）.

Fei, Hsiao-t'ung

1939　*Peasant Life in China.* （London: Routledge）.

1946　"Peasantry and Gentry: An Interpretation of Chinese Social Structure and Its Changes," *The American Journal of Sociology* 52（1）:1-17.

Feuchtwang, Stephan

1974　"City Temples in Taipei Under Three Regimes," pp.263-301 in M. Elvin and W. Skinner, （eds.）, *The Chinese City between Two Worlds.* （Stanford: Stanford University Press）.

Freedman, Maurice

1958　*Lineage Organization in Southeastern China.* （London: Athlone）.

1966　*Chinese Lineage and Society: Fukien and Kuangtung.* （New

York: Humanities Press) .

1974　"The Politics of an Old State: a View from the Chinese Lineage," in John Davis, (ed.) , *Choice and Change, Essays in Honour of Lucy Mair.* (New York: Humanities Press) .

Fried, Morton

1953　*Fabric of Chinese Society.* (New York: Praeger) .

1962　*Kinship and Friendship in Chinese Society.* (Unpublished paper presented at the Seminar on Micro-Social Organization on China. Ithaca, New York, Oct. 11-13, 1962) .

1966　"Some Poltitical Aspects of Clanship in a Modern Chinese City," pp. 285-300 in Swartz, Turner, and Tuden, (eds.) , *Political Anthropology,* (Chicago: Aldine) .

1970　"Clans and Lineages: How to Tell Them Apart and Why- With Special Reference to Chinese Society," *Bulletin of the Institute of Ethnology, Academia Sinica* 29: 11-36.

Jordan, David K.

1972　*Gods, Ghosts, and Ancestors: The Folk Religion of a Taiwanese Village.* (Berkeley, Calif.: University of California Press) .

Kulp, Daniel Harrison

1925　*Country Life in South China.* (New York: Columbia University) .

Lin, Yueh-hwa

1948　*The Golden Wing: A Sociological Study of Chinese Familism.* (New York: Institute of Pacific Relations).

Moench, Richard U.

1963 *Economic Relations of the Chinese in the Society Islands.* (Unpublished doctoral dissertation, Harvard University).

Pan, Quentin

1928 "Familism and the Optimum Family," *China Critic* 1(20): 387-89.

Pasternak, Burton

1969 "The Role of the Frontier in Chinese Lineage Development," *The Journal of Asian Studies* 28(3): 551-561.

1972 *Kinship and Community in Two Chinese Villages.* (Stanford: Stanford University Press).

Potter, Jack M.

1970 "Land and Lineage in Traditional China," in M. Freedman, (ed.), *Family and Kinship in Chinese Society.* (Stanford: Stanford University Press), pp. 121-138.

Skinner, G. William

1964-65 "Marketing and Social Structure in Rural China," *The Journal of Asian Studies* 24(1):3-43; 24 (2): 195-228.

Stover, Leon E. & Takeko K. Stover

1976 *China: An Anthropological Perspective.* (California: Goodyear Publishing Company, Inc.)

Tang, Mei-chun

1978 *Urban Chinese Families: An Anthropological Field Study in Taipei City, Taiwan.* (Taipei: National Taiwan University Press).

Wang, Sung-hsing

    1972　"Pa Pao Chün: An 18th Century Irrigation System in Central Taiwan, " *Bulletin of the Institute of Ethnology, Academia Sinica* 33: 165-176.

Yang, Ch'ing-kun

    1959　*The Chinese Family in the Communist Revolution.* (Cambridge: The M.I.T. Press).

第四章

「房」與傳統中國家族制度：
兼論西方人類學的中國家族研究*

一、前言

　　過去中外學者對於傳統漢人家族的研究一般都是從家、族、家族或宗族等概念入手，但作者根據在臺灣彰化平原社頭地區的田野調查發現，如果我們不先解明有關「房」的含意及其作用，那麼上述的這些用語實際上並不能真正表現中國家族制度的特質及其內部結構，反而往往帶來不少的混淆。「房」的觀念才是釐清漢人家族制度的關鍵，主要原因是：⑴家、族、家族或宗族的用語本身無法分辨系譜性的宗祧概念和功能性的團體概念，而「房」很清楚地顯

---

*本文原載《漢學研究》3卷1期（1985），頁127-184。日譯〈房と傳統の中國家族制度——西洋人類學における中國家族研究の再檢討〉，載《沖繩國際大學文學部社會科紀要》（1988-9，小熊誠譯），15（1）：33-48; 16（1）:19-74。又載於橋本滿、深尾葉子編譯《中國現代社會の底流》（京都：行路社，1989）。又見瀨川昌久之評論〈宗族研究と香港新界——中小宗族からの展望〉，末成道男編《文化人類學5——漢族研究の最前線》（東京，1988），頁113-128。

示出這兩個概念的差別。房所指涉的語意範圍可以是完全建立在系譜關係上的成員資格，無須涉及諸如同居、共財、共爨或其他任何非系譜性的功能因素。(2)房的核心觀念，即兒子相對於父親稱為一房，直接明確地解明了一個家族的內部關係和運作法則。(3)房所指涉的範圍很清楚地不受世代的限制，二代之間可以稱為房，跨越數十代的範圍也可以稱為房，不像家、族、家族或宗族等用語容易讓人聯想到像英文的family, lineage或clan等那樣有清楚的系譜範圍之分界。

在這裡必須先說明的一點是：一般民間雖然很流利且很廣泛地使用「房」的用語和概念，但並沒有具備像本文在這裡所提出的一個系統化的家族理論。這是人類學研究經常遇到的現象，一些常識性的概念不僅很少被當事人所意識到，而且也很容易被學者所忽略，但一經系統化的解明之後即一目了然，其實也不超過常識性的範圍。然而，一般民間既不需要也自覺到有一系統化的房和家族理論之存在，因此在實際田野調查中，對於有關房和家族的概念性或理論性的問題，被研究者的回答往往是片段的、不完整的，甚至有時候是粗略的、不一致的，很少當事人能夠系統化地，或通盤性地解說出他對房和家族的瞭解和看法。即使在極端頌揚傳統家族制度的儒學者之古典著作中，以作者有限的瞭解而言，也未見到有如在本文中所論述的，提及關於房和家族最重要的系譜性關係。在收錄堪稱最周全的諸橋轍次《大漢和辭典》中也不見有明確地指出諸如「兒子為父親之一房」的說法。可能是這些原因才使得過去學者忽略房的關鍵性概念。

不論如何，這種忽略使得西方人類學者一方面無法認識到漢人

親屬制度中的純系譜理念，而一直局限於功能團體的分析，並誤解此種功能團體的分析為親屬研究本身；另一方面他們則無法徹底瞭解漢人系譜體系中的兩個重要特質，即家族和房的階序關係及其世代連續，因此其研究只能局限於誤導的family, lineage和clan等傳統概念。本文在建立漢人家族系譜模式的過程中，也嘗試從這個立場對西方人類學者過去的研究做重新分析並提出嚴格的批評。最後，作者並嘗試將本研究與過去學者在觀點上的差異放到一般人類學理論的架構中加以比較審視。

二、房與家族的含意及關係

如所周知，語言是會隨著歷史情境而改變的。家、族、家族、宗教和房等用語在不同的時期有不同的指涉範圍。尤其這些用語往往又是多義語，其各個層面的涵義更可能會隨時間而有所消長。人類學的田野研究主要在處理當代的社會文化現象，對有關諸如特定語義的起源和發展問題比較不會特別在意。但我們還是可以發現「房」在親屬制度中的用法比起其他用語較為穩定。譬如說，「房」的中心概念──兒子相對於父親的身分──是相當清楚而一致的。由這一個中心概念所含蘊或延伸出來的相關語意範圍可以簡單地歸類為以下的幾個原則：

　(1)男系的原則：只有男子才稱房，女子不論如何皆不構成一房。

　(2)世代的原則：只有兒子對父親才構成房的關係。孫子對祖父，或其他非相鄰世代者皆不得相對稱為房。

　(3)兄弟分化的原則：每一個兒子只能單獨構成一房，而與其他

兄弟分劃出來。

⑷從屬的原則：諸子所構成的「房」絕對從屬於以其父親為主的「家族」，所以房永遠是家族的次級單位。

⑸擴展的原則：房在系譜上的擴展性是連續的，「房」可以指一個兒子，也可以指包含屬於同一祖先之男性後代及其妻等所構成的父系團體。

⑹分房的原則：每一父系團體在每一世代均根據諸子均分的原則於系譜上不斷分裂成房。

　族和宗族在許多英文的人類學著作中往往當做是lineage的同義語，這些著作又把lineage定義為是具有祀產或祖祠的父系繼嗣團體（patrilineal descent groups）。換句話說，家、族、家族或宗族的用語因為後來受西方社會科學研究的影響，已經被當作是功能性的親屬團體，而純粹系譜性的涵義則被忽略了（關於「功能性」和「系譜性」的意義在後面會有更詳細的說明）。但在民間的用法我們仍然可以清楚地發現，這些用語就跟「房」一樣，一方面可以指純粹基於宗祧關係所構成的群體，一方面可以指具有社會功能的生活團體。為了明確起見，本研究把「家族」看作是一個對等於「房」的用語，換句話說，家族在這裡跟房一樣是一個純粹系譜性的概念，只是在定義上是個包含「房」在內的上級單位，因此上述有關房的觀念和原則也為家族所涵蓋。如此，「家族」在語意上便排除了一些目前在使用此一術語時所具有生活團體（the domestic group）、家戶（household）或英文的family之含意。

　房與家族的相對性，即是子與父的相對性。一個男子對其父親而言代表一房，對其子而言代表一家族之主。更清楚地說，如圖4-

1，一個兒子（F或G）相對於其父親（C）的家族而言具有房的地位，父親（C）對祖父（A）的家族而言具有房的地位，而祖父對曾祖父的家族而言也具有房的地位，依此類推。家族和房之間的關係恰似一個整體與部分間的關係，這種關係充分說明了中國的父系親屬團體的基本結構法則。

然而此種源於父子相對性的關係在指涉群體構成時，則成為家族或房的階層性關係：一男子（C）之所有男性後代（F和G）及其妻（C′）合為一集團所構成之「房」單位，與該男子之其他兄弟（B和D）的「房」單位聯合起來構成一個以其父親（A）為共同祖先的「家族」團體。此種關係即使在單傳，即獨子的情況下亦同，只是一個家族僅傳一房而已（如B和E）。如此，一個或數個同世代的房派以其各房派之始祖的父親為集結中心而構成一家族，依

圖4-1 房與家族之系統

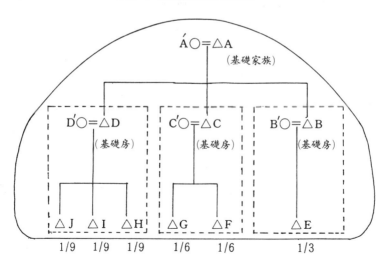

序往上推，不斷照著「房／家族」的嵌入過程而擴大其房和家族的系譜規模。

由系譜的頂點往下看，以一個始祖（如 A）為中心的家族包含該始祖所生諸子（B、C 和 D）之房派，而諸子之房派又可視為各自獨立之家族個體，再包含其子（即始祖之孫：E，F 和 G，H、I 和 J）所構成之房派，依序往下推，直至現存世代各男子，也均個別構成以父親為中心的家族之房。

所以，以任何世代之任何男子（如 D）為中心，涵蓋所有男性後代及其妻等所構成之團體，可以稱為房，也可以稱為家族，端視指稱的情境而定。如欲相對於該房派之始祖（D）的父親（A）所統屬之家族，或相對於該房派之始祖的兄弟（B 或 C）所統屬之家族，則可自稱為房；如欲強調本身之獨立性，則可稱為一家族，特別是在針對全家族以外的其他非同姓家族而言時。換句話說，在中國的家族制度中，如欲強調一家族內的差別性，便提及房派的關係；如果要強調各房派之間的包容性，則多使用家族來指稱。然而在使用房的用語時，實已昭然顯示其附屬的性格，也即明白揭示有一更高級的家族單位之存在。因此由最高始祖所統屬之全族不能稱為房。相對的，最小的房單位，即尚未有後代之男子（如 E 等）或加上其妻，只能稱為房，不宜稱為家族。「族」（一般訓為簇）已意含兩男以上所構成之團體。

房和家族分別帶有分析性和包容性的意味。在說明一家族之內部關係時，「房」成為一個最適當的指稱單位。但除了相對於家族以外，房並不是一個有特定指謂的用語。一般習慣上，房之前可加上形容詞以說明某一特定房派在系譜上的位置。屬於同一父親（如

A）所屬諸子之房（B、C和D），依其出生次序而分為長、二、三等房。其數目依該父親所有兒子數而定。依世代間的相對性，上輩的房可稱為「頂房」（如B、C、D），下輩的房稱為「下房」（如E、F、G……等）。依相鄰系譜關係，則有「遠房」和「近房」之分。這些用法均顯示房的系譜距離概念。相反的，家族一語的包容性無法呈現其內在的系譜關係，不論家或族，其前面均不附加上述的「頂／下」，「遠／近」等辭彙。

雖然有上述的相對性之用法，但房和家族並無確定的系譜世代指涉範圍。以房為例，一個男子（如E）可以稱為一房，一群包括數十代深的父系群集也稱為房。一對父子構成一家族，數十代或世代更深的父系群集也可稱為家族。在民間使用房或家族的用語時，所指涉的系譜範圍可根據其出現的情境而定。於實際的運作中，此種語意上的不確定性並不會在民間產生混淆。但吾人在討論時，為有效地描述漢人家族制度，可以把房和家族的範圍分為「基礎房」、「基礎家族」、「擴展房」和「擴展家族」。如圖4-1，一男子（B、C或D）及其妻和兒子們，相對於該男子之父親（A）而形成這裡所謂的「基礎房」。同一父（A）屬下之子（B、C和D）及其妻和兒子之諸基礎房，合起來構成這裡所謂的「二代擴展房」或「基礎家族」。所以三代擴展房或基礎家族是合三代的父子關係聯繫所構成的，也就是三代人所構成的。由四代以上的人所構成者皆稱為擴展房或擴展家族。基礎房和基礎家族是中國家族制度的最基礎形態，是在討論有關中國人的生活團體時很重要的單位，故特別將它們與三代以上的擴展房和四代以上的擴展家族分開來。然而，如果未特別說明，本文中所稱的房或家族，泛指各世代之房或家族，此

亦為一般民間之用法。

三、分房的原則與系譜知識

在以上所述的「房—家族」系譜體系中，我們已明白各世代之房單位如何嵌入上一代的家族單位之過程。如果倒過來，由上往下看，每一世代之家族如何分析為從屬房的過程，則可得出中國家族制度之「分房」形態。分房的形態蘊含於基礎家族的結構中。代表一家族之父親（如 A）有多少兒子，其家族即分為多少房。分房是一個純粹的系譜概念。當我們說一家族分為數房時，只是在說明該家族內部分化的狀態。各房（如 B、C 和 D）雖然在形態上分化了，可是原來的（A）家族在概念上仍然存在，並不因分房的過程而消失。這與分財產或分戶的過程不同，財產與生活單位等功能性的要素一經分化，原來的財產或戶口單位做為一社會實體即永遠消失。故一般意義中的「分家」，與系譜上的「分房」觀念是不同的。一個功能性的家或戶一經分析，原來的社會單位即為新成立的單位所取代。但一個家族雖然經過不斷的分房，原來的家族單位仍然繼續存在而與諸房並存（如 A 家族與 B、C 和 D 房）。

分房的基本道理在於：同屬一父之諸子彼此之間必須分立，而在系譜意義上各自獨立成一系，這就是漢人所特有的宗祧觀念。所謂宗祧就是由父子聯繫（father-son filiation）所貫串起來的連續，與人類學一般所謂descent（通常譯為繼嗣）相當。但在人類學的用法中，父系繼嗣只強調成員間的共祖觀念，與特別強調父子聯繫的房的觀念有所不同，許多人類學家即認為繼嗣和親子聯繫是不同範

疇不同作用的親屬觀念（Fortes, 1959〔1970〕: 101; Scheffler, 1966:
543, 1974: 756ff.）。另一個差別是，一般所謂的父系繼嗣比較傾
向於強調成員的共屬觀念，而不必然意含繼嗣觀念也用來析分共祖
群的內部關係。父系繼嗣群的觀念相當於這裡所謂的「家族」，是
一種包容性的觀念。至於一家族內諸房之分立雖然也是根據繼嗣的
法則，但更重要的是在於一父之諸子分別具有個別的父子聯繫。在
漢人的情況，個別的父子聯繫（如 A—B，A—C 和 A—D）是截
然分立的，因此我們不能說兄弟之間有共同的「父子聯繫」，雖然
他們是屬於一個共祖群，而且具有相同的繼嗣關係。繼嗣和父子關
係在觀念上的差別直接反應在家族和房的用語上。這是漢人社會所
以異於其他父系社會的根本特質。若與非洲的一些父系社會之分支
現象（segmentation）來比較，此種特質即可一目了然。

　　人類學的親屬研究中，所謂「非洲模式」的一個基本特性即在
於：一父系繼嗣群的內部分化，是根據母子聯繫的差異性而來的。
也就是說，每一父子繼嗣群的成員資格雖然是根據父方的繼嗣關係，
但其內部的分化則根據不同群體間的母方聯繫關係。如圖4-2，A父
有三子分別為 B、C 和 D。B 和 C 為同母所生，D 為另一母所生。

圖4-2 非洲社會的輔助聯繫與分支

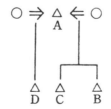

則 B、C 和 D 所傳下的父系繼嗣群雖合稱為「A父系繼嗣群」。但 B、C 與 D 為同父異母所生之故,而分為 BC 和 D 兩繼嗣群。若 B、C、D 均為同父同母所生,則該世代即不如此分支(Evans -Pritchard, 1940: 247; Fortes, 1945: 201-202)。Fortes稱此種對不同母子關係的強調為輔助聯繫(complementary filiation),意含相對於父系的大原則而言(Fortes, 1953: 33; 1959〔1970〕: 100)。

漢人的繼嗣觀念則完全忽略異母的關係。根據兄弟出生次序而建立的分房原則無嫡庶之別。妾所生之子如被正式認可,即與正室所生之子在系譜上的房的關係無名份的差別。由此所衍生的房派分化法則也同,如上例中的 B、C、D 一概分為三房而彼此分立,不論嫡出或庶出。

因為房的基礎觀念乃源於父子聯繫關係,所以分房的過程基本上是發生於父子兩代之間的現象。祖孫關係也必須透過累積的父子兩代之聯繫來計算。如圖4-1,假定 B 有一子為 E,C 有二子為 F 和 G,D 有三子為 H、I 和 J。即第三代已有 E、F、G、H、I、J 等六個孫子輩。但嚴格地說:吾人不能稱 A 之家族已有六房,因為這六個孫子並非均等分化。在計算房份時,仍然需要追溯到第二代B、C、D和第一代A之間的父子聯繫。E 為 B 之子,B 為 A 之子;故對於 A 而言,E 屬 B 房。F 和 G 為 C 之子,C 為 A 之子;故對於 A 而言,F 和 G 屬 C 房。H、I 和 J 為 D 之子,D 為 A 之子;故對於 A 而言,H、I 和 J 均屬 D 房。換句話說,即使從第三代孫子輩的角度來看,A 之家族仍分為 B、C、D 三房。然後我們可以說,B 房單傳,C 房分為二房,D 房分為三房等等。此種分房的過程由始祖一直往下,歷代進行不輟。有時候人們特別強

調第三代的房系,而以該世代的房系總合來稱呼該家族,例如稱A
家族為六房。但這種便宜的稱呼並不影響這六房之間不均等的系譜
關係。

　　此一分房的法則決定了漢人一般家族事務的運作形態,而反映
在功能性的日常生活活動中。舉凡有關家族事務的權利義務關係大
都遵照這個分房的法則,臺灣漢人稱這種法則為「照房份」。「房
份」可以解釋為根據分房法則所訂出來的身分(status)或份額
(share)。此種照房份的法則具體地表現於家族財產的分割,家
戶生活團體的分化,祀產利潤的分配,年老父母的輪流供養,祀產
的值年管理,祭祀義務的分攤及其他有關家族事務的處理等等。再
以典型的A家族為例來說明:如圖4-1,第三代的孫子輩中,E之房
份為三分之一,F和G之房份各為六分之一,H、I和J之房份各
為九分之一。所以六個孫子中各人所有之房份是不同的。此種照房
份的法則在古羅馬法中稱為 *per stirpes*。

　　此種分房的法則不僅存在於漢人的系譜性概念(genealogical
concept)中,也具體地呈現在有形的族譜(genealogies)上。如果
在圖4-1的系譜上加上各男性成員的配偶,即成典型的中國族譜形
式。換句話說,中國的族譜基本上包括了某一共祖之所有男性後代
及其女性配偶,而所有該共祖之女性後代均被排除在外。這是中國
家族和房制度的基礎骨架。如果有某一房系因無後代承續,一般民
間比喻為「斷節」;如果該斷節處因收養異姓而承續下來則喻為「換
骨」。但此種系譜性的骨架僅為一系譜概念,在形成功能性的社會
團體時,必然會附加一些「肉」。

　　「房——家族」制度的世代原則,也充分反映於「輩名」的命

名制和「輩份」的觀念。在一父系團體中，屬同一世代的諸男性成員通常均有相同的輩名，即除掉姓以外，在個人名字中有一字為輩名，如彰化社頭鄉蕭氏家族中自第二代起的輩名分別為永、伯、團、文、仕、元、德、正、大、光、昌等。在有些宗族中，如為單名者，則以該單名之偏旁為輩名成分，如清、河、溪等有水字旁者為同一世代。故吾人通常可由名字來判斷一男子在其家族中之輩份。但不論有無使用輩名，輩份的觀念始終存在於漢人的家族制度裡面，不容混淆，並構成中國人親屬觀念中「亂倫」的一個要素。「倫」在此泛指倫理秩序，而非僅限於相姦關係（incest）而已。

由於對輩份的重視，漢人的系譜知識幾乎不會像某些原始社會那樣，在計算世代或一宗族之系譜深度時忘卻或省略中間的某些世代，產生所謂「濃縮」（telescoping）的現象。輩份的法則和同一世代均等分房的法則，分別構成中國人系譜座標的橫軸與縱軸。有這兩軸的架設，使得漢人的系譜知識較諸其他民族遠為正確。許多照房份的權利義務之分配，更加強了人們對此種嚴謹的系譜關係之記憶力。一個人如果不清楚他的房的地位，便無法知道他的房份，也就無從執行他在家族中的權利和義務。反過來說，一個人如果照房份行事，也就自然清楚他在家族中的地位了。所以，漢人的系譜知識是分房制度的自然結果。換句話說，漢人並不需要靠具體的族譜來記憶其系譜關係。一般人類學家在討論中國人的系譜知識時，往往只以文字記載的族譜為準，而忽略了無形的系譜知識（如 Freedman, 1958: 70; Ahern, 1973: 79-82）。傅立曼更以文字記載的族譜之存在與否，做為分辨所謂A型宗族和Z型宗族的標準，反而未提及真正具有特別作用的觀念系譜（Freedman, 1958: 131-132）。

　　實際上，文字化的系譜知識和觀念上的系譜知識具有不同的作用。文字化的族譜之編製通常是在於強調成員間的家族一體感，做為家族倫理的一種表徵，即一般所謂的「敬宗收族」。同列於一族譜固然必定表明了各人的系譜關係，但主要的用意是在於強調各人之間的家族共同意識。族譜之修纂與出版的目的並不是為了釐清家族事務的權利義務分配關係，其主要用意乃在於強調「家族」之包容性。

　　相反的，一個完全根據分房的法則來分配權利義務的家族，並不一定修有族譜。也就是說，在一個沒有族譜的家族中，系譜關係反而可能扮演相當重要的角色，例如在作者所調查的環翠堂一族中，自開臺祖以來歷經六、七代，亦未修有族譜，但因有族產之存在，故各成員間的房份關係十分清楚（Chen Chi-nan, 1984: 97ff.）。簡言之，觀念上的系譜，強調家族內部的分化關係，是分房法則的產物，而在某種意義上有別於文字化的族譜。

四、Family, lineage和漢人家族

　　以上作者所嘗試建構的漢人家族制度，乃是根據一般民間約定俗成的一套關於房和家族的文化概念所建立的模式，姑稱之為「系譜模式」。此處所謂系譜模式，與根據自然的系譜關係所建立的生物學模式不同。簡言之，系譜模式是某一特定民族，在一個所有人類社會都共通的生物學模式上，獨自認定出一套特有的概念和法則，而建立起來的社會文化體系。例如，上述根據房和家族的宗祧觀念所建立的系譜模式，就是漢人社會所特有的，不見得與其他父系社

會一致,更不用說非父系社會了。

在另一方面,系譜模式又與功能模式不同。前者乃純粹基於系譜關係而認定的成員資格,後者尚需考慮到這些成員資格彼此之間的功能關係(如同居、共食、共產等等)。一個功能性的團體不見得與系譜模式所認定出來的成員一致,例如家庭團體的成員並不一定全部都有宗祧地位。在系譜上被認定同屬一集團之成員,也不見得具備同居的社會功能。試以漢人的房和家族觀念,與英美社會科學界對 family, lineage 和 clan 的定義來做為比較。這些英文在漢語中沒有完全相同的辭彙可以轉譯,因此在這裡的討論,我們全部保留原有的英文字,以資識別。

根據英國皇家人類學會所編的田野調查工作指引,family 可以單就成員的系譜關係來定義[1]。因此,一個 conjugal family(或稱為 elementary 或 nuclear family)是一對男女配偶加上他們的未婚子女,不論他們是否居住在一起生活;stem family 是一對夫婦所構成之 conjugal family 加上夫或妻的父母;joint family 則為兩個以上的兄弟或姐妹所構成之 conjugal families 的總合,或加上他們的父母。如果這些不同類型的 families 之成員居住在一起生活,也就是說實際具有共同家居生活的功能時,稱為 domestic families, domestic groups 或 households,一般可譯為「家庭」、「生活團體」、「家戶」等。類似臺灣民間所謂的「一口灶」,意為同一口灶的共食親

---

[1] 英國皇家人類學會把 family 定義為:"A group consisting of a father and a mother and their children, whether they are living together or not."(RAI, 1951:70)

屬團體。

我們通常用 family 來描述家庭結構，也就是說我們有 conjugal family 式的家庭，或 stem family 式的家庭，或 joint family 式的家庭等等。這樣一來 family 就變成了用來描述一家庭內親屬組織的用語，至於被描述的民族是否有類似於 conjugal family, stem family 或 joint family 等純粹根據系譜觀念所定義出來的本土用語，那就不一定了。近代以來，漢人雖有大家庭小家庭之分，但這兩個名詞顯然只在於分家庭人口的多寡，並不特別指明其系譜上的結構。因此我們可以肯定地說，漢人沒有對等於上述三個 family 類型的用語。社會科學家常常使用核心家族或家庭、主幹（或折衷）家族或家庭、擴展家族或家庭來翻譯上述三種類別，我們只能說這是直接把西方人的觀念及社會學或人類學的名詞套用來描述漢人的家庭組成。作者以為漢人的系譜觀念裡面，從來沒有將上述的三種 families 當做是清晰可辨的團體單位，也沒有相當於這三種 family 類型的系譜模式。如果不經思索地把漢人的房和家族硬塞進西方的 family, lineage 和 clan 的模式，可能會產生相當大的扭曲。

在有關家族制度的研究中，最大的一項錯誤就是把「房」（指基礎房）翻譯成 the conjugal family。對漢人而言，「房」的男嗣原則已經是如此根深柢固，因此不需要在每次談到房時特意去提及該原則。這似乎就成了人類學家混淆的根源，他們往往把這裡所謂的「基礎房」直接等同於 the conjugal family。每當論及「房」時，總是不經意地把女兒也包括進去，而混淆了房和the conjugal family 的差別性。如前所述，未婚女兒包括在 conjugal family之內，但卻排除於基礎房之外（如圖4-3）。所以 the conjugal family不能當做

圖4-3 基礎房與the conjugal family

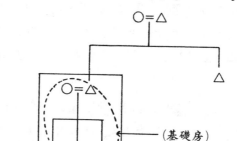

（基礎房）

A conjugal family

是「房」的譯語。房與 the conjugal family 在概念上的不同表現在三方面：未婚女兒的包括與否，男嗣原則（只有男系和他們的妻子才算房的成員），以及從屬的性質（有房的地位）。

　　我們可以舉出幾個例子來說明此種混淆。Hu Hsien-chin 在論述中國單系繼嗣群（unilineal descent groups）的著作中說到：擴展家庭（the extended family）中的每一個 conjugal family 據居於家（home）中之一隅，或一獨立的建築，而稱為「房」。這種「房」的分割係依照兄弟的出生順序算做「大房」、「二房」等等[2]。Hu 認為「房」是漢人單系繼嗣群的從屬單位，其結構關係乃源於中國

---

[2] "Within the extended family the conjugal families each occupy a section of the home, or a separate building and thus are known as *fang*. These subdivisions of the *chia* are usually numbered 'elder *fang*', 'second *fang*', etc., according to the order of birth of the brother who is its head." (Hu, 1948:18)

家族的基本模式。然而，由於 Hu 的主要論點是在於像宗族或氏族之類的男系繼嗣群體，她並沒有分析「房」對於中國家族的結構含意，並從而引申來分析單系繼嗣群的結構。

McAleavy 對日本人在二次大戰前所做有關臺灣慣習調查研究的評語中，也持類似的觀點。他把房當做是兒子、媳婦和他們的孩子所構成之家庭（family），其意為「房間」。所以「房」實際上在後來即發展成為一個真正獨立的 family[3]。

孔邁隆（Myron Cohen）在南臺灣客家村落的研究提供了另一個例證。孔氏的報告和專題論文中使用了很多「房」一詞，可是他主要是把「房」當做是一個擁有財產和互通經濟的「家」底下之夫婦單位（conjugal family）（Cohen, 1976: 177-178, 184ff.）。孔氏並未探索「房」觀念所蘊含的親屬原則，自然也就無法切當地處理該名詞在親屬制度上的意義。唐美君也相當頻繁地使用這個辭彙，但仍舊把「房」界定於同樣的範疇而沒有突破 conjugal family 的看法，他仍然把房看做是一個生活團體（domestic group）（Tang, 1978）。傅立曼在他的中國家庭（family）研究裡幾乎沒提起過「房」的概念（Freedman, 1958: 19ff.; 1961-62; 1963; 1966: 67ff.）。只有在討論宗族時，才把「房」認為是宗族（lineage）的一個主要分支，而翻譯做 sublineage（Freedman, 1958: 36）。「房」一詞的重

---

[3] "The son and his wife, with their children, form a unit of their own within the framework of the family. This unit is called a *fang,* a word which means 'apartment', and the *fang* is in effect a family *in posse* which will become an actual family on partition." (McAleavy, 1955:545)

要性及其概念，在他所分析的中國家庭中完全付之闕如。Emily Ahern 在其對臺灣北部一個社區的最近研究中，則完全沿用傅立曼的說法（Ahern, 1973）。

然而有些精敏的學者還是會發現 the conjugal family 和房的差別，例如葛學浦（Daniel Kulp）在廣東北部的一個村落所做的研究。他把我們所說的 the conjugal family 叫做 the natural family。按照葛氏的看法，the natural family 包括父、母及其孩子。在系譜結構上，這與被誤認為是房的 the conjugal family 完全一致。但葛學浦說，the natural family 是個「由性關係所產生的團體（sex-group），等同於西方社會的family」，是個「生物性團體（biological group），而非中國所固有的」。他說：「以固有傳統的觀點來看，the natural family 幾乎沒有受到注意，也沒有任何討論。」④ 他沒有談到「房」的觀念，也就避免了其他學者把房等同於 family 的錯誤。

同樣的道理，「家族」也不能等同於 the conjugal family, the stem family, the joint family 或 the extended family。因為 family 一字不含父系的原則，但家族卻只能包括經由父系原則的房所組成的父系團體，本家族出生的女子完全被排除在外。所以，一如基礎

---

④"The sex-group corresponds to the family of Western society. It includes the father, mother（wife or concubines）, and children…… Actually it is fundamental in the village, but from the point of view of theory embodied in tradition and convention, little account is taken of it for itself." (Kulp, 1925:142-143)

房的例子（圖4-3），本文所說的三代擴展房或基礎家族絕對不包括本家族所生之女子及其夫。這中間的差異是顯而易見的。因為 family 的語意不排除該 family 成員所生之女子或其夫。依作者的看法，用 family 來描述漢人的家族制度是很不精確的。當學者使用 the stem family 或 the joint family 的用語時，我們實際上不知其系譜構造究竟是否為父系的。一對夫婦可能與其行招贅婚之女兒同居，而為一家庭團體（如圖4-4之a，又參見圖4-7），他們因不同姓而為不同之家族，彼此更不構成房的關係，但在英文中這當然可以算是一個 stem family。一對兄妹所組成的 conjugal family 也可合而為一，稱為 the joint family 之家庭（如圖4-4之b，又參見圖4-7），但在漢人觀念中，此為分屬兩「家族」之一「家庭」。

　　簡言之，漢人的功能性家庭團體中，或有類似於英文中各類型 family 的系譜關係，但並不是說這些家庭團體的成員就等於一個房或家族。而純就系譜模式而言，漢人的房和家族與各型 family 也因父系的原則而大異其趣。

　　但因為包括本家族所生女子的 family 形態，實際上是存在於漢人社會的家庭團體中，我們仍然可以使用 family 來描述漢人家庭團體的成員系譜關係。一個比較合乎漢人觀念的作法是把未婚女子包括在以其出生的「家族」為骨幹的 family 中，而已婚女子則排除在外。因此，一個漢人的 conjugal family 就如一般的定義，包括一對夫婦及其未婚子女（如圖4-3）。一個漢人的 stem family 即包括一對夫婦，他們的一個兒子和媳婦及其未婚子女（如圖4-5之a）。一個漢人的 joint family 則包括一對夫婦，其未婚子女，已婚兒子和媳婦及其未婚子女（如圖4-5之b）。經過如此定義的

圖4-4 房與the stem family 和the joint family

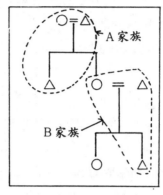

a.　　A stem family

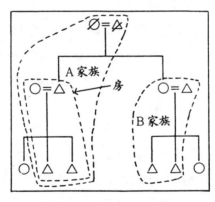

b.　　A joint family

Chinese family，就是房或家族的成員之外加上本家族或房所出生的未婚女子。這些英文名詞我們可以依照傳統的譯法分別稱為配偶（或核心）家族、主幹（或折衷）家族和聯合家族，因為這些「家族」實際上已冠上非屬本土用語的前置修飾語（即配偶、核心、主

圖4-5 漢人的主幹家族和聯合家族

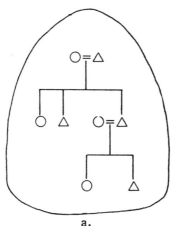

a.
主幹家族
（The Chinese stem family）

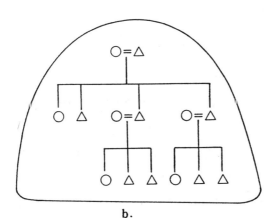

b.
聯合家族
（The Chinese joint family）

幹、折衷、聯合等），所以不會產生混淆。但這些名詞的純系譜概念，仍然必須與功能性的家庭生活團體分別開來。換句話說，在描述漢人的家庭團體之親屬結構時，我們可以比較煩瑣但精確地說：配偶家族型的家庭、主幹家族型的家庭或聯合家族型的家庭等等。如果概念上的重點是放在家庭生活團體的話，則可直接稱為「核心家庭」、「主幹家庭」、「聯合家庭」等等。但這個分類系統仍然沒有包括行招贅婚的家庭類型（圖4-4之a），此點將留待第七節再說明。

實際上，這裡所指的漢人主幹家族或聯合家族，在某些人類學家的用語中已算是「宗族」（lineage）。人類學的著作中，lineage通常是當作「族」或「宗族」的英譯，相對於family當作「家」的英譯（如Freedman, 1958: 2, 37）。但這些研究迄未對於lineage的系譜下限有所交代。很明顯的，中國人類學的英文著作中一律把 family 和 lineage 當做是功能性的團體來處理，因此 family 是家庭團體，超出家庭團體的父系親屬團體就是 lineage，如傅立曼就以家庭的祖先崇拜與超家庭的祖先崇拜作為 family 和 lineage 的分界。但漢人的家庭團體之系譜深度實無絕對的限制，在經驗資料中不難找到超乎聯合家族的家庭規模（如「五代同堂」），因此 family 和 lineage 的分界也就無法加以確定。問題的癥結主要在於傳統漢人的房和家族觀念中，由基礎房延伸到最高層次的擴展家族，是透過每兩代的「房—家族」鏈鎖所構成的連續體。就本土的觀念而言，這中間並無任何既定的系譜原則可以劃分為 family, lineage 或 clan 等單位。如要劃分，就非得介入功能性的因素不可。上述的各種家庭形態就是如此而來的。而傅立曼之辨識 family 和 lineage 也是根據這個道

理，其以功能主義來研究漢人親屬制度的傾向實昭然若揭。

問題是此種功能研究法，在研究中國家族制度時是否正確？假如一個三代的擴展家族不屬於同一個家庭生活團體，這是否即可稱為 lineage？如果可以，那麼這個 lineage 是不是就是漢人的「宗族」？甚至更根本的一個人類學問題：究竟lineage是要就系譜模式或功能模式來定義？而就功能模式所定義出來的 lineage 是否符合漢人觀念中的「宗族」、「族」或「家族」？依作者的看法，漢人基於房和家族的概念所建立的家族制度，在系譜上是沒有 family 和 lineage 等單位之分的。而學者們過去的看法似乎偏向於認為系譜淺的就是 family（家或家族），較深的則為 lineage（族或宗族）。作者認為傅立曼對這些問題的概念不是混淆的，就是親屬研究所不能接受的。後文會再檢討他的宗族理論（Freedmam, 1958: 47）。

五、家族與房的土地所有制

我們可以單從概念或意識形態上來討論漢人的房和家族制度，因為漢人本身就是以概念上的系譜模式來定義「房」和「家族」。當人們談到彼此之間的房和家族關係時，並不需要指涉到任何非系譜性的因素。作者一再強調這個論點，主要是因為過去的學者往往疏忽了這一點，而以非系譜性的功能因素來討論漢人的家族或親屬制度。似乎沒有功能因素存在的話，漢人的家族或親屬制度也就不存在。其中，最為人所熟知的就是以財產的共有關係來定義所謂的「家」（family）（參見下節）。換句話說，觀念上的系譜性群體成員資格，和實際運作的財產所有單位之成員資格，沒有清楚的分

界。此類混淆的看法導致我們在瞭解漢人的家族制度上遭遇到很大的困惑。

實際上，漢人在家族土地所有的關係是建立在分房的原則上。「房」才是家族土地所有的主體。個人的所謂土地所有權是透過他在家族中的房份（status）所獲得的。在某種意義上，土地的擁有和轉移可以看做是系譜性的分房過程之具體化，台灣民間在處理土地所有問題時，通常是以房為指涉單位，而非常流利地使用這個概念。如圖4-1所示，A家族的財產，可於A在世時或去世相當長的時間後，平均分為三份而轉移給B、C、D等三房。經分產後，A家族即不再是一個財產共有單位。同樣的過程在以後的各世代中不斷重複，所以B家族的財產在某時間轉到E家族，C家族財產轉到F和G兩房，D家族財產轉到H、I、J三房。所以如果A家族之財產固定不變，轉移到第三代的E、F、G、H、I、J六房手中時，各房分得的房份（shares）便相當不一致，分別為三分之一、六分之一、六分之一、九分之一、九分之一、九分之一。

但在不同世代的分產期間，各房可能會各自購置新財產或失去已分得財產，使得後代子孫所分得的數量非如上舉之絕對份額。此外長孫通常也可與其父執輩分得一份，稱為「長孫額」或「長孫田」，其比例並不一定，往往依地區而有差別。而且，長孫田在以後的分家過程中，也一律併入該長孫之家產，而均分給其所屬各房。故長孫額並不像各房均分一樣構成家族財產分析不變的原則。

依據「房──家族」的系譜原則，一個男人對應於其父親之家族而構成一房，此關係之確立從其出生或被收養之日起即開始，所以兒子並不是根據父親的意願或遺囑而繼承其財產。具有房之地位

的兒子因出生或收養而完全擁有其對於父親的家族財產之「房所有權」。弟弟的出生往往表示多了一個將共同瓜分家產的對象。從現實利益的觀點來看，同輩的房數越少，每一房所分得的財產也就越多。

　　此種房／家族的關係所表現的一個特徵就是父子之間在土地所有關係上的聯繫性。當我們說某人是其家族土地之所有人時，其真正的含意是說：該男人代表其家族而站在其家族之利益上，有處置該財產之權利。當一家族之財產轉移到所屬各房時，代表該家族之父親即不再對所屬各房之財產有任何處置之權力，也就是說各房不再構成一個財產共有單位，實際上不再有一個所謂共有財產的「家族」。在分產的過程中，一家族之所有財產必須均分給各房，而身為父親者原則上不再有財產權。但請注意，這並不是說父親不再是其兒子之家族或房的成員，被分掉的是財產而不是系譜上的家族或房單位。已經分產的各兄弟房仍然構成一家族。在實際家庭生活中，不再擁有財產權的父母親生前仍為各房所輪流供養，在死後則為各房所祭祀。

　　就嚴格的意義而言，即使在分產前，父親和兒子也並非財產的共有者（coparceners）。一家族之財產若不是完全在代表該家族之父親手中，即完全均分於代表各房的兒子手中。父親與兒子從來不會站在對等的地位共同擁有一財產。在傳統中國社會中找不到像英美社會常有的，諸如 “Smith and Sons Company” 這類表示父子共有關係的說法。有許多人類學家誤解了此種財產所有關係，而主張父子為共有者（coparceners）。例如，傅立曼就認為所謂主幹家族（stem family）其實也是個聯合家族（joint family），因為在一個

主幹家族中，父親與兒子和孫子同樣是財產共有者，就如這些人在
聯合家族中一樣⑤。如果其他因素一樣的話，一個核心家族也是如
此。在他的看法中，每一位男子自出生或被收養之日起即為一財產
共有者。一家之主並不是其家族財產的唯一所有者，該財產在其死
後傳給其繼承者，而他只是一個「委託產業」（trust）的擁有者，
其繼承者的權利在出生或收養時便已經確立。傅立曼這種觀點也為
其他學者所普遍接受（如Cohen, 1976; Wolf and Huang, 1980: 62）。

　　孔邁隆（Myron Cohen）基本上同意父子為財產共有者這個觀
點，但他對於兒子之成為共有者的階段倒有些不同的意見。孔氏認
為在結婚前兒子或兄弟做為財產共有者的身分尚未完全確定（Cohen,
1976: 71）。根據他的看法，在結婚前，兒子的成人身分只是潛在
的或期待的（expectant）。只有在結婚之後，一個男人才完全確立
其為家族財產共有者的身分，而可以跟他的父親享有「平等」的法
律權，並可要求分產（Cohen, 1976: 99）。同樣的理由，孔邁隆認
為女子在結婚之後即獲得其成人資格，並要求其父親之家族給予嫁
粧。孔氏顯然認為嫁粧代表女子的財產（Cohen, 1976: 72-73）。

---

⑤"A 'stem' family is also joint, for the father and son's son in it are no less
　coparceners than are the men in a 'joint' family, and *mutatis mutandis* with
　an 'elementary' family." (Freedman, 1966: 49) 接著他又說道："Every male
　born or fully adopted into the family is, from the moment of his existence
　as a son, a coparcener……The head of the unit is not a sole owner of property
　the rights to which pass on his death to his heirs; he is the holder of a trust,
　the rights of his heirs having been established at their birth or adoption."
　(*ibid.*:　49-50)

筆者認為孔邁隆的觀點是誤導的，因為他把女人的成人地位概推到男人身上，並將此種成人地位與財產權混為一談。如上面所述，實際上女子因婚姻所獲得的是房或家族的成員資格，而非成人身分。一個女子因為取得這種房和家族的身分，乃能獲得與其夫相同的財產權。一個女子並不因為其成人資格而自然獲得財產權，其道理相當清楚。同樣的，一個男子之財產權乃來自其一出生即具有的房和家族成員資格，與其婚姻與否並無直接關係。

論及所謂財產之共有關係，作者認為只有兄弟之間方構成所謂財產共有者。依 *Oxford English Dictionary* 之定義，所謂 coparceners 是 "one who shares equally with others in inheritance of the estate of a common ancestor"。所以父子並不是共有者，因為父親與兒子之間並沒有平均分配財產的關係。實際上，只有兄弟之間彼此具有房的同等地位，必須均分其傳自父親的財產。無人會懷疑此一「諸房均分」的原則，若有所爭執，乃是對於分得之財產有否均等之爭，而非對均分原則本身之爭。

由此可見，漢人家族的土地所有制度與西方觀念在很多地方差異甚大。一般常將家產之分析視為「繼承」，而等同於英文之 inheritance。然而我們不能忽略，漢人之家族財產的分析或「繼承」有一個特點，即可以發生於代表該家族之父親去世前的任何時間，也可發生於死後相當長的時間。換句話說，財產從一家族轉移到所屬各房的過程，與代表該家族的父親之死亡時間無關。這一點便與英文的 inheritance 有很大的差別。據 *Oxford English Dictionary*，inheritance 是指一所有者去世時，在法律上將財產轉移到其繼承者的過程。因此，inheritance 與原所有者的死亡有很密切的關係。欲

瞭解此一特質，我們必須知道一個事實，即英美社會的財產所有觀念是建立在個人所有制（individual ownership），也即是個人主義的基礎上，而與本文所分析的漢人之家族財產所有觀念有很大的歧異。

在英美社會中，父親乃是作為一個自然人（the natural person）而擁有其財產。做為一個財產所有者，他可以實際支配其財物，並可依其意志而將財產遺贈給其繼承者。該父親一旦死亡，即失去其自然人身分，而其財產權也自然終止，故其財產權必須在形式上立刻為活著的繼承者所繼承。一個死人不能「擁有」財產。在所有者宣告死亡至繼承者在法津上完成繼承的中間過程中，沒有人可處置該財產。然而，漢人的家族土地所有觀念與此不同，所有者的生與死似乎不是關鍵性的問題。所以，一家族之財產並不一定非得於其所有者去世時分予各房，而可以繼續保留在死者之名下。或謂死者僅為名義上之所有者而已，實際上之所有者仍為現生者。然而，若就此觀點而言，則所謂現生者之所有權也只是名義上之所有而已。蓋自然人所擁有之所有權乃緣於其房之身分而來，他只是做為一房或一家族之代表而享有家族和房制度所規定的權利而已。習慣上，一自然人並不能隨其自由意志處置其家族財產。

父親並不能剝奪其從屬諸兒子各房的財產權，也不能任意改變各房均分的法則。否則，他的作法即會被認為是違反了一般習慣。在某種意義上說，父親將家族財產轉移給諸子各房乃天經地義之事，非其個人意志所能決定或改變。父親雖死，此原則並不稍改。也就是說，不論「所有者」生或死，均依家族或房的原則來處置財產。故死者在成文法上雖不能視為所有者，但在習慣上仍可視為土地所

有者，而於實際生活中並不會引起不便。法律著重所有者的行為能力，但在漢人的家族財產觀念中，自然人的行為能力僅止於對財產的使用和受益，而非對財產「所有關係」之處置。此一論點亦可從有關遺囑（will）的觀念上得知。

漢人的家族土地轉移固受分房法則的規範而不需另立有關財產處置之遺囑（「遺囑」之英文，will，原意即為「意志」）。一個事先不為各房所認可，而違反分房法則的遺囑，可想而知只會帶來各房之間的紛爭，而不能解決問題。理論上，漢人社會應無出於純個人自由意志之遺囑以處理家族財產。家族財產分傳各房的模式表現在父傳子的過程，實際上皆根據分房法則的非遺囑繼承（intestate succession）。此種家庭分析方式一般可以書面為之，而稱為「分家契」或「鬮書」，此種契約文件需由有關各房代表同意簽署。但不論有無書面契約，財產轉移方式皆循分房法則，而非任何個人意願。

我們若要充分理解漢人家族之財產轉移過程，實不宜將個別的自然人當作土地所有者，而需把注意力置於房和家族的對象上。如此，我們才可以擺脫西方個人主義的土地所有觀念之束縛，瞭解漢人家族土地的轉移不過是一個分房的具體表現，而非死者和自然人之間的「繼承」關係。只有此種看法才能符合漢人家族財產轉移不受代表房或家族之自然人的生死來決定之事實。更重要的是，家族或房的代表者僅在名義上擁有財產權，但其對財產的處置實質上受到家族和房法則的規範。

以上關於漢人家族財產所有關係的討論，牽涉到有關所謂法人人格（legal personality）或法人團體（corporation）的概念問題。

在英文著作中往往把家族或房的土地所有單位當作是法人性質的土地共有關係。此種觀點在邏輯上也很容易引起誤解，因為英美之法人觀念乃是個人所有制度的延伸。法人表示一群個人聯合起來，做為一單獨存在的，類似個人的法律主體而行為。所以法人的主要概念乃在於取代個別存在的個人，而具備一個獨立於這些個人的法律實體。換句話說，是先有自然人的概念，然後才有法人的概念。如上所述，在漢人家族的財產所有關係中，自然人並不是擁有財產的主體。個人之被認為「擁有」家族財產，是建立在其房或家族的代表身分上，而非在其為自然人的性質上。既然土地所有關係不是源於自然人的人格之認定，我們當然不能由此引申，而承認法人的人格，並把它當作是土地所有者。英美或者歐洲社會的法人觀念顯然不能任意地拿來解釋漢人的習慣。

六、財產關係與家庭生活團體

房和家族的財產所有關係，與個別存在的個人之間的關係，已如上述。本研究在行文中以房和家族為財產所有主體，而以具有房或家族成員資格者為財產所有者。所謂財產所有者的限定涵義也已在上節中詳細說明，即僅指對財產的使用和受益權而已，而非對諸如土地等財產的轉移有絕對的支配權。換句話說，財產所有者有權支配其所代表之房或家族財產的使用，並決定如何分配其收益。故不具備房或家族身分者，也可因與該財產之所有者有親屬或其他關係，而得以使用並享受該財產之收益。例如，該房或家族所出生之女子，或其招贅進來之異姓夫婿，也可耕種該房或家族之土地，並

分得收益，但他們絕對不是上述所謂的財產所有者。其他具有同等身分者尚有養女、婢女、遠親、男僕或長工等。

於此，我們仍必須分清楚財產所有者的身分，與其依賴人口身分。此點在討論所謂家庭、家或戶等實際生活團體的內部關係時特別重要。如所周知，作為一生活團體的家庭，其成員除了包括家族和房的成員作為骨幹之外，尚包括其他依賴人口。簡言之，家庭團體與房或家族是不同的群集，包括不同的對象，具有不同的範圍。前者是建立在財產的共同生產和消費關係上，後者是一個財產所有者所形成的單位。

這裡必須總結本研究到目前為止所辨識出來的幾個不同的概念範疇：⑴根據系譜關係所定義出來的「房」和「家族」的成員資格；⑵根據系譜關係所定義出來，而包括本族未婚女性的所謂「配偶家族」、「主幹家族」或「聯合家族」等等；⑶反映房和家族成員資格的「財產所有者」或「所有單位」；⑷因為與家族財產所有者的關係而形成的「家庭生活團體」。本節將就此四個不同觀念的分別，來檢驗過去學者在討論漢人家族制度的混淆之處。

在英文著作中幾乎千篇一律以土地或財產所有關係來界定漢人的 family。但其指涉範圍往往交代不清楚，我們根本無從精確地瞭解其指涉對象。例如，傅立曼沒有發覺漢人家族制度中，純根據系譜關係所界定的房和家族概念，又把父子誤解成財產共有者，實際上他的討論中往往又分不清楚上述的四個不同範疇之關係。在他的用法中，family 有時候是指一個家庭生活團體，有時候是指這個生活團體中包括未婚女子在內的親屬組織形態。他就曾經說過，所謂聯合家族（joint family）就是一個經濟單位，擁有一份為其所

有男性成員所聯合擁有之財產（Freedman, 1965：49）。在這裡以及其他許多地方，他把聯合家族當作是一個經濟體，自然就包括了未婚女子，然後又把這經濟單位等同於只包括男人的財產所有單位。這種混淆其實是可以很簡單地加以區分開來的。特別是在論及所謂漢人 family 大小的問題時，其含意幾乎是只指家庭生活團體而已，但在定義上，卻往往非用財產共同所有關係不可，以至於在概念上分不清楚範圍迥異的兩類範疇。

同樣的混淆可以上溯到更早的葛學蒲和Olga Lang之研究。葛氏把中國的「家」翻譯為 economic-family，並定義為「一群基於血緣或婚姻關係而居住在一起的經濟單位」，而所謂 economic-family 之界線則是由財產的分析和經濟的獨立與否來劃分（Kulp, 1925：148-149）。然而他又說，同一 economic-family 的成員並不一定要住在一起[6]，換句話說，財產的關係比居住更為重要。Lang 的看法與葛氏一致[7]。巴博（Burton Pasternak）更推而廣之，而在其所著之一般教科書上說，所謂 family 是「所有社會」中共同擁有財產的最小之親屬團體[8]。

---

[6]"Members of the economic-family may all live under one roof, under several roofs joining one another, in houses somewhat separated in the village, or far apart as in Chaochow, Swatow, or the South Seas."（Kulp, 1925：148）

[7]Olga Lang把「家」定義為 "a unit consisting of members related to each other by blood marriage, or adoption and having a common budget and property. Both the persons staying together and those temporarily absent are included." (Lang, 1945:13)

[8]Pasternak (1976:87)，他在談到中國家庭時，又說："So long as a family

這一觀點到了孔邁隆（Myron Cohen）研究美濃客家村落時發展得更為精緻。他認為漢人的 family 即是所謂的「家」，即是最基本的共同生活團體，其成員不僅是透過親屬關係所聯結起來，並且也是經由該團體的男性成員，對於所謂「家庭」的共有關係而形成[9]。孔氏認為這個定義來自「分家」一辭，而「分家」的意義十分清楚，毫無疑義之處，一旦分了家，即是等於分了財產[10]。如此，以家產為主要因素的所謂漢人 family 之 成員，當然不一定會居住在一起。孔氏把同居（co-residence）的生活團體稱為 household（或可譯為戶或家戶），一個「家」（family）可分居不同地方，形成不同的戶。同樣的，一個家不見得全部在一起生活，形成一共同的生產或消費單位。所以孔氏把家的成分劃分為三：家產（*chia* estate）、家計（*chia* economy）和家團體（*chia* group），這三要素並不一定完全一致（Cohen, 1976：62-63；1970：21）。他使用兩套不同的術語來說明其中的關係，一套是所謂 the conjugal household, the

---

estate in China has not been partitioned, brothers constitute a single family despite the national or international borders that may separate them." (*ibid.*: 98-99)

[9] "In its narrowest sense, the word *chia* does refer to a group which is the basic unit of domestic organization and whose members are united not only by kinship, but also by claims the men in the group have on property we may call the *chia* estate." (Cohen, 1976: 58)

[10] "If 〔division has taken place,〕 two or more *chia* exist where before there was only one, and the estate of the original *chia* is distributed accordingly." (Cohen, 1976: 58, cf. 1970: 25)

stem household 和 the joint household，專指共同居住之成員的親屬結構而言，另一套是 the conjugal family, the stem family 和 the joint family，專指共同擁有財產單位的親屬結構而言。據此，一個 joint household 只要經過分居即變成一個 joint family。這些術語在概念上的混淆可見一斑。

即使就所謂家團體或 family 而言，孔氏所指的對象至少就包括三個不同的範疇：包括未婚女子在內的親屬團體，不包括未婚女子在內的財產所有單位，和對該財產有受益權的親屬團體。這三個範疇的混淆，使得孔氏在處理女子的家團體成員資格以及已分家產後的父母之成員資格時，產生矛盾的看法。既然財產的共同擁有是家團體的主要因素，因此父母親如將家產分給兒子之後，其本身即失去做為兒子的家團體之成員資格，雖然他們的生活仍然得依賴兒子們的奉養[11]。這顯然是以嚴格的財產所有關係為標準所做的判斷。Lang 也持相同的看法，而認為在分家之後，父母、子女、兄弟或其他親戚即不再同屬一「家」之成員[12]。在另一方面，根據此一嚴格

---

[11] "In one sense, parents involved in such an arrangement can be said to be members of more than one family and household; in another sense, however, they are somewhat less than full members of any family, because this kind of collective arrangement for the father's support following division means he is no longer coparcener to any portion of the old family estate." (Cohen, 1976 :74) 又 "Since parents who are supported jointly by their sons in a postdivision context have in fact been deprived of their family membership, I call 'collective dependents'." (*ibid.* :75).

定義，兄弟之間只要是未分財產，即使分住在不同國家，也算是屬於同一家（family）（Pasternak, 1976: 99; Cohen, 1970: 22-23）。換句話說，一對與其兒子同居且共食的父母不被認為是兒子的家人，反而遠居異地久無音訊的兄弟卻可以算是家人，這種論調很難說是漢人的本土觀念。這一方面說明了「家」的含意原已相當具有彈性，實不能遽而加以限定在狹隘的財產所有關係上。據作者看法，做為一親屬團體的「家」當然應包括尚存的父母在內，不論其是否已失去對家族財產的控制權力。所謂「分家」應指「分家產」，而非把一「家族」之群集分析掉。

就財產所有關係來定義家團體之不合理處，尚可見於未婚女子的資格問題。據孔氏的研究，顯然未婚女子也算是其父親的家或 family 之成員，而忽略了該女子並不具備該家或 family 的財產所有者資格。在這裡，有關未婚女子的家團體成員資格，顯然是根據其親屬關係而認定的，因此，在理論上與上述父母親的家成員資格之判定完全相矛盾。

吳爾夫（Arthur Wolf）曾經特別意識到本文所嘗試加以分辨的財產所有單位和財產共同受益團體。他以 the descent line 當作是財產所有之繼嗣單位，而把生產和消費的共同生活團體叫 family [13]。在一方面，吳氏的意見顯然與上述的學者不同，例如孔邁隆所

---

[12] "After family divisions, parents and children, brothers and other relatives cease to be members of the same family." (Lang, 1946: 13)

[13] "A 〔descent〕 line consists, for any given man, of all his lineal agnatic ascendants, as far back in time as his imagination can carry him, and all his

說的為財產所有單位的家團體，對吳氏而言應是 the descent line，而吳氏所說的「家」則相當於孔氏的household，不是family。吳氏所說的 the descent line在意義上幾乎與本文所說的房和家族成員資格一致，但他把the descent line 等同於財產所有單位是有問題的。因為吳爾夫的 the descent line包括了生者與死者，甚至未來的世代也在內。這個無限擴展的 descent line 不可能又是個財產所有單位。如本文所述，財產所有單位只可能是這個 descent line 的一個節段而已，否則就沒有所謂的分財產或財產轉移之事了。The descent line 應該只是概念上的認同標準而已，而財產所有單位則是一個具體的、有實際功能的團體，這中間的分野實不宜混淆。

　　吳氏的著作雖然把 family 或「家」從 the descent line 的觀念中分離出來，而當作是一個生產和消費的生活團體。但認為不能太拘泥於字面上的定義，而又把親屬關係的標準引進來，因此長工不

---

lineal agnatic descendants, including, aside from his living sons and grandsons, all men of future generations who will someday look up to him as their common ancestor." "The line serves as the primary property-holding unit and is responsible for the rites of worship, the family is the primary unit of production and consumption." (Wolf, 1973, cited in Sung, 1981: 364). 又見 "Asked to define the term *ke*, people in Haishan usually refer to the large brick cooking stove found in every home. They say the *ke* consists of 'people who share one stove' or 'people who eat food from the same stove'." (Wolf and Huang, 1980:58), 及"One can count as members of the same *ke* only those kinsmen who lived together, worked together, and pooled their income." (*ibid.* :61). Wolf 等人在這裡均把家 *(ke)* 譯成family．

能算是其主人的家團體之成員，而該主人的兒子雖居住於他處則仍算是其成員[14]。既然把親屬關係也考慮進去，自然也就不能排除其為一財產所有單位的說法，故吳爾夫和黃介山在某些地方即認為 family 可以看做是一個財產法人團體的連續體，是一個不斷由兒子取代其父親的連續線所構成[15]，所以 the descent line 與 family 的界線又變得模糊了。這是漢人本身觀念的問題或是研究者分析的問題？

宋龍生將吳爾夫關於 the descent line 和 family 的劃分法，引用到他所提出的所謂「繼承財產」(inherited property) 和「獲得財產」(acquired property) 之不同分配方式上。他說，獲得財產乃是透過家庭成員的共同勞力所獲取的，而其權利是根據家庭生活團體成員每人平均 (*per capita*) 分配的。相反的，繼承的財產是根據房份 (*per stirpes*) 來分配的，也就是遵照 the descent line 的法則 (Sung, 1981：365-366)。其實宋龍生所謂的 descent line 或 family 指的是兩個不同範圍的團體，一個只包括財產所有者 (the descent line)，另一個包括該財產的所有者和受益者 (the family)。以此觀點來看，宋的所謂繼承財產和獲得財產之分別，其實是同一

---

[14] "Useful as it is for what it reveals of the Chinese conception of the family, the native definition of the *ke* as people who share a stove should not be taken with absolute literalness. Farm laborers who lived and ate with their employer were not considered members of his *ke* adult sons who lived elsewhere and sent money home to their father were." (Wolf and Huang, 1980: 58).

[15] "Thus, from the perspective of descent, the family should be seen as a succession of distinct corporate bodies, the lines of the sons replacing those of their fathers in regular fashion." (*ibid.*:66)

財產的所有關係或受益關係的差別,而非不同性質的財產。如前面
之分析,家族財產的所有關係是根據家族制度中的分房法則而來,
自無疑問。但有關來自此一財產之收益的分配方式,顯然是較具有
彈性的,並不一定構成如宋所說的每人平均(*per capita*)法則。
故宋所強調的獲得和繼承財產之分別及其分配法則,可能是一個不
必要的理論。我們可以就他所舉的例證來檢驗此說法。

第一個例子是關於女子的嫁粧問題。宋龍生認為女子雖然對於
family 所有之財產沒有權力,但其父親則有責任於其女兒出嫁時給
予嫁粧,而嫁粧被認為是她對於該 family 之共同(獲得)財產所
擁有的一份[16]。如所周知,女兒之嫁粧通常並不包括土地,而主要
是諸如家具、農具、消費物品或金錢等動產,這其實就是本文所說
的財產之收益形式。女兒可具有之權利顯然只是對於這些財產的收
益而已,而非對於這些財產(特別是土地)的所有權。即使女兒對
於她父親家族的土地之耕作貢獻良多,也不足以產生她對於該土地
的所有權。故特別是關於土地所有權的問題,是不會經由宋所謂的
「共同勞力」而產生的。即使在某些特殊的例子中,有些女兒的嫁
粧中包括了土地財產,這也不能看作是類似於諸房均分的家族財產
轉移或「繼承」。根據分房法則而來的家族財產所有權之轉移方式
是既定的,而女兒之嫁粧只是一種可有可無的饋贈,是父親可以憑

---

[16] "Women, however, are not excluded from claims to the property held by
the family. It is a father's duty to provide his daughter with a dowry at
marriage, and her dowry is considered her share of the common〔acquired〕
property of the family."(Sung, 1981: 366)

自己意志加以裁決的處理方式。

　　宋龍生所舉的第二個例子是關於土地收穫物的分配問題。他說，在一個由兩個兄弟及其配偶和孩子所組成的家庭中，繼承的財產當然是根據分房法則而平均分配給兩兄弟，但其收穫物則根據每人平均的法則，兄分得三分之二，弟分得三分之一。宋解釋說，這是家庭成員共同勞力所獲得，故依每人平均法則來分配（Sung, 1981：366）。這裡清楚地顯示出：所謂繼承財產或獲得財產之分別，根本是同一土地的所有權和收益分配權的分別，而非截然不同的財產類別。實際上，財產的收益之分配也不能嚴格地說是根據人口數來平均分配，而對比於所謂的分房法則。比較適當的說法是，財產所有權的分配是根據房／家族的法則，而該財產的收益則由該所有者依個別情況分配給其家庭生活團體之成員。經驗上，同一生活團體之成員共同消費來自土地之收穫物或金錢收入時，似乎不會斤斤計較於各人平均的法則。

　　在第三個例子中，宋龍生把此種關於土地收益的分配原則推廣到土地所有權的轉移本身。他所舉的是一個招贅婚的例子（如圖4-6）：一位戴姓男子（戴甲）的女兒招進邱姓夫婿（邱乙）而育有數子。承邱姓的兒子（邱丁）無權接受戴姓的繼承土地，但卻可以平均分得邱姓男子婚後所購置之土地。即由戴甲和邱乙所共同購買的土地應平均分予邱之子（戴丙和邱丁），不論他們承續何者之宗祧（Sung, 1981：367）。換句話說，宋認為邱甲入贅前其岳父戴甲之土地是依據宗祧（descent）的法則，由承戴姓的兒子（戴丙）所繼承，而在入贅後由邱乙和戴甲共同購買之土地，則依所謂「獲得」財產各人均分（per capita）的法則平均分給戴丙和邱丁。宋對於

入贅後所購置土地之分配方式的解釋，顯然存在著嚴重的曲解。首先，這些獲得財產很清楚地，並不是像他所說的，根據所謂各人均分的法則來分配，否則邱姓女婿（邱乙）和戴姓岳父（戴甲）及其他同家庭之成員（如邱乙之妻及其女兒）也應各得一份。我們可以看出由邱乙戴甲兩人所購之土地是平均分配給邱乙所生之子，不論他們承邱姓或戴姓。這也並不是像宋龍生所說的是不論其宗祧。就一般經驗事實而論，所有邱姓和戴姓之父親或兒子均屬同一生活團體之成員，當他們累積收入另購土地時，這塊土地其實無法分清楚究竟何者該屬戴姓所有，何者該屬邱姓所有。從邱乙之所有兒子的立場而言，他們平均分得之土地乃是分別承繼自其父親（邱乙）或祖父（戴甲）之宗祧而來，在技術上雖無法做此分辨，但在概念上並不衝突。換句話說，吾人不能據此而謂此種平均分配乃是*per capita*之法則，而與宗祧或房份無關。

圖4-6 贅婚的親屬關係

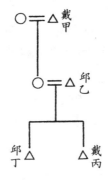

　　由以上論述可以發現學者若不能正確地分辨這四個範疇——傳統漢人的房和家族體系，根據此體系所展現出來的財產所有關係，該財產所生產之收益的分配關係，和所謂的**family**之親屬團體——則很容易陷入混淆和誤解的結論。在下面兩節中，筆者將繼續探討漢人本身如何以招贅婚的安排和過房關係，清楚地分別「房/家族」體系的宗祧概念，和家庭生活團體的功能面。

七、父系原則與招贅婚

　　象徵父子關係的家族與房，當然也清楚地揭示了男系原則。如所周知，一男子之出生，即於其父所代表之家族內自動構成一房。相反的，女兒永遠無法奢望在其生父之家族內構成一房。不論成婚與否，即使是招贅婚，女兒在「房」的房間和身分上都不佔有一席之地。所以，她沒有權利繼承她父親家族之財產，她唯一可能得到的只限於其父親家族所同意贈予的嫁粧。在婚前，女兒是父親家族中的依賴人口，由此家族供應其生活上的需要。婚後，她始成為其丈夫的房或其丈夫之父的家族成員。根據房/家族的法則，她的牌位也不能放在其生父家族的公廳裡面。正常情形下，女兒無法對她父親的房系之存續有所貢獻。她不具有對其父親獻祭的資格，同時也無權在死後接受其父系方面的祭祀。在某種意義上，女子的地位更為明確地說明了房和家族原則的規範意義。

　　女子取得家族和房的成員資格僅能靠婚姻一途。按同姓不婚和隨夫居的婚配原則，一個女子必須從父親的家族嫁出，而與異姓夫婿居住在一起。漢人的傳統中，姓氏團體是嚴密的外婚團體，所有

嫁進來的女子均屬異姓。然而臺灣現在已經不比從前那般嚴格地遵
循這項習俗了。根據傳統的習俗,女子婚後即完全被納進夫家的房
和家族系統中。這可以在祖先崇拜的禮儀中顯示出來。所有已婚婦
女均有資格隨其夫,在死後將他們的牌位擺置於其夫家之公廳祭壇
上。

只有經由婚姻,一個女人才得以獲得其男性子孫的祭拜,而保
障自己的來世。在婚前,女子沒有家族和房的身分。倘若未婚即死,
她的牌位不得進入其父親家族之公廳,接受正式的祭拜。她的靈魂
成了漂泊不定的孤魂野鬼。從本土習俗看來,這種命運是相當悲慘
的。艾爾恩(Ahern, 1973:127)援引她在臺灣北部的報導人說,
女孩子自出生之日起就是屬於他人,她們應該死在別人家裡。吳爾
夫(Wolf, 1976:19)也生動地描繪出,海山地區的居民如何以
香爐灰燼作成的小香袋代替牌位來表示未婚女子的靈魂,然後將它
們放在門後或儲藏室角落的陰暗處等不易被發現的地方。

一般說來,「冥婚」或「嫁神主牌」,是替未婚而死亡的女子
獲得其家族和房之地位的一種安排,我們今天仍然可以在臺灣鄉間
見到許多例子(Wolf, 1974:184ff; 李亦園, 1966; Jordan, 1971;
阮昌銳, 1972)。冥婚顯示出嚴密的房和家族之觀念如何應用到死
者身上(參見李亦園, 1972:178ff)。由於女人在社會上和來世
的地位端賴其婚嫁,只有透過婚姻──無論是正常的或冥婚都行,
女人才能被承認有「社會人」及祖先的地位。其目的明顯地是要將
女人的身分合法化,以便能獲得家族和房的成員資格。未婚男子從
來不需要冥婚來獲得其來日成為祖先的地位。通常,一個在世或已
死的男人答應,或被安排與其他已死的女子進行冥婚,乃是為了女

方的緣故。男人的房之地位已自然規定於漢人親屬體系中。他最迫切關心的是其房的宗祧之延續,而宗祧可以像後面還要提到的,由領養兒子來擔保。相反的,未婚女子為了同樣的鵠的而認養兒子,卻是不可思議的。

此一嚴格的父系原則也見於招贅婚的安排中。許多人類學家的英文著作(如 Gallin, 1966:156; Pasternak, 1972:67; Wolf, 1980:97)常把「贅」譯成 parasite(寄生),這是一個很嚴重的誤解,而且根本歪曲漢人對於贅婚的觀念。「贅」並不含「寄生」之意,頂多我們只能說是「多餘」或「累贅」之意。而在人類學的術語中,贅婚一般稱為 uxorilocal marriage,直譯為「隨妻居婚」,相對於 virilocal marriage(隨夫居婚)而言。但漢人招贅婚的本意乃是純就系譜上的宗祧安排之婚制,夫妻婚後的居處安排尚在其次。即使是為了經濟或生活的原因而安排的招贅婚,在原則上也是必須遵守這一套系譜法則。上面曾經引證了宋龍生所舉之例,以明辨招贅婚的財產繼承關係。此處再以作者田野研究的一典型例子來說明招贅婚之安排。

有一男子蕭甲育有一女蕭乙,但無兒子以繼其宗祧,乃安排其女行贅婚,招入一劉姓女婿(劉乙),現生有二子,長子承蕭姓,次子承劉姓(如圖4-7)。全部均居住於蕭家中合為一戶。但我們可以發現,類此所謂招贅婚,主要乃在於贅婿之兒子的宗祧安排,即其中一子(蕭丙)必須承該贅婿之妻家的宗祧,這是贅婚最主要的意義所在。是為了提供一子給蕭姓妻家來承繼宗祧,該贅婿(劉乙)才居住於其岳父(蕭甲)家中;而非因為該贅婿居住於妻家,故得分出一子承妻家之姓。婚後即使贅婿及其妻遷出妻家,若此宗

圖4-7 贅婚之家族與家庭生活團體

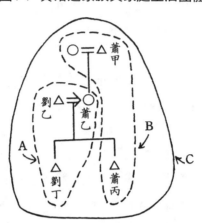

桃安排不改變,也稱為贅婚,但已非隨妻居了。故關於漢人的贅婚安排,我們必須注意宗桃和居處安排的差異。

於上舉贅婚的例子中,雖然劉姓贅婿及其妻,完全溶入其岳父蕭甲的家庭生活團體中,並有一子承蕭姓宗桃,但該贅婿及其妻仍不得為其蕭姓岳父之家族或房的成員,也即不具蕭家之宗桃身分。通常,他們的牌位不能置於蕭家公廳中接受祭拜。

實際上,劉姓贅婿(劉乙)與其生父之劉姓家族的宗桃關係並未改變,他的姓氏並不因行贅婚而有所改變,此項關係絕不能由他人加以否定。所以贅婚並不是一般隨夫居婚的相反對應。贅婚的身分也與養子截然不同。出贅之男子(劉乙)及承其宗桃之子(劉丁)仍得享受其原劉姓家族之族產房分,但不能參與分配其岳父蕭甲家族之族產。

在某種意義上,贅婚的安排更加強了漢人社會的父系意識,婚

後兩姓之間的宗祧關係仍非常清楚地劃分開來。贅婿不改變其原有宗祧關係，其所生之子中何者承該贅婿之姓，何者承其岳父之姓是構成贅婿的重要條件。臺灣民間稱此種條件為「抽豬母稅」，其意乃指岳父（蕭甲）家族向贅婿（劉乙）家族抽取一子或數子做為其女兒（蕭乙）為女婿（劉乙）家族生育後代的報酬。所以就系譜上的宗祧關係而言，該女兒（蕭乙）仍被認為是由其贅夫（劉乙）家所有，而非其生父（蕭甲）家所有，故贅夫（劉乙）家所付之「稅」不過是取代正常嫁娶所必要之聘金。

贅婚中的父系原則也清楚地表現在祖先祭祀和財產所有權的安排上。原則上，財產所有權的轉移是依據宗祧關係而定。故上例中，蕭甲之族產應由承蕭姓之子（蕭丙）承繼，屬劉姓夫婿所有之土地應由承劉姓之子（劉丁）承繼，但於實際生活中此兩宗祧所有之土地並不容易劃分，這是因為技術上的問題，而非宗祧觀念的修正。依此原則，贅婿（劉乙）並不能擁有其岳父蕭甲家之財產，但卻有使用和受益權。

直接反應宗祧原則的祖先祭祀活動，清楚地指明了贅婿（劉乙）及其妻並不屬於其贅入家族（蕭甲）的成員，他們兩人死後的牌位不能進入其入贅家族（蕭甲）之公廳中祭祀，而通常由承其宗祧的兒子（劉丁）於所居住之房屋中另立壇位祭祀。這種安排與正常之隨夫居婚姻方式沒有什麼不同。相對的，贅婿之子中承其岳父家族者（如蕭丙）則完全納入該岳家（蕭甲）之祭祀系統中，也即跳過該贅婿（劉乙）及其妻之宗祧而銜接其外祖父（蕭甲）之宗祧（如圖4-7）。換句話說，入贅之男子、其妻和承其宗祧之子合為一家族單位（圖4-7之A），而其岳父或承其岳父之子又合為另一家族單

位（圖4-7之B），這兩家族雖合為一家庭生活團體（圖4-7之C），但有各自的宗祧系統、財產所有關係以及祖先祭祀系統。

在上例中，就蕭姓家族而言，於系譜上僅承認蕭甲和蕭丙之宗祧，劉乙和劉丁一系完全除外。於族譜上，劉乙及其妻之位置或代以「贅」字或以小字體載明該夫妻之名字，通常一家族之族譜表上不應有異姓之成員出現。就劉乙之家族而言，劉乙及劉丁之宗祧地位可以被承認而載明於族譜上，蕭丙之系統則視同絕房而排除在外。

人類學者往往忽略招贅婚的宗祧關係和家庭組織之差別，因此常常誤解贅婚夫妻雙方的宗祧關係，最著者為艾爾恩（Ahern）有關臺灣北部樹林地區的研究報告。艾氏（Ahern 1973:128-9）的結論剛好與作者上述之見解幾乎完全相左。她認為在贅婚中，夫方（如劉乙）失去其原（劉姓）家族之成員資格，而妻方（蕭乙）則獲得她原有（蕭甲）家族之完整的成員資格。艾爾恩並沒有發展出本文所說的宗祧、房和家族之漢人本土觀念系統，但她在其著作中所使用的 lineage 一語大致與本文所論證之宗祧觀念類似，而非如傅立曼所定義的具有共同財產的世系功能團體。吳爾夫和黃介山（Wotfand Huang,1980：62-63）的看法也與艾爾恩一樣，認為招贅婚的女子可以取代男人而為其本家族的 descent line 之成員。

艾爾恩認為贅夫（如劉乙）的社會地位無異於一女子，他離開自己（劉姓）的家，而把勞力和後代貢獻給妻方（蕭姓）的家系（line），因此失去其本家（劉姓）的lineage成員資格。即使在晚年回到本家（劉姓）生活[17]，中止其與妻家之婚姻關係，也不得將

---

[17]"His〔a uxorilocally married man's〕 social position is like that of a woman: He leaves his home to live with the parents of his marriage partner; he devotes

⑱ 。換句話說，贅夫之lineage成員資格既不屬於其本家，也不屬於其妻家。似乎我們只能說他不屬於任何家族之成員，無宗祧地位，這顯然不是一個符合漢人一般習俗的觀念。女子尚需為其死後之宗祧地位憂慮，更何況一男子。

艾爾恩做此結論之原因，乃因為她以某人死後之神主牌位的存在與否，及其受祀地點，來判斷該人是否具有lineage成員資格，而神主牌位的存在與受祀又決定於該人是否對其lineage有所貢獻。據此，行贅婚的男子因未能對其本家有所貢獻，因此其神主牌位未能受祀於其本家，也即失去其本家lineage之成員資格。這是艾爾恩在她的整本著作中的主要論點。但她的資料並不是完全一致的。例如，她提到有一位行贅婚的男子，其兒子大部分承續他的姓，因此這個男子如果後來帶著他的孩子回到本家居住，那麼便可以把神主牌位其牌位祀於其本家（劉姓）之公廳中。在另一方面，與本文作者的看法一樣，艾爾恩也不認為贅夫可以獲得其妻家之lineage成員資格

---

his energies to her family; his offspring belong to her line...... He has lost membership in the lineage 〔of his birth〕. Even if he returns to reside with his natal lineage later in life, breaking the terms of the marriage contract, he will be denied this right 〔to put his tablet in the main hall〕." (Ahern, 1973: 123)

⑱"No matter how valuable a contribution these men make to their wives' lineage, their tablets are barred from the hall on the grounds that they bear a different surname. The hall belongs to the lineage ancestors who all bear one surname; different given names can be written on hall tablets, but not different surnames." (Ahern, 1973: 125)

放在本家公廳中獲得祭祀,而為本家lineage之成員(Ahern, 1973: 124)。另外則有些報導人採取比較嚴格的觀點,認為只要有一個兒子姓妻方的姓,那麼該行贅婚之夫即完全失去此權利和資格(同上: 124)。艾爾恩的論點顯然已經離譜太遠,此種婚姻已非所謂贅婚,因為贅婚並不單指婚後的居住和生活地點,而是兒子中必須有人承續母方的原姓才是構成贅婚的要件。換句話說,所有的贅婚均必須有兒子承繼妻家之姓。依艾爾恩之報告,則所有贅婚之男子全部都要失去其原有家族之成員資格了。這顯然不符實際的情形。

艾爾恩的誤解牽涉到幾個有關贅婚的問題:⑴行贅婚之男子是否需要改姓或改變宗祧地位?⑵贅婚所生之子中,如果無人承續該贅夫之姓,該贅夫的宗祧地位是否會改變?⑶贅夫之牌位是置放於其岳父之公廳、其本家之公廳、兒子家之公廳或其他地方?此點對贅夫之宗祧地位有何影響?⑷神主牌位的存在與否,或受祀地點在何處,是否可以做為判斷宗祧的標準?

第一個問題的答案已經很清楚,在所有贅婚中並無要求贅夫改姓之條件(雖然現行民法規定贅夫得從妻姓),任何男子除非是被收養,否則必然會拒絕改姓。改姓即改宗祧,在漢人觀念中乃大逆不道之事,艾爾恩(1973: 125)也注意到這一點,但她卻引據了一個贅夫改姓的例子。然而依本文作者看法,贅婚是一回事,改姓是另一回事。縱然贅夫有改姓者,也不可與傳統之贅婚安排混為一談。

關於第二個問題,即使贅夫所有兒子均承妻家之姓,則贅夫之姓或宗祧也不必然跟著有所改變。在此種情況下,所有兒子很可能都不在公廳中祭拜該贅夫及其妻的牌位,但他們的牌位也不在夫方

本家的公廳中。換句話說，該贅夫的宗祧已絕。他的牌位不在夫方本家的公廳中，因為沒有後代可以祭祀他，就如同絕房的情況。這不能解釋為是該贅夫在其本家的宗祧地位（即lineage成員資格）已被排除。同樣，如果贅夫及其妻的牌位在某些特別的個例中，是放在承妻方姓氏的兒子家中而受到祭祀，這也很難說就是代表宗祧繼承的祖先崇拜。

宗祧的承繼對於一個行贅婚的男子（如劉乙）之重要性並不亞於一個為其女兒安排贅婚的男子（如蕭甲），因此行贅婚的男子通常不會同意把所有的兒子都歸到妻家，否則其宗祧地位就形同絕房了。在臺灣鄉村的通常情況是長子承妻家的宗祧，次子以後均繼承夫家宗祧（如圖4-6及圖4-7）。如此，行贅婚的夫妻之牌位，即可受祀於那些承夫家之姓的兒子們所立之廳堂內。雖然他們的牌位並不受祀於贅夫之本家公廳，但這並不表示贅夫及其妻的宗祧地位，或艾爾恩所說的lineage成員資格，也被贅夫之本家所排除。贅夫及繼其宗祧的兒子對其本家之祀產仍享有應得房份。假如這些兒子回到該贅夫的本家，那麼該贅夫的牌位當然會被奉祀於贅夫本家之公廳中。很明顯的，牌位的受祀地點本身並不能用來決定一個人的宗祧地位，或lineage之成員資格。

艾氏（Ahern, 1973：146）自己也提到，即使某些死者沒有牌位，也必定會舉行葬禮和其他祭儀。可是她仍然以牌位的受祀地點來決定一人之lineage成員資格，譬如關於贅婚女人之地位，她就認為是與男人無異。行贅婚之女子不僅繼續居住於其父親之家庭中，而且保留了原來的姓氏，不冠夫姓，因此她可以有權將牌位置於本

家的公廳中，也即具備其lineage之成員資格[19]。艾爾恩（1973：128）
說她至少看到有兩個行招贅婚，並將所有小孩冠上自己姓氏的女子
之牌位，是放在其父親家族之公廳的。艾爾恩所提有關這兩個女子
的資料並不多，因此我們無法知道她們的牌位是否也與其丈夫並列，
也即其贅夫也算妻家lineage之成員。據傳統的家族法則，女子之宗
祧地位即使是贅婚的情況也只能跟隨其夫，不論其孩子冠何者姓氏。
但艾爾恩並沒有告訴我們這兩位贅夫的牌位究竟放置何處，或其所
屬家族成員資格如何？如果兩贅夫的牌位和家族成員資格屬其岳父
家的話，那麼一個必然的前提是他們一定也改變了姓氏。可是艾爾
恩只告訴我們一個有關贅夫改姓的例子，這個例子似乎跟上述兩個
行招贅婚的女子無關。如果這兩位贅夫未改其姓的話，他們以及其
妻子當然不能算是妻方家族的成員。也許艾爾恩所說的兩位女子之
牌位祭祀和家族成員資格應該由別的原因來解釋。

---

[19]談到行招贅婚之女子的地位，Ahern說道："She attains something of the position
of a male lineage member. Like a male, she continues to reside in her natal
home after marriage. Depending on the marriage arrangements, she may keep
her surname rather than taking husband's...... Under these circumstances,
she acquires the right to have her tablet placed in the ancestral hall of her
natal lineage. At least it is clear that some women fulfill certain conditions
expected of every male lineage member: residing with the lineage retaining
their original surname; and giving children the lineage surname. If they do,
they, like men, are allowed seats in the lineage hall. In this way, a woman......
is awarded lineage membership in the form of a place for her ancestral tablet
alongside the lineage ancestors."（1973: 128-129）

　　實際上艾爾恩提供一個可能解決這個問題的暗示，那就是童養媳的例子。如她（Ahern,1973：129）所說，童養媳一經入門即獲得其養家的家族成員資格，假如她後來未跟養家兄弟結婚的話，那麼養家可能會為她安排招贅婚，從外面招進男子，如此她便可將神主牌位奉祀於養家中。就傳統的家族制度來看，一女子一旦被養進成為童養媳，即獲得養家之家族成員資格。從系譜性的觀點來看，童養媳的婚姻地位就跟行冥婚的女子一樣，雖無實質性的婚姻關係，但形式上是完全被承認的。換句話說，童養媳與女兒的系譜地位有很大的不同，這並沒有像艾爾恩所想的，有任何矛盾（discrepancy）之處。

　　如果童養媳「圓房」之後，其夫去世，或「圓房」之前，未與其養父之子結婚，則也可能從外面招進男子。不論如何，此種婚姻應視為再婚，該童養媳及其再贅之夫的系譜地位，與真正的媳婦再婚之情況相同。再婚後所生之子可能有些承該童養媳養家的宗祧，有些則否。這時該童養媳便具有雙重身分，一方面她是養家之媳婦，另一方面是其贅夫之妻。如艾爾恩所見，她的宗祧地位主要來自於童養媳的身分，而非招贅婚的安排，與其生小孩和在勞力上的貢獻根本無關。然而艾爾恩並未提到那兩個女子是童養媳，如果不是的話，則整個問題尚需另行特別解釋。

　　至此為止，我們已經說明了用祖先牌位的地點來判斷家族成員資格的不妥之處。現在我們可以更進一步來檢討艾爾恩把個人之祖先牌位的設置，和其對於家族之貢獻結合在一起的邏輯。她一直認為個人的牌位之設置完全取決於其對於該家族是否有所貢獻而定[20]。

---

[20]"The admission of tablets to the hall is largely based on whether or not the

只要有財產繼承關係，那麼即使是陌生人也可以建立牌位的祭祀關係[21]。艾爾恩（1973: 139）特別為此舉了一個李姓男子為其服役軍中的長官設牌位祭祀的例子，而認為該男子由於「繼承」（inheriting）其財產，因而對他行「祖先崇拜」（ancestor worship）之儀式。在這一點上，艾爾恩顯然犯了一個嚴重的錯誤，她將一般的「死者崇拜」（the cult of the dead）儀式與特別的「祖先崇拜」（ancestor worship）混為一談。筆者認為李姓男子的例子根本不構成所謂「祖先崇拜」。固然財產的遺贈往往使接受者有責任祭祀死者，但這並不就是說死者在宗桃上，或系譜意義上，也被當作「祖先」來崇拜。祭祖和對一般死者的祭拜必須分開來。臺灣民間祭祀異姓死者的例子屢見不鮮。例如彰化附近有一家族，其開臺始祖在一墓中發現大筆財富而開始興旺，此後其所有後代每年均須祭掃該不明主人之墓。清代在彰化平原上協助大地主施世榜開鑿八堡圳的林先生死後，更由施氏後代築廟加以祭祀（Wang Sung-hsing, 1972）。作者所見到的另一個例子最能說明在民間的看法裏面土地與死者的密切關係。在社頭地區有一位報導人曾經以低價買進一筆土地，該土地的原所有者因絕後而無繼承者，當初原所有者曾將其祖先牌位

---

persons they represent have or might have enriched the lineage." (Ahern, 1973: 129)

[21] "I was told repeatedly that such an obligation 〔to make a tablet for a deceased person〕 can be created if one inherits land from a person who is otherwise a stranger as long as no one else is more obligated to him." (Ahern, 1973: 139)

丟棄於此土地中，並發咒要任何耕作此塊土地者必須祭祀他，俗稱「香燈地」。此後以任何方式獲得該土地者若不加以祭祀便不得安寧。該筆土地輾轉到現執有者手中已有數年，但從未祭祀，該地竟然也未生產出任何收穫。現有地主甚至想賣出也無人問津，經人勸說設饗祭拜後，果然立即有買主上門。此雖為民間迷信之一端，但充分顯示出漢人觀念中土地與死者崇拜的關聯。

然而這些例子卻也指出了民間可以祭祀不同姓氏之死者牌位的事實，我們甚至可以預想，在某些地區會有違反正常習俗而將異姓牌位擺入公廳之事。但這決不表示該牌位所代表的死者即被當作祖先來祭拜。艾爾恩未注意到這一點，反而更進一步用同樣的邏輯來解釋：為何某些祖先的名字沒有出現在牌位上，或有些人未為其祖先設置牌位，其結論是跟「水田的缺乏」或「死者對族人之貢獻」有關（Ahern, 1973：141-143）。由此所導出一個規則即是：無財產即無神主牌位；無牌位即無宗祧地位或家族成員資格[22]。根據這個理論，艾爾恩企圖否定一般以宗祧關係為祖先崇拜之前提的觀念[23]。她認為在祖先崇拜的關係上，財產繼承較宗祧關係更為重要，

---

[22]Arthur Wolf（1981；342-4）也做了同類的結論："The man who leaves no estate is not honored with a seat on his ancestral altar and cannot expect to receive offerings from all of his children and grandchildren. It is only when the living receive property that they are absolutely obligated to provide for the welfare of the dead."

[23]Ahern如此說："I deliberately began this analysis of the obligation to worship the dead with those cases in which property inheritance plays a vital part

或甚至是唯一因素（Ahern, 1973: 150）。

艾爾恩的結論實際上代表了有關漢人家庭和家族研究的一個非常普遍的看法，即特別強調諸如土地、祖先崇拜儀式、或家庭生活安排等功能性的要素，而幾乎完全忽略了漢人家族制度中的系譜性因素。有些較極端的立場甚至與生態或經濟決定論無異。

八、過房收養與宗祧繼承

在傳統的漢人家族中，每一房有其獨自的宗祧系統，理想上各房的宗祧應歷代相傳下去，否則即為「絕房」。對於傳統漢人而言，絕房是件對祖先不孝，對自己的來世沒有交代的憾事，一般民間均盡量避免，因此乃有招贅婚和過房收養之彌補措施。但要行招贅婚得有女兒才行。對於那些沒有生育子女的夫婦，或沒有結婚的男子而言，要想使宗祧能夠繼續傳下去，就只有從異姓收養螟蛉子或從同宗兄弟中過房嗣子了。

螟蛉子和過房子的關係明顯地呈現了漢人對功能性的家庭關係和系譜性的宗祧關係之分別。過房是一種純系譜性的「收養」，即被收養者只改變其系譜上的宗祧關係，而不改變其家庭生活之安排；螟蛉子的收養則不僅宗祧關係改變，家庭生活也改變，即真正的收養（adoption）。通常，純系譜性的收養只見於所謂的「過房」，

in order to help overcome the common conception that ancestor worship among the Chinese is essentially a matter of obligations between agnates created by descent."（Ahern, 1973: 154）

即養子來自同一家族內不同房的卑一輩男子。這類過房的例子又以兄弟之子佔絕大多數，依房系關係，愈遠者愈少。螟蛉子的收養關係則不限於同宗，異姓亦可。換句話說，所謂「過房」的收養有些只是系譜上的過房，家庭生活團體關係並未改變，有些則是兩者皆同時改變。雖然在觀念上漢人對於這兩種形式的收養分辨得很清楚，卻沒有相當的名稱可資識別。因為包括改變家庭關係的螟蛉子收養，在本研究中不構成理論上的問題，故不擬置論，而只專注於純系譜性的「過房」收養。

過房收養因為不涉及家庭關係的改變，所以可以發生在收養人死後，而且大部分是如此。如圖4-8，有 A 和 B 兩兄弟，A 因終身未婚或婚後無子嗣，則 B 可能將一子 C 在名義上過房給 A 做為嗣子。這個約定可行於 A 生前或死後，而且也可以不經 A 本人同意，B 即做此決定。因為漢人有很強的宗祧觀念，所以即使在 A 死後，B未做過房安排，通常在民間信仰中會發生 A 的死靈回來向 B 要嗣子的朕兆，譬如 B 家庭內有人不平安等事。此種過房大部分

圖4-8 過房關係的房單位與家庭單位

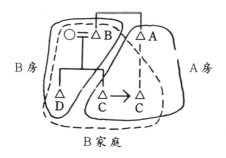

均為口頭約定，而只表現在祭儀的形式上。在家庭生活方面，A 死後其家戶即因無人承繼而絕戶，B 的兒子 C 雖過房予 A，但仍居住於 B 家庭中。即使過房的約定在 A 死前即安排好，也不影響過房子之家庭關係。實際上，過房的形式關係只能在收養人死後的祖先崇拜儀式中表現出來。如果收養人有土地財產的話，則由過房子所承繼下來。但在傳統時期，過房的雙方往往生活在同一家庭團體中，因此系譜上宗祧的更動更不必涉及家庭生活團體成員資格的變動（Watson, 1975a：299）。

如果 B 也是單傳，而只有一子的話，該子過房之後，可能同時兼續兩房，而稱為「兼祧」，即兩兄弟之房均由同一嗣子所承續。在祖先崇拜的儀式上此種安排也很自然，因為自祖父一輩以上即屬同一房系，該過房子不需要另立不同的系統。但該過房子，如果可能，即可將下一代的兒子分開來個別承續 A 和 B 兩房。這些宗祧的安排全部都可以從族譜的記載形式上看出來。實際上，族譜只記載過房的宗祧關係，而忽略真正的父子關係。也就是說族譜所表示的，是系譜性的宗祧觀念，而不涉及實際的家居生活之安排。因此經過幾個世代之後，在系譜上距離很遠的兩個後代子孫反而居住得比較近。

過房的安排同時也指出財產所有關係和家庭生活團體的差別，因為財產所有或祀產分配的關係是遵照宗祧的親緣關係，而家庭生活團體則遵照真正的父子關係來安排。人類學家如果沒有注意到這些概念的差別，便很容易導致錯誤的結論，如下面所要批評的 華特生（James Watson）關於香港新界的研究，及吳爾夫（ Arthur Wolf）和黃介山（Chieh-Shan Huang）兩人對於三峽地區的研究。

華特生對新界文姓宗族內收養的研究，主要是根據族譜上的記載。根據其報告，文姓宗族極少異姓收養，而89個同姓收養的例子中，有80個是同村內的收養，只有9個是村外的收養。80個同村同宗內的收養例子中有55%發生於兄弟之間，27%於堂兄弟間，6%於同曾祖從兄弟間，2%於同高祖再從兄弟間。超出此範圍以上即不再有同村內收養之例子，這是華氏（Watson, 1975a：304）的研究想要闡明的主要問題。他認為這是因為同宗內不同房系的衝突之故。是為了避免這種衝突，在選擇收養對象時，就得限於那些將來不會發生問題的家族成員（同上：303）。依此推論，當然是異姓養子最適合了。可是華特生的資料反而很少這種例子，他認為這是族譜的纂修者故意遺漏了異姓收養的緣故，因為這是不名譽的事情（同上：304）

華特生的研究並未意識到漢人收養方式的兩種類型之差別，而假定族譜上的所有過房關係皆為螟蛉子收養，均涉及家庭關係的改變（在西方社會只有這種收養，即 adoption）。例如，他認為對抗的兩個房派之間的收養會導致以後生父和養父對養子之間的爭奪。因為房派的衝突常常發生，如果有利的話，生父往往會想要奪回對孩子的控制權（同上：303）。華特生更下結論說，養父傾向於選擇那些他自己認為有把握控制的異性對象做為養子（同上：304）。這些觀念都表示華特生完全以西方人的觀念來看中國人的過房關係，而把全部當做是與螟蛉子一樣的收養關係。假如華特生所用以作為推論的例子是過房收養，而非螟蛉子收養的話，那麼他的整個推論就完全錯誤了。可是華特生並沒有意識到此種差別，而在其討論中不暇深究族譜上過房的真意。根據漢人收養的習慣，他所舉的例子

中絕大多數應該只是宗祧觀念的過房收養，根本不涉及家庭關係的改變。也就是說這些過房無所謂對生父或養父忠貞的問題，即使是住在一個村落中（同上：302）。實際上這些過房可能發生於養父死後，或養父及生父均屬同一家庭成員。華特生企圖解釋的房派衝突或養子忠貞問題是不存在的。

與華特生的研究剛好相反，吳爾夫和黃介山（1980）完全根據日據時期臺灣的戶口資料來分析收養的問題。如所周知，戶籍資料是關於實際家庭生活團體的紀錄，不改變家庭關係的過房收養當然不在紀錄之內。換句話說，所謂過房的收養，除非是類似螟蛉子收養的形態（即包含家庭關係的改變者），否則就不會出現在戶籍資料上，所以吳爾夫和黃介山（1980：210）發現他們的收養個案中有75%是異姓收養。剩下的25%才是同姓間的收養，其中還不一定是屬於同一宗族者，這個結果正巧與華特生的研究相反。這種差異是再容易解釋不過了：華特生的材料是來自族譜，而族譜通常只記載宗祧上的過房關係；吳爾夫和黃介山的材料則來自戶籍資料，而戶籍資料只登錄涉及家庭關係改變的螟蛉子收養。也就是說，這兩種不同性質的資料是無從比較的。可是黃爾夫和黃介山卻誤認為是同樣的收養關係，並進一步以兩地的宗族組織之強弱來解釋統計資料上的差異。他們認為華特生所研究的新界宗族組織較強並有祀產，而三峽的宗族組織較弱又沒有祀產。前者的收養習慣較保守，是因為宗族的力量強，可以干預各家庭內之事務，所以同宗收養較多，異姓收養較少；後者缺乏宗族組織，因此收養習慣較自由，完全看社區環境而定。[24]

---

[24]Wolf and Huang（1980: 214-215）做如下的結論："Comparing Hai-shan

　　華特生、吳爾夫和黃介山都把收養習慣與宗族強弱並論。本文作者覺得他們實在是過分強調了宗族組織對於個人選擇養子的作用。假如在一個宗族內有所謂房派衝突的話，那必定是源於一個基礎家族中的不同兄弟房之間的衝突。假如這種房派的衝突是影響「過房」收養的因素的話，那麼兄弟之子的收養首先就是第一個該被反對的選擇。但事實剛好相反，華特生的研究正好指出兄弟間的過房是最受歡迎的選擇。而且，若有所謂房派衝突的話，那麼異性間的衝突當更為激烈，異性收養更會直接造成養子對養父的忠貞問題。那麼，假如宗族可以影響其成員對養子的選擇，基礎家族的影響力應更大，而且將更反對異性的收養了，吳爾夫和黃介山的研究結果剛好又否定這一種想法。總之，我們看不出何以宗族會比基礎家族具有更大的權力來干預其家族本身的宗祧選擇。

---

with the New Territories, the answer appears to be simply a matter of the degree to which lineages were able to impose rules that served group interests ...... In one case the〔New Territories〕group holds property in common and occupies most if not all of a settlement. In the other〔Hai-shan〕it consists of a few families who live together but do not hold property as a group and do not dominate the community...... In the first case adoption customs are always conservative because the descent group is strong enough to interfere in the affairs of the family and impose rules that serve its members' interest. In the second they may be liberal or conservative, depending on the community in which the group lives."

九、宗族的形成與分房：對傅立曼宗族理論的批判

前面已經指出：身為「財產所有者」的家族和房的成員範圍，與共享該財產收入的家庭成員範圍兩者之間是不一致的。並以招贅婚和過房收養的例子來說明：房和家族的宗祧觀念，與家庭團體，兩者之間的差別。本節繼續就這種系譜性和功能性概念的差別進一步探討一般所謂的「宗族」（lineage）或「氏族」（clan）的構成。

在漢人家族制度中，房和家族群體是純粹根據系譜關係來定義的，至於這些單位具有什麼功能則不一定。有些家族或房只是同屬一宗祧系統的概念認同而已，有些則擁有共同財產，有些形成同居或聚居的族群，有些是從屬於一個財產共有家族團體的次級單位。換句話說，有些房或家族的組織較嚴密，有些則否。在一個包括數代以至數十代的擴展家族中，有些世代的房單位在該家族組織中成為較突出的團體。大部分的房團體則只存在於系譜上的概念認同而已，於實際社會生活中已失去團體組織的重要性。但這並不表示這些房已經不存在，一旦有功能性的因素引進來，他們立刻會形成組織化的團體。

如果就實際社會團體的活動而言，只根據宗祧觀念形成的房或家族單位，當然會被偏重功能面的研究者所忽略。因為功能因素及其作用，在功能化的房或家族組織中特別顯著，有時甚至掩蓋了宗祧或系譜概念的因素。也就是說，諸如財產關係、共同居處、祖先祭祀或其他歷史性的因素，才是決定房或家族成為功能團體的主要因素。但這些功能因素是非系譜性的，不一定受制於親屬法則。因

此在探討房或家族的功能團體時，學者往往不自覺地摒棄了系譜性的觀念，或把它當作常數，而將注意力集中於這些功能因素的探討，才會出現像上面所舉的，以財產來定義family, lineage, 甚至宗祧（descent）觀念，這很明顯地是倒因為果了。如下面將要討論到的，傅立曼甚至用功能性的因素來討論漢人宗族的分支（segmentation）法則和形態。這些研究實際上已非親屬關係本身的研究，所引用的法則和觀念，與系譜概念之間也已沒有特別的關係。但是令人感到困擾的是，有些研究者不僅未意識到這種分別，反而把他們所導出的功能模式不自覺地當做是親屬研究的本身。其原因是這些功能團體原來就是以系譜或宗祧觀念為基礎所建立的。換句話說，到目前為止的所謂漢人親屬研究實際上不是親屬本身的研究，而是功能的研究。經由這些研究所導出的法則不是親屬的法則，而是功能法則。這些功能法則並不一定只出現在親屬團體，在其他非親屬的團體中也常出現這些法則。傅立曼的宗族理論是一個非常典型的例子，本節主要在於檢討他的研究以說明這一複雜的誤解過程。

雖然傅立曼相當清楚descent（繼嗣或宗祧）在漢人宗族構成上的重要性，但似乎只把它當做既定的常數，而討論不多，當然也未涉及關鍵性的宗祧、房和家族的觀念。因此他在定義宗族或探討宗族內部的運作法則時，很自然地傾向於我所謂的「功能主義」。然而功能性的因素是不一而足的，吾人無從盡列所有可能的功能因素，而只能就特別顯著者加以探討。但何者才是顯著的功能，是依地區或時間而有別，例如土地祀產在某個時期重要，在其他時期可能退讓給聚居的條件，而聚居的條件是隨地區不同的。不論如何，功能性因素的變異相當大，在未能解釋產生這些變異的條件和原則以前，

任何使用功能因素來探討社會團體構成現象的理論，都只是偶然的模式，而不能解釋現象的本質。

傅立曼在定義宗族時，有時候是以系譜因素為重的，例如他把宗族分為A型和Z型兩個極端，用本文的術語來說，其中的A型宗族就是缺乏功能的家族或房（Freedman, 1958: 131）。但很清楚地，完全不具任何社會功能的家族或房，在傅立曼的看法中不能算作宗族（lineage）。他在討論宗族和家庭的差別時，就以祖先崇拜的儀式做為標準。如果此種儀式是在家庭的範圍內舉行，即為家庭團體，如果超出此範圍之外，即構成不同性質之團體，那就是宗族㉕。所以祖先崇拜的形式是一項用來定義宗族的功能性因素。但他隨即接著說，宗族及其分支（segment）的形成不只是單靠祖先崇拜本身，而且還要有祖祠及祀產。特別是祀產一直被認為是漢人宗族的建立、維繫及內部結構的關鍵因素。在他的討論中，祀產的形成即是「宗族」的形成，祀產的建立本身就是新宗族的建立，也是宗族內部分支（segmentation）的基礎。也就是說，表現於儀式上的分支關係完全是直接建立在經濟資源上。沒有祖祠和祀產來支持，宗族的支派（segment）不可能成立或維持下去。簡單地說，傅立曼所謂的宗族分支是依各支派所擁有的祀產而定的。宗族支派本身的認同性完全建立在祀產的基礎上㉖。這與傳統人類學對 lineage 的定義，

㉕"When ancestor worship shifted from the domestic plane to that of the ancestral hall a different kind of social grouping could result. Ancestor worshipping segments might emerge in relation to a series of halls."（Freedman, 1958: 47）

㉖傅立曼（1958:48）說："Ritually expressed segmentation of this order depended directly upon economic resources. Without a hall and land or other property

及本文對中國「宗族」、「家族」和「房」的分析是很不相同的⑳。

傅立曼的此種觀點為後來的學者所普遍接受。例如 Jack Potter
就認為，漢人的「宗族」如果所擁有的共同財產很少或甚至沒有，
那麼就只能算是名義上的宗族，其功能只局限於簡陋的儀式而已，
其團結性毋寧是零散的⑳。實際上Potter（1972: 121-122）只認為
那些擁有祖祠或祀產者才算「宗族」，並以他在香港新界的研究來
支持傅立曼有關華南宗族內部結構的分析，認為傅立曼的理論是完
全正確而有用的，特別是以祀產做為決定宗族內部分支的標準。巴
博（Burton Pasternak）也說，漢人的宗族，並不是系譜所決定，

---

to support it, a segment could not come into being and perpetuate itself."
他並以祀產的有無來分辨 lineage 和 clan: "What defines the whole class of
local lineages, great and small, is that they are corporate groups of agnates
（minus their married sisters and plus their wives）living in one settlement
of a tight cluster of settlements."（Freedman, 1966: 20）用我們的術語來
說，傅立曼的意思是有祀產的房或家族叫做lineage，無祀產的房或家族叫
做clan.

⑳例如英國皇家人類學會的定義：*A lineage consists of all the descendants
in one line of a particular person through a determinate number of generations
……Where the living members of a lineage form a recognized social group
it may be called a lineage group.*"（RAI, 1951: 88-9）

⑳"There were, of course, lineages in China that owned little or no collective
property, but these were lineages in name only whose functions were limited
to perfunctory ritual and whose solidarity was at best diffuse."（Potter, 1970:
127）

而是社會經濟地位的充分反映。要成立一個宗族支派,首先就得選擇一個共祖,然後以其名設立祀產[29]。Hugh Baker 在他的著作中也毫不遲疑地強調財產在宗族形成上的重要性,如果沒有財產就沒有宗派分支[30]。因此,西方的人類學著作幾乎毫無例外地以功能性的觀點來定義中國「宗族」,James Watson 在一篇總結中更明白地做了同樣的定義[31]。

傅立曼對宗族形成及其分支的看法也表現在他以及其他學者有關中國家庭(family)的理論上:在宗族裡面,祀產的建立可形成

---

[29] "Segments …… are not genealogically determined but rather reflect socio-economic position in society at large …… In order for a lineage segment to come into being, a focal ancestor must be designated and an ancestral estate or trust must be established in his name." (Pasternak, 1976:120, emphasis added)

[30] "Kinship-ritual segments do not exist without trusts; that is to say, although the genealogical basis for segmentation is present wherever a man has more than one son, *no segment is recognized unless an endowment of property ……* *is set aside for the worship of one of those sons* (or of course each of the sons may form the focus of a trust)." (Baker, 1968:99, emphasis added. 也見於 Baker, 1979:61)

[31] "A lineage is a *corporate group* which celebrates *ritual unity* and is based on *demonstrated descent* from a common ancestor. A lineage is a corporation in the sense that members derive benefits from jointly-owned property and shared resources; they also join in corporate activities on a regular basis." (J. Watson, 1982:594)

新的宗族分支；在家庭中，財產一分即形成新的家庭。換句話說，如無財產我們就無法辨認一個人的家庭成員資格；如無祀產或祖祠，我們幾乎不能稱呼一個房或家族為一宗族或支派。如上所述，這些學者有關中國家庭的理論均未分辨出純宗祧觀念的房和家族，財產擁有單位的房和家族，財產共享單位的家庭生活團體，以及英文的 family 之意義和範圍。傅立曼關於漢人宗族的理論也有同樣的問題，他所謂的宗族並不包括無祀產或祖祠的房和家族。這個觀點與 M. G. Smith 對於非洲分支社會的宗族形成所做的解釋是一致的。根據 Smith（1956: 39-40）的看法，非洲的宗族在結構上是分支的，在功能上是法人團體化的。假如沒有這些特質，那麼只具備單系繼嗣觀念是不能成為宗族的。因此所謂宗族，就是一個具有單系繼嗣觀念，並呈分支構造的法人化團體。宗族內部分化的表現是系譜性的，而這些分化層次的特質則源於功能上的差異。傅立曼所謂的宗族也就是功能化的或法人團體化的房和家族。在漢人的例子上，我們把系譜性的成員資格和功能性的團體構成兩者分開來，自然出現了幾個問題：中國人所謂的族或宗族應就系譜性因素（即宗祧），或應以功能因素（即祀產或祖祠）來定義？在功能性的房和家族團體中，系譜性的原則究竟與功能性的因素如何互相作用？這些問題均與所謂的分支理論（segmentation theory）密切相關。

根據過去學者對於臺灣漢人社會的研究（坂義彥, 1936; 戴炎輝, 1945; Chen Chi-lu, 1980; 陳其南, 1987），祀產的成立有許多不同的方式。最普遍的一種就是在分家產時留存一部分土地，以其收入來支付祭祀祖先的費用，即稱為「祭祀公業」。如果分產時父母尚未去世，也可能留置一部分土地做為養贍之用，待父母死後，

該養贍業或留存為祭祀公業，如俗語所謂「生為養贍，死為祭祀」。但有些養贍業則於父母雙亡後再均分給各房。臺灣的祭祀公業中有大部分是經由此種方式所建立的，這類祭祀公業也稱為「繼承的公業」。

相對於「繼承的公業」則有「組織的公業」。組織的公業通常是為祭祀遠祖而設，因此公業的派下成員之世代較「繼承的公業」為深。在臺灣，繼承的公業通常不超過五、六代的歷史，也即在開臺祖來臺以後的世代才開始繼承的。至於組織的公業所祭祀的共同祖先，則有超過十六代以至二十餘代者。因此組織的公業有時稱為「大公」，繼承的公業則稱為「小公」。

組織的公業是半志願性的組織，只有那些在公業成立時曾經參與捐款的成員之後代才有資格。換句話說，並不是該公業之始祖的所有後代都自動有份。因此，祭祖儀式和祀產收益並不照著房份的法則來分配，而是照著祀業成立時的組織方式，或照股份或照丁份。照股份者多稱為祖公會，照丁份者稱為丁仔會，但並不完全如此規則。照股份之祖公會，由入會者或以個人為單位，或以房派為單位，認捐所有祀產一定數量的股份，以後輪流祭祖或分配有關祀產的權利義務，概依此股份法則。照丁份之丁仔會在性質上也是一種股份組織，只是股份的計算以丁為名稱，通常是一人一丁份。但有些情況不受此限制，而某一個人或某一房派可認捐一定數量之丁份。也有採取開放式者，即所有新出生之男子皆需入會，其儀式稱為「報新丁」。總而言之，組織的公業在組織的過程和採取的方式上並無一定的規則，這與嚴格的分房制度是很不同的。但經過一定世代之後，固定的每一股份或丁份之分配，則又由該股份或丁份的所有者

之後代再依房份的法則來處理了。這種例子在臺灣民間到處均可發現（C.-n. Chen, 1984: 224; 陳其南, 1987; 莊英章, 1977: 178ff.）。

祀產的此種組織過程，與個人對祖先崇拜的熱忱及其經濟能力有密切關係。較窮困的家族當然很少能夠有餘力在分家時留置祭祀公業。在半志願性的公業組織中，個人依其志願或能力決定是否參加。如果沒有人發起組織，也就自然不會有公業的出現。換句話說，倘若以祀業及祖祠的存在與否做為成立宗族的必要條件，那麼宗族的成立與否，也就得依個別的房或家族是否有經濟能力或有祖先崇拜的熱忱而決定了。這表示宗族的成立與否不是系譜性的因素所能單獨決定的。

同時，把必要的因素設定在祀產或祖祠的設立上，一個宗族的組織法則當然也就受到祀產或祖祠本身性質之影響。例如有些人可以參加，有些人不參加，因此該宗族的內部組織就不能依照房份的系譜法則，而需要依據股份或丁份的法則。如所周知，照股份或丁份並不是宗族所特有的組織方式，而是一般財產團體也普遍採用的組織方式。因此作者把這些不照房份的組織法則稱為非系譜性的，或非親屬性的組織法則，也就是不按宗祧關係或房份的組織法則。這是一般純親屬群集變成功能團體的一個必然現象，也見於以上所分析的漢人家庭組織中。傅立曼等人在論證漢人宗族的構成時，顯然並未注意到這其實是一種「非宗族」性的組織因素之作用。

然而在宗族組織中，由於必須是屬於同一祖先後代者，即需具備同一宗祧的消極資格者，方可參與半志願性的祀產組織。也就是說，此種特性使得傅立曼等人雖然只注意到宗族的功能面，而忽略了其功能法則與系譜法則之間的差異，但整個分析看起來仍然像是

個有關「宗族」的研究。實際上，傅立曼所賴以確定宗族之存在的
功能因素，很可能根本與宗族的系譜組織法則無關。當傅立曼再引
用此種功能分析法來建立其分支理論時，這種不相干的現象就更為
明顯了。

傅立曼很清楚地強調經濟因素在宗族分支過程中的作用。他認
為，如果一個支派較富有，其內部分支的程度也就愈高。較富有的
支派之後代可能同時屬於好幾個互相重疊的支派。而屬於較窮的支
派其內部可能不再有任何分支。換句話說，財富的不均使得分支也
不對稱[32]。傅立曼的理論很明顯地把分支的基本機制歸因於非親屬
性的財富關係，也就是說分支現象只是財富分配現象的表現[33]。

傅立曼因為看到祀產在一個宗族內各房派的分布是不平均的，
而且往往集中在某些「強房」，因此提出所謂「非對稱分支」

---

[32] "If one sub-lineage was richer than other sub-lineages, the degree of segmentation
within it was likely to be greater. In a rich sub-linage a man was a member,
perhaps, of several branches, one within the other. In a poor sub-lineage a
man might be a member of no unit between the family in the household and
the sublineage ...... Difference in wealth within a lineage produced unequal
segmentation." (Freedman, 1958:49)

[33] "The essential point about the Chinese case is that political and economic
power generated either within or outside the lineage itself, urges certain groups
to differentiate themselves as segments and provides them with the material
means to persist as separate entities through long periods of time - as long,
that is to say, as their common property is held intact." (Freedman, 1966:
39; 又見1974:70-71)

圖4-9 Freedman (1958：49) 的宗族分支模式

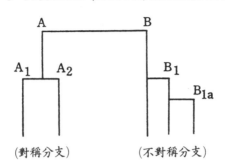

（對稱分支）　　　　　（不對稱分支）

（asymmetrical segmentation）理論（Freedman, 1958: 49）。根據傳立曼所畫的圖解（如圖4-9）及說明，我們很容易就發現其謬誤。如圖，A支派中分為A1和A2兩個均等的支派，這是所謂的「對稱分支」。在B支派中，B1一派則建立自己的祖祠或祀產而與B支派的其他成員獨立出來。但並無B2這樣一個分支，來與B1構成對稱關係。在B1小支派之內如果再以同樣的過程形成B1a支派，而沒有一個相對的B1b，那麼整個B宗族內的各支派之安排便是非對稱的形態。實際上B2和B1b支派是不存在的。在此種意義下，所謂的「非對稱分支」就是說B的派下只有B1一支獨立出來，至於與B1同世代的其他各房派則被當作是一個整體單位，而與B1對應。同樣的，與B1a同世代的其他各房派也被當作是一個整體單位，而與B1a對應（Freedman, 1958: 49）。

　　但實際的情形並不如此，B1或B1a並不與其他所有同世代各房派的全體構成對應關係。依本文所論證的「分房」法則（見第三節），其他同世代的各個房派並不構成一個與B1或B1a對抗的整體單位。

各房派還是各自獨立和分化的，B1或B1a並不與其餘加起來的全部成員對應，而是分別與各個兄弟房對應。所以較適當的圖解方式應該是仍把同世代的各個房派都列出來（如圖4-1），不能只列有祀產或祖祠者，而把其餘的全部當作「一個」支派。實際上其他根據田野研究的報告都是採用圖4-1圖解方式（Baker, 1968: 114; 1979; Potter, 1968: 25; 1970: 123; J. Watson, 1975: 21; R. Watson, 1982: 76）。極令人困惑的是，所有這些作者似乎都沒有認識到這個差別，而全都宣稱他們的研究完全支持傅立曼的模式（又如Pasternak, 1976: 121; Potter, 1970: 125）。

祀產和祖祠在一個宗族內各房派的分布，其實也就是經濟資源的分布。基本上這是一個不太可能均等對稱的現象，是相當可以理解的。所有非屬於對稱形態的各種不同程度、不同變異的形態都可以歸入「非對稱」範疇。這種殘餘範疇的分類法沒有什麼積極的意義。不論如何，作為一種統計分布形態的所謂「非對稱分支」或「對稱分支」，其決定因素很清楚地不是內在的系譜性法則，不能由親屬法則來加以解釋。說漢人宗族的分支是非對稱的，實際上除了說漢人宗族內部的財富分布也是遵循著一般不均等的法則以外，並沒有告訴我們什麼特別的系譜性結構因素。其實，如果真有對稱或均等的財富分布現象，那才真是個例外，而需要解釋！故所謂「非對稱分支」，與宗族的內在法則和親屬概念無關，而只不過是一種自然的統計現象而已。

但傅立曼等人在討論「宗族」的不對稱分支現象時，往往會被誤解為是一種內在於宗族內部的系譜性現象。換句話說，即直認為非對稱分支是一種親屬制度。如前所述，傅立曼就以不對稱分支來

對比於非洲的「對稱分支」（symmetrical segmentation）和「螺旋形分支」（spiral cord segmentation）（Freedman, 1966: 38）。但 Evans-Pritchard 和 Fortes 等人所提出的對稱分支形態主要是建立在系譜原則上的。在此種社會中，一個父系宗族或支派的內部分化是因為對於同父不同母關係所做的不同聯繫。也就是說，由一個男性祖先的後代所構成的宗族，是就該祖先的不同配偶之母方關係而分成兩個對稱的支派（見圖4-2），不論這些支派的劃分有何功能性的作用。所以這類分支實際上是系譜性的（Fortes, 1945: 198, 201-202; 1953: 32-33; Evans-Pritchard, 1940: 247）。但傅立曼所謂的「非對稱分支」形態不是建立在系譜性的原則上，而與非洲模式的「對稱分支」幾乎沒有範疇上的類同性，亦即是彼此無法做對比。

真正可以跟非洲模式做對比的是本研究所提出的「分房」法則。漢人家族制度中的分房法則是系譜性的法則，即在每一世代中一個父親的兒子都平均分化獨立成房。這一法則直接反應在家產分割，以及其他有關家族內部權利和義務的分配。在另一方面，分房的法則又明顯地與非洲模式（緣於不同母關係）的對稱分支有所不同。

然而，在所謂宗族的形成過程中，分房的法則究竟扮演何種角色？如果我們接受傅立曼的特殊定義，把「宗族」視為是具有祀產或祖祠的家族或房，那麼一如下面所論證的，祀產或祖祠的建立其實應該是「合房收族」的過程，而非「分房」的作用。換句話說，祀產或祖祠的建立不能當做分支現象的指標。

如上面所提到的，因為分家產而留存的祭祀公業幾乎並不表示任何分支或分化的含意，其結果反而是在於家族的整合。沒有祭祀

公業,分產以後的各家族或房即不再共同行祖先祭祀,有了祭祀公業以後,這些已經分產後的家族或房,才有機會又聯合在一起祭祖或分配祀產的利潤。組織的公業之建立更是有意地強調一個宗族或分支的包容性。

有許多實際的例子證明祀產的建立並不必然表示那是源於宗族分化的心態。例如,對於同一個祖先,其後代可以為他設立幾個祭祀公業。彰化社頭蕭姓宗族的斗山房始祖就有四個不同的公業:蕭滿太公業、新蕭滿太公業、蕭四房公業和蕭伯英公業。滿太是該始祖之名,「四房」之稱是因為滿太傳下四子之故,伯英為滿太之別稱。這四個公業都是由同一群後代在不同的時期所建立(C.-n. Chen, 1984: 251; 陳其南, 1987)。我們實在看不出這些公業的設立帶有任何分支的意義。

另一方面,單傳的祖先也可以有祭祀公業。例如同屬社頭蕭姓宗族的書山房的第七代元副,為仕鼎之獨子,即設有公業專祀。但仕鼎已有公業,元副之子也各有公業。顯然元副公業之設立並沒有要與任何其他房派分化之用意(C.-n. Chen, 1984: 251)。祀產之建立與宗族的分房現象並不見得有任何確定的關係。

這意味著祀產的建立主要是在於家族或宗族內部各房派的融合,而非分裂。其他學者在臺灣的研究也都持這樣的看法(Cohen, 1966: 177; Pasternak, 1973: 261)。實際上,傅立曼後來也很清楚地說明了類似的祀產形成過程。他提到,臺灣的研究顯現出宗族的形成是由不同團體的集合所構成,而認為大陸的宗族形成是分支的,臺灣的宗族形成則是融合的[34]。但這顯然不是臺灣所特有的現象,即

---

[34]"Whereas, therefore, the process of lineage formation on the mainland is seen

使香港新界的研究也都發現是同樣的類型㉟。傅立曼的分支理論至此已逐漸折衷化，而認為在分支之前含有融合的過程㊱。此種推論似乎沒有什麼特別的根據，而且是自相矛盾的。祀產或祖祠的建立不可能是在某一時期或某一地區代表宗族內部的分化，而在另一時期或另一地區代表另一相反的過程——宗族融合。英文人類學著作中從來沒有實際的田野證據證明祀產或祖祠的建立是為了「分房」之故。在臺灣有許多情況往往是：較近世代的支派先建立祭祀公業，然後才是較遠世代的宗族。

傅立曼所謂的分化（fission）和融合（fusion）的兩種作用，事實上是代表中國家族制度的兩個相對的觀念：「家族」的包容性

---

as a matter of segmentation -- a small agnatic group growing and gradually becoming differentiated internally by the emergence of new segments, and segments within segment, as in the simple model constructed earlier in this essay -- in Taiwan, lineages appear to have come about by a process of fusion, independent units being welded together." (Freedman, 1974:79-80)

㉟例如 Rubie Watson 的研究就指出 "There is no uniform process of lineage formation in China …… The localized descent group of the Ha Tsuen Teng was created by a process involving the amalgamation of previously separate units into a unified lineage organization." (R. Watson, 1982:95)

㊱ "A more sophisticated model of the foundation and growth of the Chinese lineage …… might then include, before the phase of elaborate internal differentiation, a phase during which scattered elements are brought together (territorially and genealogically, or at least genealogically) to form the lineage to begin with." (Freedman, 1974：81）

與「房」的分裂性。這兩種彼此矛盾而相輔相成的過程表現在系譜
上的結構是一樣的,從系譜上端往下看是一個分裂的「分房」結構,
從系譜下端往上看則為不斷整合的「家族化」結構。但此種系譜結
構在實際的社會功能活動中則由不同的過程所表現出來:分房的過
程表現於財產或家戶的分割,以及祀產的分配;家族化的過程則表
現於祀產或祖祠的建立。傅立曼的錯誤主要在於:把表現家族包容
性的祀產和祖祠之建立解釋成家族支派的分化,因此他所導出來的
「非對稱性分支」模式不僅在前提上不對,而且在形式上也與傳統
漢人的「分房」概念相反。

　　傳統中國家族制度基本上是建立在「房」觀念的分裂性和「家
族」觀念的包容性等兩個彼此衝突但互補的平衡關係上,這兩種相
反的傾向決定了漢人家庭生活團體、財產共有團體以及所謂「宗族」
團體的大小。功能性的因素在某種程度上可以說明漢人宗族分支的
一些社會經濟特質,但是所謂「分房」或「分支」的現象則只能透
過內在的系譜結構來加以說明。

十、討論——漢人家族制度與人類學理論

　　從上面的論證過程中,本研究得到一個對一般人類學理論而言
較有意思的結論:中國社會的確存在著一個獨立自主的親屬體系,
這個體系所建構的原則以不同的形式展現於實際的功能性社會生活
形態中,而成為漢人親屬團體的基本構成因素;至於諸如同居、共
食、共財、經濟生活的安排、以及祖先祭祀和祖產的建立等,則為
功能性的輔助因素。試以「家戶」為例子來說明,如果把「家戶」

定義為是一共居親屬團體，那麼「共居」這個功能性因素一方面限定了「房──家族」體系的世代深度，另一方面則加上該「房」或「家族」基本成員的依賴人口（如未婚女兒、贅婚女婿、僕人或長工等）。「分戶」的過程則依據「分房」的原則來進行。同樣，我們也可以發現其他許多根據不同功能因素所定義出來的親屬團體，如共食家庭（同一口灶）、共財家庭（如economic family）、有祀產的「宗族」及其「支派」（segments）等等。但這些功能性的團體基本上仍然是建立在系譜性的「房」和「家族」等概念和原則上，使得漢人的親屬團體之結構有別於其他社會的親屬團體。唯有透過房和家族的系譜模式，我們才可以瞭解這些功能性親屬團體的構成法則和組織形態。

漢人家族制度的此種特性，與一般人類學所研究的其他社會有明顯的差別。現有人類學研究的民族誌材料大部分均無法清楚地分辨出系譜性的法則和功能性的法則，也就是說無法從一個所謂親屬團體之構成中分離出系譜性的因素和功能性的因素來。因此在論及family或lineage時，也就無法確知這些團體的構成到底是親屬意識重要，或者是功能因素重要。Family 和 lineage 究竟可否用土著的系譜範疇來定義，或者只能以其同居、共食、共產、聚居、祖先崇拜等功能範疇來界定？簡言之，究竟有沒有所謂獨立的親屬體系（kinship system）可以作為某一社會中的親屬團體構成的指導原則？

這些問題其實一直在研究親屬制度的人類學家中間爭論不休。試舉一些較有名的例子來加以說明，李區（Edmund Leach）在錫蘭的研究所得到的結論，即「堅持」認為所謂親屬制度除非與土地財產相關而論，否則根本可以說是虛無的。社會人類學家所謂的親

屬結構只不過是用來討論財產關係的一個方式而已，這種關係其實也可以用別的方式來說明[37]。

Harold Scheffler根據他在南太平洋的Choiseul Island的研究也獲得類似的結論，他認為社會制度的形成乃是經由社會行為所累積而塑造出來的，所謂社會整體系統也不過是無數的社會交作（social transactions）的偶然結果。Scheffler根本不承認社會系統本身有內在的獨立機制，而極力反對用所謂「常模」（norms）或「原則」來解釋各種社會交作的過程[38]。

更典型的一個例子是Peter Worsley對Meyer Fortes研究非洲Tallensi親屬制度的批判。Worsley認為該社會之親屬制度不過是經濟和其他社會活動的表現方式，其基礎是建立於農耕的需要和財產的繼承

---

[37] "I want to insist that kinship systems have no 'reality' at all except in relation to land and property. What the social anthropologist calls kinship structure is just a way of talking about property relations which can also be talked about in other ways." (Leach, 1961: 305）

[38] "The emergence and continuation or persistence of a particular configuration of social transactions ...... is to be explained through mechanical models which are not models of social structure but of behaviour generating and constraining mechanisms ...... Continuity or stability of a 'total' system, once demonstrated, is a datum for study and must be seen as the adventitious by-product of multiple transactions rather than a postulated or assumed inherent dynamic of social systems." (Scheffler, 1962: 294-5) 又見："I finds it grossly misleading to say or to imply that the course of these various transactions was governed by 'norms' or 'principles'." (*ibid.*: 298)

等等因素，當後者發生變化時，親屬制度也就跟著產生變化。所以親屬制度不是最重要的基礎，而是次要的因素[39]。他認為Fortes過分強調了所謂親屬結構的原則。

如本研究所指出的，絕大部分研究中國親屬制度的西方人類學家，諸如傅立曼（Maurice Freedman）、吳爾夫（Arthur Wolf）、孔邁隆（Myron Cohen）、巴博（Burton Pasternak）、艾爾思（Emily Ahern）、華特生（James Watson）、葛學浦（Daniel Kulp）和郎奧嘉（Olga Lang）、以及相關的中國學者，剛好都採取這種功能論的立場。就如李區（Leach）一般，他們幾乎毫無例外地強調土地財產在定義或規範漢人家庭和「宗族」組織的重要性。這些立論的缺點已在上文中一一加以指出。我們列舉了婦女地位的歸屬，財產所有和共享的差別，贅婚安排的權利義務關係，過房收養與螟蛉子收養的不同，「宗族」的定義和「分支」形態等問題，以資證明漢人親屬制度中的系譜概念之獨立性和優先性。

作者透過漢人親屬制度的研究所達到的這一個立場，實際上比較接近Meyer Fortes的看法，即家族和親屬的關係規範和制度，是

---

[39] "As we have seen, kinship is the form which the essential relations arising from the needs of agriculture, the inheritance of property, etc., take, and as these latter relations change, so kinship changes. Far from being basic, it is secondary. The particular forms which kinship relations will take — corporate unilineal descent-groups, cognatic systems without lineages, double unilineal systems, etc.—are largely determined by economic and historical forces." (Worsley, 1956: 62-3)

無法化約為經濟、政治、宗教或法律等非親屬要素的[40]。換句話說，本文的結論剛好與李區、Scheffler和Worsley等人的研究相反：中國社會的親屬結構是獨立存在的，而且實際上優先於其他社會制度。親屬制度不僅是個自足的架構，並且是調整和規範我們所觀察到的親屬活動之原則。本文並不試圖將此種結論一如上述諸學者一般加以概推，以討論是否其他的社會也具有這樣主宰性的親屬結構體系。然而在有關漢人家族制度的問題上，作者相信過去的人類學研究明顯地有重大的缺失。為彌補這個缺失，我們唯有對於漢人的「房」和「家族」概念做系統的分析，並分辨出系譜性原則和功能作用的交互關係。

---

[40] "Familial and kinship norms, relationships, and institutions are not reducible to economic …… , political, or religious, or juridical, or any other non-kinship basis. Granted, then, that we are concerned with …… a quite specific, relative autonomous domain of social life, what are its distinctive features？ There is the question of the mechanisms and processes by which a person acquires the irreducible and indispensable credentials that make him a kinsman." (Fortes, 1969: 231）

參考書目

李亦園

　1972　《從若干儀式行為看中國國民性的一面〉，載李亦園、楊國樞（編），《中國人的性格》（台北：中央研究院民族學研究所）。

阮昌銳

　1972　〈台灣的冥婚與過房之原始意義及社會功能〉，《中央研究院民族學研究所集刊》 33: 15-18。

坂義彥

　1936　〈祭祀公業の基本問題〉，《台北帝國大學文政學部政學科研究年報》 3: 485-793。

陳其南

　1987　《台灣的傳統中國社會》（台北：允晨出版社）。

莊英章

　1977　《林圯埔——一個台灣市鎮的社會經濟發展史》（台北：中央研究院民族學研究所）。

戴炎輝

　1945　〈台灣の家族制度と祖先祭祀團體〉，《台灣文化論叢》（台北：清水書店），2: 181-265。

Ahern, Emily M.

　1973　*The Cult of the Dead in a Chinese Village.* (Stanford: Stanford University Press).

Baker, Hugh D. R.

　1968　*A Chinese Lineage Village: Sheung Shui.* (Stanford: Stanford University Press).

　1979　*Chinese Family and Kinship.* (New York: Columbia University Press).

Chen, Chi-lu

　1980　"Lineage Organization and Ancestral Worship of the Taiwan Chinese," *Studies and Essays in Commemoration of the Golden Jubilee of Academia Sinica.* (Taipei: Academia Sinica), pp. 313-332.

Chen, Chi-nan

　1984　*Fang and Chia-tsu: The Chinese Kinship System in Rural Taiwan.* (Ph. D. Dissertation, Department of Anthropology, Yale University).

Cohen, Myron L.

　1969　"Agnatic Kinship in South Taiwan," *Ethnology* 8(2): 167-182.

　1970　"Developmental Process in the Chinese Domestic Group," in Maurice Freedman, (ed.), *Family and Kinship in Chinese Society.* (Stanford: Stanford University Press).

　1976　*House United, House Divided: The Chinese Family in Taiwan.* (New York: Columbia University Press).

Evans-Pritchard, E. E.

1940 *The Nuer.* (London: Oxford University Press).

Fortes, Meyer

1945 *The Dynamics of Clanship among the Tallensi.* (London: Oxford University Press).

1953 "The Structure of Unilineal Descent Groups," *American Anthropologist.* 55(1): 17-41.

1959 "Descent, Filiation, and Affinity," *Man* 59: 193-197; 206-212. Also in Meyer Fortes, *Time and Social Structure.* (London: Athlone, 1970), pp.96-121.

1969 *Kinship and The Social Order.* (Chicago: Aldine).

Freedman, Maurice

1958 *Lineage Organization in Southeastern China.* (London: Athlone).

1961-62 "The Family in China, Past and Present," *Pacific Affairs* 34 : 223-36. Also in Maurice Freedman, *The Study of Chinese Society.* (Stanford: Stanford University Press, 1980), pp.240-254.

1963 "The Chinese Domestic Family: Models," in Maurice Freedman, *The Study of Chinese Society.* (Stanford: Stanford University Press, 1980), pp.235-239.

1966 *Chinese Lineage and Society: Fukien and Kwangtung.* (London: Athlone Press).

1974 "The Politics of An Old State: A View from The Chinese Lineage, " in John Davis, (ed.), *Choice and Change: Essays in Honor of Lucy Mair.* (London: Athlone), pp.68-88.

Callin. Bernard

　1966　*Hsin Hsing, Taiwan: A Chinese Village in Change.* (Berkeley: University of California Press).

Hu, Hsien-chin

　1948　*The Common Descent Group in China and Its Functions.* (New York: Viking Fund).

Jordan, David K.

　1972　*Gods, Ghosts, and Ancestor: The Folk Religion of Taiwanese Village.* (Berkeley and Los Angeles: University of California Press).

Kulp, Daniel H.

　1925　*Country Life in South China.* (New York: Teachers College, Columbia University).

Lang, Olga

　1946　*Chinese Family and Society.* (New Haven: Yale University Press).

Leach, Edmund

　1961　*Pul Eliya, A Village in Ceylon.* (Cambridge: Cambridge University Press).

Li, Yih-yuan

　1966　"Ghost Marriage, Shamanism and Kinship Behavior in a Rural Village in Taiwan," *Folk Religion and the Worldview in the Southwest Pacific.* (Tokyo: Keio University).

McAleavy, Henry

　1955　"Certain Aspects of Chinese Customary Law in Light of Japanese Scholarship," *Bulletin of the School of Oriental and African Studies* 17 : 535-47.

Pasternak, Burton

　1968　"Atrophy of Patrilineal Bonds in a Chinese Village in Historical Perspective," *Ethnohistory* 15(3): 293-327.

　1969　"The Role of the Frontier in Chinese Lineage Development," *Journal of Asian Studies* 28(3): 551-61.

　1972　*Kinship and Community in Two Chinese Villages.*（Stanford: Stanford University Press）.

　1973　"Chinese Tale-telling Tombs, " *Ethnology* 12(3):259-73.

　1976　*Introduction to Kinship and Social Organization.*（Englewood Cliffs, N.J.: Prentice-Hall）.

Potter, Jack

　1968　*Capitalism and the Chinese Peasant.*（Berkeley: University of California Press）.

　1970　"Land and Lineage in Traditional China," in Maurice Freedman, (ed.), *Family and Kinship in Chinese Society.*（Stanford: Stanford University Press）, pp. 121-138.

RAI（Royal Anthropological Institute of Great Britain and Ireland）

　1951　*Notes and Queries on Anthropology.* Sixth edition.（London: Routledge and Kegan Paul）.

Scheffler, Harold W.

　1965　*Choiseul Island Social Structure.*（Los Angeles and Berkeley:

University of California Press）.

1966　"Ancestor Worship in Anthropology: or, Observations on Descent and Descent Group,"*Current Anthropology* 7(5): 541 -551.

Smith, M. G.

1956　"On Segmentary Lineage Systems," *Journal of the Royal Anthropological Institute* 86(2): 39-80.

Sung, Lung-sheng

1981　"Property and Family Division," in Emily M. Ahern and Hill Gates,（eds.）, *The Anthropology of Taiwanese Society.* （Stanford: Stanford University Press）, pp.361-378.

Tang, Mei-chun

1978　*Urban Chinese Families.*（Taipei: National Taiwan University Press）.

Wang Sung-hsing

1972　"Pa Pao Chün: An 18th Century Irrigation System in Central Taiwan," *Bulletin of the Institute of Ethnology, Academia Sinica* 33: 165-176.

Watson, James L.

1975a　"Agnates and Outsiders: Adoption in a Chinese Lineage, " *Man*（n.s.）10: 293-306.

1975b　*Emigration and the Chinese Lineage.*（Los Angeles and Berkeley: University of California Press）.

1982　"Chinese Kinship Reconsidered: Anthropological Perspective on Historical Research," *The China Quarterly* 92: 589-622.

Watson, Rubie S.

1982 "The Creation of A Chinese Lineage: The Teng of Ha Tsuen, 1669-1751," *Modern Asian Studies* 16(1): 69-100.

Wolf, Arthur P.

1973 "Line, Lineage and Family." (Unpublished paper).

1974 "Gods, Ghosts and Ancestors," in Arthur Wolf, (ed.), *Religion and Ritual in Chinese Society.* (Stanford: Stanford University Press), pp.131-182.

1981 "Domestic Organization," in Emily M. Ahern and Hill Gates, (eds.), *The Anthropology of Taiwanese Society.* (Stanford: Stanford University Press), pp.341-360.

Wolf, Arthur, and Chieh-shan Huang

1980 *Marriage and Adoption in China,* 1845-1945. (Stanford: Stanford University Press).

Worsley, Peter M.

1956 "The Kinship System of the Tallensi: a Re-evaluation," *Journal of the Royal Anthropological Institute* 56(1): 37-75.

第五章
方志資料與中國宗族發展的研究*

一、前言

　　中國地方志在研究傳統社會和經濟問題上的價值早為歷史家所注意，近年來以社會科學方法從事歷史社會研究的學者更廣泛地依賴方志所提供的資料。一些人類學研究者也多少受到這個潮流的影響。本文試圖從傳統中國的文獻中，檢討各種史書、地方志以及光緒鄉土志涉及宗族問題的處理方式，並說明這些書志體例變遷所隱含的社會事實和心態背景，也即宗族存在的條件和當代人對宗族的看法。同時在討論過程中，本文一方面嘗試從人類學理論的瞭解釐清有關宗族的概念；另一方面則透過這些書志的引證，說明宗族發展的歷史過程和地理分布。

＊本文原題〈方志「氏族志」體例的演變與中國宗族發展的研究──附清光緒「鄉土志」總目錄〉，發表於《漢學研究》，3卷2期（1985年12月），頁797-843。助理邱淑如小姐負責地方志和鄉土志資料的收集與目錄整理。原文所附鄉土志目錄因篇幅所限略去，請讀者參考原發表刊物。

在有關方志的研究中，本文特別著重在介紹清光緒年間，中國全國各州縣根據《奏定學堂章程》所編纂的鄉土志，特別是氏族和人口等卷中有關宗族資料的記載。我們整理了一份現存鄉土志的目錄及其典藏處，做為附錄，以供學者參考①。最後一節則指出當代人類學有關宗族理論的缺失，而此種缺失或許有可能透過上述鄉土志及其他地方志的分析來彌補。

二、宗族的定義

範疇與團體

討論漢人宗族在中國境內的發展，有一個問題需要先釐清楚，即何謂宗族？「宗族」之稱，在人類學的研究中已成為英文術語 **"lineage"** 的中譯，但這個名詞早就存在於中國典籍之中。決定貴族爵位、祭祀和財產等繼承權利的父系宗法之制可以遠溯至西元前十世紀的周代（1100 - 200 B.C.）。周代的宗法固然是在於分明祖禰和嫡庶之別，具備分類親屬關係的作用，但相對來說也就具備了將這些不同系統的親屬關係加以統合的作用。顯然，周代以來的中國貴族社會至少已有很清楚的宗族形態，分別具有各種不同程度的社會功能。特別是根據父系原則的姓氏制度一旦成為普遍化的社會制度以後，再加上「同姓不婚」的外婚規定，我們就可以說是宗族的基礎已經建立，而這也正是中國社會結構的基礎。所以，宗法制

①已從略，請參見《漢學研究》，3卷2期，頁823-841。

度在觀念上已界定了一個父系繼嗣範疇（descent category）的內部
關係。在社會功能上，宗法制度則藉著封建和祭祀系統的關係，將
此繼嗣範疇呈現為一繼嗣團體（descent group）。宗族的「宗」字，
用今天人類學的術語來說，就是"descent"，而「族」即為具有共同
認同指標（identity）的一群人之謂，實際上即是今日吾人所謂群
體或團體。「宗族」之稱不過是說明以父系繼嗣關係，即所謂「宗」，
所界定出來的群體。這個宗族群體可以是缺乏實際社會功能的人群
範疇（category），也可以是帶有各種不同功能作用，彼此互動的
社會團體（group）[2]。我們可以說：宗族就是descent category或
descent group。

氏族與宗族

　　一直到近代，同姓氏的一族，即為一外婚單位，姑不論其內部
關係如何，均可認定為一繼嗣範疇或團體。但是在人類學的術語中，
對於此種鬆懈的同姓繼嗣群體，多稱之為「氏族」（clan），以別
於內部系譜關係較清楚的「宗族」（lineage）（Fried, 1970）。將
此種意義的宗族譯為 lineage，是有一些語意問題。如前所述，中
文的「宗族」之用法，其語意包括氏族（clan）在內。因此，我們
可以說，同姓即為同「宗」，雖然其系譜關係無法追尋出來。我們
似乎缺乏其他的選擇，只好把「宗族」視為有廣義和狹義的兩種用
法。在以下的討論中，除非特別說明，否則所謂的宗族只指狹義的

---

[2]關於繼嗣範疇和繼嗣團體之別，參見 Leach, 1951; Scheffler, 1966; Keesing,
　　1971.

用法，即其成員間的系譜關係在某種程度上「相當」清楚。

宗族範疇與宗族團體

即使在討論所謂狹義的「宗族」，我們仍然必須分清楚範疇和團體之別。簡言之，同屬一宗族的成員之間，雖然其系譜相當明確，但彼此果如沒有聚居在一起，也無共同祭祖或其他互動的關係，那麼我們只能說這是一個宗族範疇，而非宗族團體。例如，同一族譜內所載之宗族成員並不必然構成一宗族團體，除非這些成員有聚居或共同祭祖等社會互動關係。英文的 lineage 可以只指宗族範疇而言，若談到宗族團體就宜稱為 lineage group（RAI, 1951: 88-9; 陳其南, 1985: 168）。可是，即使在一般人類學家的專業著作中，還是常常看到混淆不清的用法。如果一個宗族的構成只是建立在系譜關係上，那麼其顯現出來的社會性格並無異於系譜關係不明的氏族。就本文的研究目的而言，我們只著眼於「宗族團體」的問題，至於「宗族範疇」則不在討論之列。但在討論過程中，我們也只能接受語言使用的限制，而以簡化的「宗族」一詞來指稱宗族團體。在此我們必須再進一步限定宗族的涵義。除非特別說明，以下所謂的宗族也不包括宗族「範疇」。

只有把宗族定義在這樣狹窄的範圍，我們研究宗族在中國境內的分布才有意義。否則，就宗族範疇或氏族的意義而言，凡有中國人存在的地方，就有根據同姓、同宗或系譜關係界定出來的群集，也就是宗族範疇或氏族在中國境內的分布並無地理上的差異。更精確地說，以父系繼嗣為最低原則的人際關係認同指標或意識形態，在華南或華北是一樣的，並無任何不同。可是，如果我們的對象是

在於宗族「團體」的話，如下所述，南北的差異就可能相當顯著了。

　　另外一種提法是不做範疇和團體之分辨，而以較廣義的所謂「宗族」之強弱來討論。若只有宗族範疇，而不形成宗族團體，可以說就是宗族發展比較弱的地區。宗族團體較多，則為宗族發展較強盛的地區。傅立曼（Maurice Freedman）等人並未做範疇和團體概念的劃分，因此只能以宗族發展的強弱程度來討論（Freedman, 1958, 1966; Potter, 1970; Watson, 1982）。這顯然不是很精確的概念架構。

宗族團體之涵義

　　所謂狹義的宗族團體可以從幾個方面來定義。第一是聚居的條件，如果某一共同祖先所傳下來的各個家戶均集中分布在特定的鄉村範圍內，那麼自然會構成一個獨特的地方社區（local community），該地方社區的社會、宗教、經濟和防衛等活動，也就多少沾上了父系血緣關係的色彩。「地域化」（localization）本身就是構成宗族團體的重要條件。第二是族產或宗祠的建立，族產的設立有不同的目的，或為祭祀祖先的祀產，或為賙濟族人的義田，或為族人興學之用的學田。族產的建立，使得整個宗教有一具體基礎，做為成員團結的核心，並可以永久存續下去，成為一個法人共同體（corporate group）。宗祠也是一種族產，但宗祠的功能較之族產更為社會化，它不但提供聚集族人共同祭祀祖先的場所，而且往往也成為族人舉行會議，討論宗族事務，和維持宗族道德與秩序的裁判所。在近代，許多族祠更成為教育族人子弟的私塾和學校所在地。宗祠和其他族產的配合最能顯現出宗族的內聚力和活動力。第三是族譜的修纂，族譜本身就是宗族集體意識的具體化，把「敬宗收族」的觀念形之

於文字。我們甚至可以說，族譜本身就是「族產」之一。事實上，族譜的纂修和編印過程中所牽涉到的集體力量和金錢耗費可能更甚於族產的建立。這三個指標是我們判斷歷史上中國宗族存在與否的主要依據。

三、宗族組織的文獻記載

上述關於宗族團體構成的幾個要素，在歷史文獻上開始有系統的記載，最早不超過北宋時期。如所周知，以「義田」為名的族產之設置，最早始於北宋慶曆皇祐年間（1041-1054），范仲淹在其居住地，江蘇蘇州，所設置的「范氏義莊」（清水, 1947; Twitchett, 1959）。其創立之目的，據他自己說：

> 吾吳中宗族甚眾，於吾固有親疏，然以吾祖宗視之，則均是子孫無親疏也。吾安得不卹其饑寒哉？且自祖宗來，積德百餘年，而始發於吾，得至大官。若獨享富貴而不卹宗族，異日何以見祖宗於地下，亦何以入家廟乎[③]？

范氏此舉成為後世的典範。北宋熙寧元豐（1068-1085）之時也開始有了祭田之記載（清水, 1947〔1956〕：117）。至於祖祠和祀產之合設，一般認為是始於南宋朱子之說。但朱熹所謂的祠堂之享祀者僅止於高祖，故其附屬之祭田只能算是一小家族所共有。祭

[③]范仲淹，《范文正公集》，〈范文正年譜〉。

田自然流行的結果，到了明清時代，開始有祭始祖或始遷祖的宗祠，而附設於宗祠之祭田乃歸該族全體所有（同上: 13, 79以下: 牧野，1980: 237-8）。

近代一般所見的族譜編纂範式及動機，也始於北宋時期。吾人今日雖已不見上述范氏之族譜，但後世所修之《范氏家乘》載有范仲淹之原序：

> 吾家唐相履冰之後，舊有家譜。咸通十一年庚寅〔870〕，一支渡江……。中原亂離不克歸，子孫為中吳人。皇宋太平興國三年〔978〕，曾孫……六人，從錢氏歸朝，仕宦四方，終於他邦，子孫流離，遺失前譜。至仲淹……與親族會，追思祖宗，既前譜未獲，復懼後來昭穆不明，乃於族中索所藏誥書家考之。（清水, 1947〔1956〕: 117）。

在體例上，尤有蘇洵及歐陽修之見為嚆矢，宋元之間不少文人的文集中屢見族譜之序跋，可見族譜的編纂已相當盛行（同上: 51-52；羅香林，1971: 31-33；牧野，1980：117）。

到了明清，族譜的編纂更趨於成熟和普徧，明代方孝儒云：「非譜無以收族人之心，而睦族不出於譜。」④ 日人多賀秋五郎《宗譜の研究》，所收現存日本之中國族譜，最早者為元代，僅有一種。但根據東洋文庫藏譜序文，北宋和南宋間已不少（多賀, 1960: 58-61）。

---

④方孝儒，《孫志齋集》，卷13，〈葛氏族譜序〉。

在此必須特別強調的一點是,從族產、宗祠和族譜的文獻研究中,我們可以看出:魏晉南北朝以來以士族為骨幹的政治社會,經過隋唐的轉型之後,出身或父系親屬關係不再是官方選舉用人的主要考慮因素。但父系繼嗣的原則及其具體化的宗族組織卻透過新儒家的教化普及於宗族聚居的地區。換句話說,父系繼嗣的意識形態不但沒有因士族政治的衰微而減弱,反而藉著族產、宗祠和族譜等具體的表徵,普徧存在於民間社會中。這類宗族組織並沒有跟官僚政治產生直接的關係,卻形成地方社會穩定和自治的基礎。同時,這些地域化的宗族組織也逐漸為新儒家傳統的文人所關心,而有參與建立族產、宗祠者,甚至訂定族規,鼓勵編纂族譜,並為之作序。

特別值得注意的,宗族發展歷史的此一轉折同時也表現在地理分布上的差異。前述宋元以來,至明清之間,有關族產、宗祠、族譜,以及宗族聚居資料的記載,均明顯地指出宗族組織在江南地區較為繁盛,而在黃河流域則極為薄弱之事實。根據清水盛光對義田分布的研究,宋元時代之義田,在江蘇、江西、湖北、湖南、廣西、浙江、福建、山東、河北、河南各省均有。但,「令人最易感覺者,即當時之義田,在華中華南地方較諸華北尚遠為眾多。即在上述之三十二件中,華中及華南為二十八例,華北僅有四例」(清水,1947:119-120)。宋室南遷以後,此種趨勢變得更為明顯。清水說道:「在余所偶而寓目之〔族產〕資料,主要限於江蘇、浙江、江西、安徽等諸省,就此等地方觀之,以江蘇之事例為第一,其次為浙江。」(同上:125-126)同樣的結果也見於牧野巽關於宗祠的研究(牧野,1980:237-301)。這種趨勢剛好與多賀秋五郎的族譜研究完全一致。多賀整理現存日本的1,228種中國族譜資料,觀其在各省

的分布，顯出最多的前五個省份均位在江南地區（江蘇433種，浙江378種，安徽118種，江西43種，廣東40種），共佔了1,012種（多賀，1960：61-3）。其實，清乾隆年間章學誠在批評譜學問題時，已明說：

> 今大江以南，人文稱盛，習尚或近浮華，私門譜牒，往往附會名賢，侈陳德業，其失則誣。大河以北，風俗簡樸，其人率多椎魯無文，譜牒之學，闕焉不備，往往子孫不誌高曾名字，間有所錄，荒略難稽，其失則陋[⑤]。

　　明顯記載宗族聚居事實的資料，也絕大部分是出現在明清以後的作品中，並集中於江南地區。明末清初的顧炎武即說道：「北人重同姓，多通譜系，南人則有比鄰而各自為族者。」[⑥]又說：「今日中原北方，雖號稱甲族，無有至千丁者，戶口之寡，族姓之衰，與江南相去夐絕。」[⑦]

　　方苞則說：「荊楚吳越，聚族而居。」[⑧]又說：「三楚吳越閩廣，山谿之間，聚族而居者，常數千百家⋯⋯。吳越閩粵，山澤鄉邑之間，族聚者常千百人。」[⑨]

---

⑤章學誠，河北〈永清縣志士族表序例〉，載《文史通義》，卷7，〈外篇二〉。

⑥顧炎武，《日知錄集釋》，卷23，〈通譜〉。

⑦同上，〈北方門族〉。

⑧方苞，《方望溪先生全集・外文》，卷8，〈教宗祠禁〉。

⑨同上，卷14，〈赫氏祭田記〉。

　　乾隆二十九年輔德之奏書：「〔江西〕據查宗祠數目，一族獨建者有八千九百九十四祠，同姓共建者八十九祠。」⑩

　　清末也有下述諸人的記述：

　　馮桂芬：「今山東、山西、江西、安徽、福建、廣東等省民，多聚族而居。」⑪

　　張海珊：「今者彊宗大姓，所在多有；山東西，江左右，以及閩廣之間，其俗尤重聚居。」⑫

　　陳宏謀：「直省、閩中、江西、湖南皆聚族而居，族皆有祠。」⑬

　　王檢：「廣東人民，率聚族而居，族皆建宗祠，隨祠置有祭田。」⑭

　　姚某：「粵民聚族而居，大或萬丁，小者千戶。」⑮

　　《廣東新語》：「嶺南之著姓右族，於廣州為盛，廣之世於鄉為盛，其土沃而人繁，或一鄉一姓，或一鄉二三姓……。自唐宋以來，蟬連而居……，其大小宗祖禰皆有祠，代為堂構，以壯麗相高。每千人之族，祠數十所，小姓單家，族人不滿百者，亦有祠數所。」⑯

　　戴潘記述安徽石埭附近各縣情形：「每踰一嶺，進一溪，其中烟火萬家，雞犬相聞者，皆巨族大家之所居也。一族所聚，動輒數

---

⑩輔德，〈覆奏查弁江西祠譜書〉，載《皇清奏議》，卷55。

⑪馮桂芬，《顯志堂稿》，卷11，〈復宗法議〉。

⑫張海珊，〈聚民論〉，載《皇朝經世文編》，卷58，〈禮政·家法〉。

⑬陳宏謀，〈寄楊樸園景素書〉，載《皇朝經世文編》，卷58，〈禮政·家法〉。

⑭王檢，〈請除嘗租錮弊疏〉，載《皇清奏議》，卷56。

⑮〈上趙觀察論粵俗書〉，載《皇朝經世文編》，卷75，〈兵政·保甲〉。

⑯《廣東新語》，卷17，〈官語·祖祠〉。

百或數十里，即在城中者亦各佔一區，無異姓雜處。以故千百年猶一日之親，千百世猶一父之子。」⑰

　　從這些例子可以看出宗族聚居形態的差異在明末以前已相當顯著。此現象當然必曾獲得各地方志編纂者的注意，而或多或少載於其志書中。到了清代以至民國，描述江南宗族聚居的方志已是屢見不鮮。

四、方志中有關宗族資料的記載

風俗卷之記載

　　明清以後的方志，雖不乏有關宗族概況之記載，但大都僅見於風俗卷中，且多為印象式的短評，例如：

　　明萬曆浙江《黃岩縣志》：「族稍大，則置祭田，建宗祠，以為世所。」（卷1〈輿地志・風俗〉）。

　　乾隆江西《贛縣志》：「其鄉聚族而居，六鄉一姓，有眾至數千戶，必建宗祠，置祭田。」（卷1〈疆域・風俗〉）

　　乾隆江蘇《吳縣志》：「兄弟析烟，亦不遠徙。祖宗廬墓，永以相寄。一村之中，同姓者至數十家或數百家，往往以姓名其巷。」（卷24〈風俗〉）

　　嘉慶安徽《《寧國府志》：「城鄉多聚族而居。」（卷9引自《旌縣志》）

---

⑰光緒安徽石埭《桂氏宗譜》，卷1，戴潘〈敘〉。

同治江西《宜黃縣志》：「宗族必有祖祠，族繁者，各有房祖祠，大族多至數十，規模必宏整，迁于邸宅，各有祠產。」（卷6〈輿地·風俗〉）

同治江西《宜黃縣志》：「諸大姓皆有祠，祠有祭田……祭田有滋息至百千畝者。」（卷1〈地理·風俗〉）

道光江西《興國縣志》：「邑聚族而居者，必建祠堂，每祠必置產，以供祭祀，名曰公堂。」（卷11〈風俗〉）

清光緒以前的方志中，有關宗族的資料僅止於這類片段的記載，很少發現有特別另立一志專記氏族者。

氏族志之緣起

魏晉以來，因重門望之故，各家譜錄之書始興，官方也設職專司全國閱閱世族之譜。當時門第率皆自編家乘，且以州郡繫族望，輯成譜牒專書者甚多[18]。至唐時，官方所收譜錄範圍，雖較前朝為寬，但也僅限於入仕之家族，不論收錄的世代範圍或社會階層而言，均極受限制，或收錄全國士家世系輯成一志，或將此世系以表之體例載入史書。唐太宗曾命諸儒撰氏族志，世稱《貞觀氏族志》。魏晉的「士族」到了唐代已為「氏族」所取代[19]。這個用語的轉變似乎有趣地暗示了父系血緣關係的作用，已從原來在政治上主宰秀異分子（elites）之形成，轉移到構成一般人民的社會關係法則。唐太

---

[18] 章學誠，〈和州志氏族表序例上〉，載《文史通義》，卷6，〈外篇一〉。關於中國族譜學之源流演變，參見羅香林，1971:17以下。

[19] 毛漢光教授（1966: 1-3）研究魏晉南北朝士族，共舉出了27個有關士族的稱呼，而「氏族」和「宗族」並不在內。

宗所以一再干預譜牒之修纂，或許是有意要對前朝士族閥閱的意識形態加以改造，如《貞觀政要》卷七：

> 貞觀元年，太宗謂尚書左僕射房玄齡曰：「比有山東崔、盧、李、鄭，雖累葉陵遲，猶恃其舊地，好自矜大，稱為士大夫。每嫁女他族，必廣索聘財，以多為貴。論數定約，同於市賈。其損風俗，有紊禮經。既輕重失宜，理須改革。」乃詔吏部尚書高士廉……等刊正姓氏。

《舊唐書》卷六十五〈高士廉傳〉更引太宗語：

> 我平定四海，天下一家，凡在朝士，皆功效顯著，或忠孝可稱，或學藝通博，所以擢用……我今特定族姓者，欲崇重今朝冠冕，何因崔幹猶為第一等？昔漢高祖止是山東一匹夫，以其平定天下，主尊臣貴。卿等讀書，見其行迹，至今以為美談，必懷敬重。卿等不貴我官爵邪？不須論數世以前，止反今日官爵高下作等級[20]。

此後，氏族志不再是閥閱世家的專利，雖然尚未及於一般庶民，但凡入仕者皆收錄在內，「合二百九十三姓，千六百五十一家，分為九等。」[21] 而且因為諸姓屢有興替，所以官修的氏族志需要不斷

---

[20] 但毛漢光教授（1981: 388）認為：「士族在唐代統治階層一直居絕對多數，唐前半期皇帝多次大規模編纂氏族譜，其目的並非摧毀士族階級，而是企圖將現有的官吏認同於士族階級。」

[21]《新唐書》，卷95，〈高儉傳〉。

改修,不明者或以為此等改纂之事有違譜學之旨而鄙之(何啟民,
1981:775-794)。不論如何,至九世紀末的晚唐,官僚體制崩壞
時,依賴著科舉和官位維持之士族也紛紛式微了。而一般宗族團體
的發展,一進入宋以後即成為重要的社會現象,有關的資料記載更
是成篇累牘。我們多少獲得一個初步的印象:如果說隋唐以前的中
原是個士族社會,那麼宋以後的江南可以說就是個宗族社會。

有意思的是,到了元代,陳櫟編纂《新安大族志》時(元延祐
3年,1316),其旨趣已非常明顯地有別於《貞觀氏族志》。陳櫟
在其序文中即明言要將新安(今之安徽南部地區,又稱徽州)一地
之所有重要家族載入志中,「不論其士庶」。陳櫟之後有鄭佐等之
《實錄新安世家》(明嘉靖28年,1549),程尚寬等之《新安名族
志》(明嘉靖30年,1551),及曹嗣軒之《新安休寧名族志》(明
天啟5年,1625)[22]。此種體例似乎多見於徽州一地。向來,族譜
的編纂,均諸族各自為之,然而徽州的這些族志卻根據各族之譜牒,
加以集輯成志。在體例的發展上,一方面可以視為唐代氏族志的地
方化形態。但從另一方面看,卻也可視為個別化的族譜,以地區
為單位而構成之總譜或合譜。

類似新安族志的體例,尚有乾隆時期鄞縣全祖望之《甬上族望
表》,吳縣王謇《吳中氏族志考補》,民國時代許同莘《河朔氏族
譜略》(潘光旦,1947:2)。不過,這類族志仍然獨立於地方志,

---

[22]這幾種氏族志,《實錄新安世家》已不見於世,其餘尚存北京圖書館與日
　　本東洋文化研究所。參見 Zurndorfer, 1981: 156-7; 又見葉顯恩(1983: 170
　　-171).

並未成為地方志的一部分。新安（徽州）地區於宋淳熙3年（1176）起即屢有修志㉓，但其中均缺乏如此詳細之族志。在明代所修的方志中，潘光旦的研究即指出：「方志中關於氏族的專門記載也不多見，〔明洪武年間〕《蘇州府志・氏族門》算是比較早的一例⋯⋯。明末王志堅重修《府志》，便根本把它刪去⋯⋯。〔明〕天啟間程楷重修〔浙江〕《平湖縣志》，十門之一，也是氏族。」（同上：2）

　　另一方面的看法則認為氏族應包括在史書之中，例如唐劉知幾於《史通》中討論史志，即云族譜應可入史書之列。宋鄭樵也以史家不知譜學為憾，而開始於其《通志》中敘氏族之略㉔。總之，譜錄之學或士族資料，在早期不過是構成史書的一部分而已，並未成為方志的重要例目。

章學誠「氏族入志」之論

　　傳統方志中類似族志之體例，應屬〈人物志〉。但人物志，或有以〈世族志〉為名者，其內容較諸唐代之氏族志遠為簡略，比起以族譜為根據所作成之新安族志更不用說了。第一位提倡將族志載入地方者，應該是清乾隆年間的章學誠（實齋），他同時也是族

㉓見國立中央圖書館，《臺灣公藏方志聯合目錄（增訂本）》（臺北，1981），頁40-42；又見王德毅編，《中華民國臺灣地區公藏方志目錄》（臺北：漢學研究資料及服務中心，1984），頁45-46。至於更周全的「徽州方志目錄」，可參閱《安徽省地政史料輯注（B.C. 149-A.D. 1949）——安徽方志、譜牒及其他地方資料的研究》（安徽，1983），〈附錄地方志〉。

㉔見余紹宋，民國浙江《龍游縣志》，卷首，〈敘例〉。

譜學的權威。章氏出身浙東會稽，其特別著重方志中的氏族部分，恐非偶然。他說：「君子以類族辨物。物之大者，莫過於人。人之重者，莫重於族。記傳之別，或及蟲魚。地理之書，必徵土產。而於先王錫土分姓，所以重人類而明倫敘者，闕焉無聞，非所以明大通之義也。」又說：「近代州縣之志，流連故蹟，附會桑梓，至於世牒之書，闕而不議，則是重喬木而輕世家也。且夫國史不錄，州志不載，譜系之法不掌於官，則家自為書，人自為說。」並且，「譜牒之書，藏之於家，易於散亂。盡入國史，又懼繁多，是則方州之志，考定成編，可以領諸家之總，而備國史之要刪。」㉕ 故章氏於所纂之《和州志》（乾隆39年，1774）有〈氏族表〉，而《永清縣志》（乾隆44年，1779）則有〈士族表〉。

然而不論名為〈氏族表〉或〈士族表〉，章氏對方志所應錄之氏族範圍，仍僅限於有功名之家，未及一般庶民。「夫合人而為家，合家而為國，合國而為天下。天下之大，由合人為家始也，家不可以悉數，是以貴世族焉。」㉖ 根據這個理由，「凡為士者，皆得立表，而無譜系者闕之。子孫無為士者不入。而昆弟則非士亦書，所以定其行次也。為人後者，錄於所後之下，不復詳其所生。」而「一縣之內，固已有士有民矣。民可以計戶口，而士自不虞無系也。或又曰，生員以上皆曰士矣，文獻大邦，懼其不可勝收也，是則量其地之盛衰，而加寬嚴焉。」㉗

㉕皆見章學誠，〈和州志氏族表序例〉。

㉖章學誠，〈永清志士族表序例〉，載《文史通義》，卷7，〈外篇二〉。

㉗同上。

　　章氏甚至認為當代方志中只載一般庶民戶口，而缺士族世系，乃是本末倒置之舉。他頗不以為然地說：「士亦民也，詳士族而略民姓，亦猶行古之道也……。夫民賤而士貴，故夫家眾寡，僅登其數。而賢能為卿大夫者，乃詳世系之牒。是世系之牒，重於戶口之書，其明徵也。近代方志，無不詳盡戶口，而世系之載，闃而無聞，亦失所以重輕之義矣。」[28] 即使認為應該將士族世系載入方志中，他仍不以為方志應記一般庶民之族系，因為：「民賤，故僅登戶口眾寡之數，卿大夫貴，則詳系世之牒，理勢之自然也。後代史志，詳書戶口，而譜系之作無聞，則是有小民而無卿大夫也。」[29]

　　可見章氏對氏族志或士族志的看法並未超出《貞觀氏族志》的範圍，更不及《新安大族志》的標準。故梁啟超曾如此評論道：

　　　　實齋知族屬譜牒之要，乃其《永清志》之〈士族表〉，專取科第之家所載，繁而不殺，一般民庶概付闕如。其《和志》之〈氏族〉，《鄂志》之〈族望〉等表，今已散佚，計體例亦正相類，蓋為《唐書‧宰相世系表》之成法所束縛[30]。

　　章學誠論方志氏族志，唯一的新義，恐怕只是在於「貴系須詳世代之說，其必以族譜為依據，否則雖科第簪纓，亦從廢棄」[31]。

---

[28] 同上。

[29] 章學誠，《和州志》。

[30] 梁啟超，〈序〉，載浙江《龍游縣志》（北京，1925）。

[31] 吳德元，民國廣東《高要縣志初編》（廣州，1947），卷3，〈氏族第二〉。

以防「家自為書，人自為說，子孫或過譽其祖父，是非或頗謬於國
史，其不肖者流，或謬託賢哲，或私鬻宗譜，以偽亂真。」[32] 此種
見解常遭後世批評，上引梁啟超之語即為一例。民國《高要縣志》
編者也說道：「至於章實齋之於小縣士族，以舉貢立例，用濟其窮，
則更無意義矣。各志所以如此記述，迺史籍成規，施以桎梏，階級
偏見，襲自遺傳，無可諱，亦不必訾也。」[33]

即使如此，後來志書之編撰者，也很少依章學誠所倡體例，將
氏族列入地方志目中，如民國余紹宋於所撰浙江《龍游縣志》中所
云：「百年來修志家，鮮有敘次氏族者，非不喜實齋之論，乃畏難
而不敢為。」[34] 他提到一個例子，即民國十年刊《淮陰縣續志》特
別列有〈氏族〉一篇，「雖僅摘錄其舊志中進士、舉人及官閥而已。
世系不詳，譜牒不載，不足取也。」[35] 這也是當時其他方志所見之
通例，非僅江陰而已。潘光旦提到柳詒徵等開始重修《江蘇通志》
時，「其採訪條目中，於〈社會志〉下，也列有氏族一門。仍因經
費關係，暫停修輯。」（潘光旦，1947）

一般方志之氏族志

章氏雖倡氏族入方志之論，但因貴士族之故，其所作氏族表僅
包括生員以上之族系，反而與舊例之人物志相差無幾。實際上，將

---

[32] 章學誠，《和州志》。

[33]《高要縣志》，同上。

[34]《龍游縣志》，卷首，〈敘例〉。

[35] 同上。

方志中的氏族志發展為類似《新安大族志》之體例，並加以擴充者，一般均以為是余紹宋《龍游縣志》所創。但余氏在編纂龍游之〈氏族考〉一篇時，仍須祖述章實齋之志學體例，然後才說明不囿於實齋成法之理由，可見章氏志學影響之深。

> 余序次氏族，雖師實齋，然絕不傚其作士族表也。實齋貴士族……。余今所為考，則不然。不問其是否著姓，是否大族，抑有無生員以上之人，但使有譜，而合於是編體例者，罔不著錄。故不稱士族，而稱氏族，與實齋成法各不相侔，斷無門第之見存也。是故，吾師實齋之敘士族，僅師其意，而不師其成法也。㊱

　　線裝鉛印之《龍游縣志》之〈氏族考〉一篇，佔全志之2卷，總共82頁，164面，收錄83姓，430族，也即有430個宗族（lineages）之意。其所載內容，不僅包括各族之現居地，且多根據族譜記載，敘其遷移過程、所傳世代、族譜編纂經過、及房派分支大小。茲舉首例以窺其大略：

> 丁村丁氏
> 始祖丁興化，字贊育，宋寧宗時自南京遷來縣北二十六都，聚族而居，至今凡二十一世，遂為今之丁村。有譜兩卷，創修於明嘉靖十八年，清雍正三年、乾隆四十二年、道光十年、光緒三十三年重修。

㊱《龍游縣志》，卷首，〈敘例〉。

　　《龍游縣志·氏族考》雖詳查各族聚居之地及其原始，但終缺各族人口數字，吾人無從窺知各族之規模大小。該志成於民國14年，後來之修志者論及氏族，多以此為例。如民國36年修成之廣東《高要縣志》即云：

> 近世浙省《龍游縣志·氏族考》，部次各姓，率皆據譜，惟獨具別識心裁，抉破藩籬，渾忘士庶，最為特出……。本篇〔指《高要縣志·氏族》〕用是，無華胄編氓，悉予纂錄[37]。

《高要志》共收115姓，佔3卷，十六開本打字印刷，長達145頁。其記載方式，與余《志》大致相同，唯增加各族丁口數字，及宗祠分布情形，但均無修譜資料，遷移歷史也過分簡略。

　　民國24年修訖鉛印之浙江《鄞縣通志》[38]，於氏族部分最為精詳，共佔篇幅212頁，424面。其內容包括：始遷時代、始祖名字、現居地址、祠堂、譜牒、分派、丁口數字、職業、宗族組織、風俗習慣、經濟概況、族望、及調查年月等資料。較之《龍游縣志》、《鄞縣通志》的〈氏族志〉顯然要來得完備，但也可見其體例甚受前者之影響。至於潘光旦研究明清兩代嘉興的望族，認為地方氏族的記載應該敘述四種事實：(1)氏族的由來，例如遷徙、改姓、兩姓相合而成複姓等；(2)世代的蟬聯，即祖孫父子的血緣關係，最好是

---

[37]《高要縣志》，同上。

[38]《鄞縣通志》，不著纂修人名氏，見臺北成文出版社影印版。原版為鉛印線裝。

用系圖來表示；(3)每個人物的簡單事蹟；(4)族與族之間的婚姻關係
（潘光旦，1947:4）。這個見解，顯然又是未脫章學誠的窠臼。

　　梁啟超序《龍游縣志》時，曾謂章實齋所纂各志之士族、氏族
或族望等表，皆「不克自廣越園〔即余紹宋〕之《氏族考》，根據
私譜熟查其移徙變遷消長之跡，而推求其影響於文化之優劣，人才
之盛衰，風俗之良窳，生計之榮悴者，何如其義例為千古創體，前
無所承。」[39] 可以說是對余氏讚譽備至。然而，梁氏顯然是過譽了。
因為類似的體例，早在光緒末年已為清廷飭各府、州、縣、廳編纂
鄉土志時所採用，而且也見於稍早的浙江奉化縣《剡源鄉志》。

五、清光緒府州縣廳鄉土志

鄉土志的分布及收藏

　　此處所謂「鄉土志」，非指一般記錄地方風俗或鄉鎮志之通稱，
乃是專指光緒31年（1905），全國各府州縣廳，根據清廷在光緒29
年（1903）頒《奏定學堂章程》，應京師編書局之咨請而編纂之地
方志。這些地方志，除少數外，均以「××縣（府、州或廳）鄉土
志」為名。民國23年，朱士嘉在論及方志名稱與種類時，首先提到
這類鄉土志的緣由：

　　　　州有鄉土志，縣亦有鄉土志，起於光緒末年。鄉先輩為使學
　　　　童辨悉本鄉之風土、人情、物產起見，將府州縣志中之材料

────────────
[39] 梁啟超，《龍游縣志》，〈序〉。

擇要錄出，再加以實地調查，以所得縮編成書，名曰鄉土志。
（朱士嘉，1934）

朱士嘉在其所輯《中國地方志綜錄》及其《補編》（朱士嘉, 1935,
1938, 1958）中，共著錄242種鄉土志。

後來，趙燕聲介紹北平中法漢學研究所圖書館所藏的鄉土志[40]，
共輯錄74種，其中未經朱士嘉著錄者有11種。這是第一次以鄉土志
為專題之藏書目錄。李景新（1937）《廣東研究參考資料敘錄》也
特列〈鄉土志〉一章，但收錄範圍包括一般鄉鎮志、風俗志及不能
歸類之地理志等，屬光緒年間根據《奏定學堂章程》所編之鄉土志，
僅有5種，其中有2種未見於朱（1935）、趙（1945）目錄。《廣
東文獻書目知見錄》中，有一種（海陽縣）為僅見者[41]。中央研究
院歷史語言研究所（1939）《圖書室方志目‧鄉土志目》中錄有41
種，僅見於此目錄者有2種。臺北中央圖書館（1981）《臺灣公藏
方志聯合目錄》共收鄉土志69種，其中53種已有成文出版社影印版，
只見原版者有16種，分別藏於國防部史政局（12種）、中央黨部孫
逸仙圖書館（3種，均為四川省）、故宮博物院（1種）、及中央研
究院歷史語言研究所圖書館。又僅見於日本之圖書館或研究所者共
有4種[42]。據所知，在臺灣出版，未出現於上述諸目錄者，僅有一

---

[40]趙燕聲，〈館藏鄉土志輯目〉，《中法漢學研究所圖書館館刊》，2（1945）。
據聞，該館所有藏書於1959年為法國巴黎大學漢學研究所所接收。
[41]黃蔭普，《廣東文獻書目知見錄》（香港：崇文），1972。
[42]《東洋文庫地方志目錄》（東京，1935）；日本國會圖書館，《日本主要

種,即湖南《瀏陽鄉土志》[43]。1958年,朱士嘉又增訂《綜錄》一書,增加了171種鄉土志。1942年朱士嘉在華盛頓編有《美國國會圖書館藏中國方志目錄》,其中有2種是僅見的。前載《安徽省地政科輯注》一書也錄有3種新鄉土志。根據這些資料彙整,目前所知之鄉土志,共418種。實際存在而仍待發掘和編目的鄉土志應不止此數,最近大陸所出《全國方志目錄》即有不少是前所未見者。

現存的鄉土志以華北地區最多,例如山東省有73種,陝西38種,河北有32種。但河南僅有10種,山西7種,察哈爾4種。東北地區所見也頗多,遼寧、遼北、安東三省合計有45種,但吉林、松江和黑龍江僅有11種。山東省的鄉土志印行也較多,比較容易看到,另有一些未刊印的抄本則多藏於山東省立圖書館。陝西省所出有10種曾由燕京大學圖書館鉛印刊行,列為《燕京大學鄉土志叢編》第一輯,但以後即不再繼續。臺北成文出版社另外並影印14種,其餘大部分則仍以抄本形式藏於陝西省立圖書館。東北地區所出絕大部分為手抄,多藏於遼寧省圖書館,但也有少數外流。特別值得注意的是,華北和東北所出的這些鄉土志,曾經有一些隨國民政府來臺,先藏於交通部檔案室,目前則歸國防部史政局,但絕大部分均已有成文影印版發行。

相對於華北、東北地區,華南、華中各省鄉土志目前所見甚少。

圖書館研究所所藏中國地方志總合目錄》(東京,1969)。

[43]黃徵,《瀏陽鄉土志》(台北,1967)。此書之發行者為編纂者在台之後人黃彰健先生,現中央研究院院士,歷史語言研究所研究員。

其中以四川39種最多，廣東有19種，次為湖南18種，雲南有17種，江蘇14種，浙江12種，湖北、福建各10種，安徽11種，廣西、貴州、江西各3種，不僅數量少，而且更少刊行，收藏處頗分散，成文版僅得9種。因此，華中華南地區的鄉土志反而比較不容易查閱到。

另外，甘肅省有8種，其中有兩種，僅見於日本東洋文庫。新疆省也有30種鄉土志，除3種藏於國防部史政局，並有成文版外，大部分均為中國科學院圖書館所藏之稿本。有一部分則為前徐家匯天主堂藏書樓所獲藏，朱士嘉（1935）記載說，這些鄉土志「編纂時期未詳，惟據其內容所載，約止於清末光宣年間，皆世所罕見。」

鄉土志之編纂與體例

清末編纂鄉土志，起初是源於立憲運動的一個構想。當時各地官紳有感於教育對富國強兵的重要性，乃仿日本文部省有創立學部之議。學部成立之後，即廢舊式學堂，而各縣改稱小學，其中一項規定課程，即是教授鄉土志[44]。當時的學部尚書張百熙即奏請天下郡縣撰輯鄉土志，「用備小學課讀，詔從之，頒示各省臣轉飭所屬奉行。」[45] 其目的不外所謂「皇上以人才關國家元氣，勸學與賢，首在端其趨向，擴其識見，務使人人由愛鄉以知愛國。」[46]。

當時又由學部所屬京師編書局製定標準例目，主要分歷史、地理和格物三類。歷史包括鄉土之大端故事，及本地古先名人之事實，

---

[44]山西《陽城縣鄉土志》，頁5。

[45]同上，頁7。

[46]湖南《邵陽鄉土志》。

一般分為沿革、政績、兵事、耆舊等卷。地理類則包括鄉土之距離範圍、建置、先賢祠廟遺跡等，一般分為人類（族群）、戶口、宗族、實業（職業）、地理區、山、水、道路等卷。格物類則講鄉土動、植、礦物，以及其他日用品，包括物產、商務等卷[47]。因為目的僅是做為小學堂教科書，故並未要求太高的水準，「蓋以幼稚之知識，遽求高深之理想，勢必鑿枘難入。」[48]

　　然而，以當時各縣主事者之背景，不若今天教育工作者對兒童教育之瞭解，因此有許多州縣仍視之為地方志之編纂工作。視主事者任事態度，所編成之鄉土志，不論就篇幅或內容水準而言，都有很大的差距。有些地方，「官家於奉飭編輯之書，鮮不委之胥吏率意填寫，以應故事。其不然者，則以署迹自矜，粉飾附會，不求其是。一惟宏富之，是圖以耀閱者之目，近之妄傳一世，遠之貽誤千秋。」[49] 有些地方，則飭令一月或三月內竣事，自然無法從事實際調查，而只能倉促草就。華北地區雖然鄉土志數量頗多，但多屬此類急就章者，例如山東德州、河北晉縣、察哈爾保安州等鄉土志。

　　雖然華北鄉土志均較簡略，但因例目已定，多少必須有所交代，故仍可看出一般狀態。例如〈氏族〉卷中，除少數過於敷衍，以致無法參考之外，大部分都會簡短說明本地大姓多不多，聚居情況顯著否。或許也是因為華北一直少有大規模的宗族聚居現象，因此〈氏族志〉也沒有什麼可大書特書者。於人口或歷史各卷，反而常交

---

[47] 福建《閩縣鄉土志》。

[48] 同上。

[49] 安東《輯安縣鄉土志》。

代何以本地宗族無法聚居發展之道理，大部分均歷述近百年來頻仍的兵燹、水旱災以及蟲害等。

江南地區所出鄉土志數量較華北少得多，但論編纂之用心與內容之翔實，江南又遠勝於華北。尤其是上述湖南《瀏陽鄉土志》，在臺所出之鉛印本長達323頁，為海內外所僅見。根據編纂者之序言，瀏陽縣令於丙午（1906）年根據京師編書局所擬例目，命所屬集議編纂，將全縣分為東、西、南、北四區，各推舉本縣人士分鄉調查。編纂者乃根據各方調查資料，花數月時間整理，全書可能成於1907年末或1908年初。

該志並沒有完全依據編書局之新例目，實揉和了傳統方志體例和京師編書局新例之優點。例如有關〈人類〉一目，則謂「瀏陽無他族，斯志從闕」。另外，特別於物產、商務之外，增加〈製造〉一卷，合為十五卷。各卷中，「其已見於從前縣志者，悉本舊聞以昭其信。訂訛補闕，亦間有之。續有登載，皆取其確實可據者，無敢濫也。其為舊志所無，則悉憑此次調查所得，綴錄成篇。事為其創，雖有不盡，究無不實。」⑤特別值得一提的，該志關於地理部分，不僅都甲區劃詳細，且與團練系統相互對照，並附有詳細地圖五幅。這可能是近代史學者研究清末團練制度於鄉村地區實際運作情形，最難得的參考資料。其他，物產、工藝製造和商務等卷所記資料，也堪與當代所出之地理學著作比美而無遜色。

---

⑤《瀏陽鄉土志》，〈例言〉。

鄉土志氏族卷之體例與內容

《瀏陽鄉土志》於〈氏族〉一卷云:「此次編輯,雖由局製為表冊,馳函四徵,然私家譜牒,蘊閟者多,所獲終不過一二。爰依鄭氏《通志·氏族略》例,譜其大凡。其所不知,悉從蓋闕。」雖然如此,〈氏族〉一卷已占52頁之篇幅,即全書之六分之一。其記載方式較之上述民國年間所纂方志更為充實,茲舉首例以見一斑:

> 唐家段唐氏
> 其先曰彪,元末自袁州萬載遷瀏。子二:希賢、希哲。賢生欽俊、欽傑、欽英,哲生欽明、欽鑑,析為五支。俊、英、明、鑑之裔,分居小河、琥珀段、嚴萍等處。惟欽傑裔世家唐家段。今傳二十二代,丁千餘[51]。

如此,總共得196姓,各姓有分為數族者,也有不詳其聚居之地者,均一一交代。

編纂鄉土志所下功夫,可與瀏陽志相埒者,殆為福建《閩縣鄉土志》及《侯官鄉土志》,均為呂渭英修,鄭祖庚等纂,但這兩種地方志之編纂體例與京師編書局所頒者略為不同。〈氏族〉一門均編入〈版籍略三〉,簡述各大姓之得姓緣起、遷閩經過。關於宗族分布資料則載於〈地形略〉。例如《閩縣鄉土志》於白湖區一節中(頁262-266),先述該區範圍界線,其次縷列該區所屬57個村落名稱。

---

[51]同上,頁89。

於宗族分布，則記述如下之例：

> 各村族姓戶口，以黃、鄭、林、陳四姓為最大。黃則義序。
> 黃一族已不下二千餘戶，居義序者二千零戶。又尚寶墩、半
> 田各有三百戶，星墩、赤東各有一百餘戶，此皆黃氏一姓與
> 義序同族者也。連坂、邵岐兩鄉亦各有二百餘戶，亦皆黃氏
> 一姓。若鄭姓……。他如……各鄉皆不過百戶，雜姓聚居則
> 少，而族亦小焉。

關於義序黃氏宗族，曾有近人林耀華之研究[52]，後來成為傅立曼
（Maurice Freedman）建立有關中國宗族理論的主要依據之一，
在其書中即有一章詳加譯介（Freedman, 1958：33-40）。《閩縣
鄉土志》中其他各地區也都有同樣仔細的描述（頁244-291）。
可見雖然稱為〈地形略〉，卻不論現在一般所瞭解之所謂「地形」。
《侯官志》也相同，〈地形略〉前後共有30頁，但記述方式與閩縣
略有不同，僅依次就各區之村名記錄其族姓、戶口和職業，例如：

> 柑蔗區……土著三千餘戶，程、洪為大姓（間有張、鄒、林、
> 鄭各姓），有業儒者，有力田者……。曇石（黃姓四百餘戶，
> 習四民之業）。白石頭（多葉姓，約三百餘戶，習農商、操
> 舟）……。

---

[52]林耀華，〈從人類學的觀點考察中國宗族鄉村〉，《社會學界》，第9卷
（1936），頁125-431；林氏並以此宗族寫成長達十五萬言之論文，據原
作者說，原稿現存北京大學圖書館。

廣東《新會鄉土志》篇幅較少，但於宗族分布和聚居情況也提供不少訊息[53]。〈戶口〉一卷中載有河村與天河兩鄉各村落男女戶口數，是為編纂鄉土志所做調查結果，可惜缺其他鄉村之資料，而天河鄉部分也只有男丁口數。茲以天河鄉部分村落為例，說明各村落宗族聚居之一般情況：

村落名	姓氏	男丁數	村落名	姓氏	男丁數
倉邊	譚	320	北達	譚	350
禮村	譚	1,100	北達	梁	30
槎澳	譚	800	秀村	譚	250
大紳	譚	180	秀村	蕭	120
百子里	譚	180	秀村	馮	150
龍灣	譚	150	秀村	黃	90

於〈氏族〉一卷中，則首先略述各族始遷經過，其始遷祖，「皆唐以後人，至宋度宗咸淳九年，由南雄州珠璣巷遷至者，約佔全邑氏族之六七焉」。並引了當地麥姓族譜中有關南雄遷居之記載。因為粵省境內許多其他宗族之遷移傳說均溯自南雄珠璣巷，故此項引述頗值得參考。其次，又根據各族之族譜資料，詳述其分派和散居情況。以譚姓為例：

> 居邑境者，共分二派。其一曰慕凌派……今合計慕凌派居凌涌者，丁約五千；居南坦者，丁約二千五百。其一曰萬莊派，……

[53] 譚鑣，《新會鄉土志》，見香港岡州學會，《新會鄉土志輯稿》（香港，1970）。

今計萬莊派下居天河者，男丁四千餘人；居白石者，男丁一千餘人。天河譚姓，另有別派……與萬莊派異村而居，今約七百丁。此外分居城鄉，尚有十數處，皆小族，未及詳查，然多數為慕凌派云。

以上所舉光緒末年修成的幾種鄉土志，於〈氏族志〉一卷的記載方式，很明顯才是梁啟超所說的，「其義例為千古創體，前無所承。」余紹宋編纂《龍游縣志》時也許未曾見過上述諸鄉土志例，但其氏族志之內容不僅不及光緒若干鄉土志之詳細，且其體例也慢了二十年左右矣。然而，我們討論的重點並不在於誰先抉破藩籬，創此首例，而是在於光緒末年方志編纂者，於社會事實取材之心態的轉變。或可說，彼此不約而同地開始不分士庶，完全以素樸之宗族團體為關心的對象，也即以人類學定義的宗族，而非儒學者所瞭解的氏族（即士族）為對象。這當然是與當時的社會環境有關，西風東漸，民智頓開，與章實齋的時代已不可同日而語。清廷於準備實行憲政之際飭編鄉土志，乃特立氏族一目，表面上與實齋之議相同，實際上其編纂心態和內容已大異其趣。換句話說，關於宗族問題的這個傳統社會現象之關心，反而是近代中國現代化過程中的一個副產品。也因為如此，這類鄉土志反而為現代人類學研究提供了相當豐富的素材。

浙江《剡源鄉志》與廣東《佛山忠義鄉志》

其實，如此詳細記載宗族聚居資料之志書體例，已發現於稍早之浙江奉化縣《剡源鄉志》。剡源鄉屬奉化縣轄八鄉之一，其東鄰

禽孝鄉，即為著名的溪口鎮。據編纂者趙霈濤於光緒壬寅（1902）年之例言，該鄉志自丙申（1896）年春天著手編輯，至己亥（1899）年冬天，共三易其稿。以後每年均有所增補，一直到辛丑（1901）年夏天，奉化縣令集士紳擬修縣志時，乃將稿本交出來，由修志局以聚珍板排印了70部。故此鄉志之出版較光緒飭令鄉土志之編輯（1905）早了好幾年。目前所見之版本大部分為民國5年，剡曲草堂之重印本。此鄉志共分24卷，另有卷首，例目大致均依舊志格式。此鄉志之引起作者注意，乃因牧野巽（1942，1980）曾經仔細加以整理發表之故。

　　特別令宗族研究者感到興奮的是，這本鄉志的氏族一卷中，鉅細靡遺地將1901年剡源鄉167個村落的居民戶口，職業和姓氏完整地記錄了下來。例如：

> 沙隄（向東南）……。樊氏始祖名良忠，北宋時為監察御史，自翁州遷居於此（《本堂集》），歷二十八世，儒三戶，附生一名，儒童三名，餘二百九十九戶，男五百七十一，女四百五十九。單氏遷自亭下，七戶，男十三，女十六。周氏遷自順大府，一戶，男二，女一。陳氏遷自二石，二戶，男女各六。趙氏遷自三石四美派，二戶，男女各四。樂戶仇氏，一戶，男女七。

　　牧野巽即根據這些紀錄整理出有關人口統計的資料，共得88姓，9,102戶。此外，該鄉志也將全鄉各姓之祠堂及其分支關係一一羅列，共得129個宗祠。最大姓的毛姓共有1,818戶，擁有27個宗祠。

此鄉志顯然是研究中國宗族發展和分布問題所不可或缺之重要文獻，但至目前尚只有牧野巽做過介紹。

由於《剡源鄉志》記述之對象僅為一鄉之規模，故可做比較完整的紀錄。另一個差可與《剡源鄉志》比擬者為廣東《佛山忠義鄉志》，於民國12年出版，修纂者為冼寶幹與戴曾謀等。該志序言中曾提到修志之議乃源於「光緒之三十有一年，歲次乙巳，廷議預備立憲，詔天下修志書時」，顯然是受鄉土志之影響。然該志於〈氏族志〉一卷中，僅簡述各姓源流和遷徙經過，無詳細資料。於祠堂部分則特別周詳，載佛山一地之祠堂共達420餘座。縣政府所在地即原為一祠堂。

七、鄉土志資料與中國宗族的研究

由以上諸例可知，光緒末年各地所編纂之鄉土志，有些頗富於參考價值，是不可多得之志書。歸納起來，這類鄉土志有幾個特點：(1)全部均在同一個時期編纂而成；(2)雖然目前所知有鄉土志之州縣相當有限，而且在各省之分布頗不平均，但較之零星之地方志文獻而言，其代表性已屬難能可貴；(3)編纂例目有一些為舊方志所缺，特別是氏族材料。這些鄉土志如果予以系統化的處理，當可解決一些有關清末時期中國境內社會人文現象的問題。與本文研究有關之宗族聚居的南北差異問題，即是一例。首先，這些鄉土志的氏族志提供了各地宗族分布和聚居的概況，可以用來佐證前面諸節所討論的南北差異問題。其次，這些鄉土志在其他的卷次中，多少也敘述了當地一般歷史、地理和經濟概況，加以分析之後，或可解釋造成

此種差異的原因。可惜學界一直都未善加利用。

當代人類學對於中國宗族問題的研究，向來均局限於族產的討論，幾乎都毫無例外地環繞在族產的問題上。由此所導出的理論難免有所缺失。例如，傅立曼在他第一本關於華南宗族的著作中（Freedman, 1958），試圖解釋何以閩粵以及華中的地域化宗族特別普遍而興盛，尤其是單姓村特多的現象。傅立曼在這本書中，因一直是局限在祀產的問題上，而把宗族定義為擁有祀產的同宗團體。換句話說，沒有祀產即無宗族團體（Freedman,　1958：47-3；1966：20）。

Jack Potter（1970）追隨傅立曼的見解，認為同姓聚居並不表示宗族組織也強。如果聚居的同宗成員沒有族產或其他組織的存在，那麼只能算是名義上的宗族而言，不能算是宗族。根據這個邏輯，當然華南華中漢人宗族的興盛是由於祀產的累積，而祀產的累積必須是建立在一個環境相當有利的農業經濟之基礎上。傅立曼即明白地說，高生產量的稻米經濟首先必然造成財富剩餘的累積，然後再促成共有財產的確立，而此制度才更進而推動宗族社區之發展[54]。

傅立曼在第二本關於中國宗族的著作中繼續說道：研究中國社會的學者一般均同意，我們在此所討論的那種大規模宗族體系是華南地區的特徵。而這一地區也正是水稻灌溉耕作區。很明顯的，是

---

[54] "All I am suggesting is that it may have been the surplus accumulated in a highly productive rice economy in the first place which helped to set going the system of corporate property which in turn promoted the development of large agnatic communities." （Freedman, 1958: 129-130）

這種耕作制度使得有限的地區可以容納密集的人口[55]。到此，傅立曼已更進一步認為祀產與水利應有直接的關係。道理是：集約的灌溉和水田的耕作一開始就需要大量勞力的投入，但其報酬率卻相當高，所以此種耕作制度隨著依此為生的人口之增加而更為集約。要產生此種耕作制度，即需要人群的合作。可能就是因為水田耕作的生產力和共作之特性而產生公共的祀產（Freedman, 1966: 161-162）。

傅立曼認為宗族所以在華南地區特別集中分布或許也是跟其邊疆環境有關。華南的漢人大多是在唐宋時代才遷入，而逐漸在此驅逐了土著並開墾荒地，耕作種植。傅立曼引何炳棣說，十一世紀初以來，華南地區即不斷修築水利設施而使稻作範圍擴展開來。在此邊疆環境中，防衛土匪和海盜的侵擾，乃是社會生活中的重要考慮。可能就是這些條件才促成相當獨立且組織嚴謹的地方宗族之發展[56]。同時也因此使得不同宗族間產生敵對關係。傅立曼乃得到一個結論：在不安定的邊疆環境中，單姓聚落會發展得比較快；相對的在政府

---

[55] "It is generally agreed by writers on China that the kind of extensive lineage system we have been examining is above all characteristic of the southeastern and parts of the central regions of the country. These are irrigated rice-growing areas, and it is clear that this form of agriculture allows dense populations to build up on small surfaces of land." (Freedman, 1966: 161)

[56] "It may be that these were the conditions which, acting upon patrilineally organized pioneers, stimulated the growth of relatively independent and tightly settled local lineages." (Freedman, 1966: 163)

控制比較嚴密的地區，一開始即存在的雜姓聚落比較會繼續存在下去[57]。

傅立曼提出這些看法，後來引起一些學者探討宗族成立背景的興趣。Jack Potter（1970：132以下）研究香港新界屏山的鄧氏宗族，也是根據族產的分析，支持傅立曼的說法，例如稻作農業和剩餘生產有助於宗族組織的建立和維持，邊疆環境與中央政府的控制力較薄弱，以及工商業較發達的條件等等。巴博（Burton Pasternak, 1972：136以下）在台灣的研究則提出了一些修正。關於水利灌溉系統的修築與宗族組織之間的關係，巴博就認為此種集體性的合作關係並不需要依賴親屬關係。在邊疆的情境中反而更需要不同宗族成員間的合作。而且同姓成員在水利灌溉的合作關係也並不一定就足以形成祀產，祀產的起源與水稻栽培的共作條件究竟有何關係是頗值得懷疑的。關於邊疆環境為了防禦需要而促成宗族組織的形成之論點，巴博（1972：139以下）就其研究結果，也認為並不盡然。相反的，可能是在缺乏外來威脅而比較安定的條件下，才容易導致同一社區內不同宗族團體的強化，政府對地方社區控制力的薄弱並不一定就會鼓勵地方宗族的發展。

Rubie Watson（1982：71）研究香港新界的另一個鄧氏家族，

---

[57] "When settlement took place in rough frontier conditions, single lineage communities were likely to develop fairly quickly, and that when, in contrast, people moved into areas under firm government control, any initial agnatic heterogeneity in the incoming groups was probably perpetuated." (Freedman, 1966: 164)

雖然承認傅立曼等人所提出的解釋有其意義，但卻認為他們的討論太過於一般性，而忽略了地方性的特定政治經濟條件在決定宗族團體形成過程中所扮演的角色。Watson 對該宗族的形成歷史有相當詳細的整理分析，她認為該宗族的形成與珠江三角洲在十七世紀末十八世紀初的經濟繁榮有關，同時也說明其形成過程是融合（fusion），而非傅立曼向來所說的分支（segmentation）形態（R. Watson, 1982: 88以下）。

　　同樣以地方史為基礎討論江南宗族之發展問題的尚有兩位歷史學者，Hilary J. Beattie（1979）和Harriet T. Zurndorfer（1981, 1984），兩者剛好都以位在安徽省境內南部丘陵地的兩個地區為對象，前者在桐城，後者在休寧，中間隔著長江遙遙相對。這兩個地區，自宋以來即為有名的宗族聚居之地，同時也以人文薈萃與經濟繁榮名聞於世，使這兩個地區成為編纂族譜最盛之地（多賀, 1960: 211-214）。Beattie（1979: 128-129）認為桐城各宗族於十七世紀中葉所以透過族產的投資和族人的仕進，特別致力於宗族組織的強化，主要是因為新興的士紳階層在科舉制度的競爭下，要想長期保有其社會地位和權利之故。Zurndorfer 以休寧縣[58]范氏宗族之發展為例，說明茶葉的栽培和林業照樣可以提供相當的財富，做為宗族強化的基礎。雖然休寧也可以算是邊疆地區，但 Zurndorfer 卻認為此種地理位置所提供的效果並不在於防禦外來威脅或是政治控制力的薄弱。相反的，是此種孤立的環境使得居民可以獲得充分的土

---

[58]屬徽州之其他縣尚有歙、婺源、黟、祁門和績溪等，均為宗族極盛之地，見Zurndorfer, 1981.

地從事茶葉和林業，不受外界的影響。最後 Zurndorfer（1984：56-59）特別強調宗族的發展可能相當受地方性條件的影響。

　　上述的西方學者對於宗族組織的認定，都限定在具體的族產和宗祠的標準上。如果只是聚居，但無這些功能，那也不能算是宗族。然而，我們要進一步瞭解的是，這些宗族聚居的實際情形，以及產生此種聚居形態的條件。邏輯上是要先有宗族聚居的前提，族產和宗祠的設立才有可能，也才能發生功能。宗族聚居的現象，即是地域化，並不是因為設立族產或宗祠而產生的結果。即使我們可以解釋族產和宗祠成立的條件，也不能由此就直接證明那些條件也是產生宗族聚居的原因。因此，前述諸學者對於宗族的定義和族產的討論，雖然有助於我們瞭解地域化宗族團體的社會運作，卻無法解開宗族在南北發展形態有所差異的原因。為彌補此項缺憾，我們的研究應將族產和宗祠發生的過程暫時放在一邊，而把注意力放在宗族聚居的現象本身。

　　對於這個問題，傳統人類學的研究方法一直是以田野調查為中心。但田野調查的對象往往相當有限，一個人類學家所能做的不過是一兩個村落社區而已，頂多不超過一個鄉鎮的規模。從社會學的角度來看，樣本相當不夠，也就是說，人類學所研究的對象之代表性往往受到質疑。因此導出的結論也就過於特定，而無法在理論上說服讀者。甚至有些解釋更像是臆測，或是想當然耳，如上述傅立曼等人的研究。要克服此種弱點，人類學的研究有必要依賴更多個案的比較。以宗族問題為例，人類學家就必須面對宗族發展在不同地區所展現的變異，及其存在的地方歷史社會背景。而本文前數節所引證的地方志和鄉土志之資料正可彌補人類學宗族研究的此種缺

憾。

雖然有些研究中國宗族的歷史學者，如 Beattie 和 Zurndorfer，
已相當優越地利用了傳統地方志和族譜的文獻。但，如我們在本文
中所整理出來的鄉土志目錄及部分內容之介紹，仍有相當豐富的材
料依然被埋沒，而為學者所忽略。甚至如傅立曼這樣精敏的學者，
在討論江南宗族的問題時，不但未曾利用傳統地方志，如《剡源鄉
志》、《龍游縣志》、《佛山忠義鄉志》等，至於鄉土志更連一本
也未曾有所涉及。人類學者若能更進一步對這些地方志予以系統地
整理和比較分析，或許有可能在某種程度上解決中國宗族發展的一
些問題。

參考書目

王德毅

1984　《中華民國臺灣地區公藏方志目錄》（臺北：漢學研究資料
　　　　及服務中心）。

日本國會圖書館

1969　《日本主要圖書研究所所藏中國地方志總合目錄》（東京）。

中央研究院歷史語言研究所

1939　《圖書室方志目》，張政烺撰（昆明）。

毛漢光

1966　《兩晉南北朝士族政治之研究（上）》（臺北）。

1981　〈科舉前後（公元600年±300年）清要官型態之比較研究〉，
　　　　中央研究院《國際漢學會議論文集》（歷史考古組）上冊（臺
　　　　北）。

朱士嘉

1934　〈方志之名稱與種類〉，《禹貢半月刊》，1卷1期。

1935　《中國地方志綜錄》（上海：商務）。

1938　〈中國地方志綜錄補編〉，《史學年報》，2卷5期。

1958　《中國地方志綜錄》（增訂本）（上海：商務）。

多賀秋五郎

1960　《宗譜の研究（資料篇）》（東京）。

李景新

　　1937　《廣東研究參考資料敘錄（史地篇初篇）》（台北，1970）。

何啟民

　　1981　〈柳芳氏族論中的一些問題〉，《國際漢學會議論文集》（歷
　　　　　史考古組，中冊），（臺北）。

東洋文庫

　　1935　《東洋文庫地方志目錄》（東京）。

林耀華

　　1936　〈從人類學的觀點考察中國宗族鄉村〉，《社會學界》9：
　　　　　125-431。

牧野巽

　　1942　〈中國における宗族の村落分布に關する統計的一資料——
　　　　　剑源鄉志について〉，《家族と村落》，第2輯（東京）。

　　1980　〈宗祠とその發達〉，《牧野巽著作集》第2卷，《中國家
　　　　　族研究（下）》（東京）。

清水盛光

　　1947　《中國族產制度考》（東京），宋念慈中譯（臺北，1956）。

陳其南

　　1985　〈房與傳統中國家族制度——兼論西方人類學家的中國家族
　　　　　研究〉，《漢學研究》，3卷1期。又見本書第四章。

國立中央圖書館

　　1981　《臺灣公藏方志聯合目錄》（增訂本）（臺北）。

葉顯恩

　　1983　《明清徽州農村社會與佃僕制》（安徽人民出版社）。

趙燕聲

　　1945　〈館藏鄉土志輯目〉，《中法漢學研究所圖書館館刊》，第
　　　　　2期。

潘光旦

　　1947　《明清兩代嘉興的望族》（上海：商務）。

羅香林

　　1971　《中國族譜研究》（香港）。

Beattie, Hilary J.

　　1979　*Land and Lineage in China, A Study of T'ung-Ch'eng County,
　　　　　Anhwei, in the Ming and Ch'ing Dynaties.* (Cambridge).

Freedman, Maurice.

　　1958　*Lineage Organization in Southeastern China.* (London).

　　1966　*Chinese Lineage and Society: Fukien and Kwangtung.*
　　　　　(London).

Fried, Morton

　　1970　"Clans and Lineages: How to Tell Them Apart and Why –
　　　　　With Special Reference to Chinese Society," *Bulletin of the
　　　　　Institute of Ethnology, Academia Sinica,* 29 :11-36.

Keesing, Roger

　　1971　"Descent, Residence, and Cultural Codes," in L. Hiatt and
　　　　　C. Jayawardena, (eds.), *Anthropology in Oceania.* (Syd-
　　　　　ney).

Leach, Edmund

1951 "The Structural Implications of Matrilateral Cross-cousin Marriage," *Journal of Royal Anthropological Institute,* 51.

Pasternak, Burton

1972 *Kinship and Community in Two Chinese Village.* (Stanford).

Potter, Jack

1970 "Land and Lineage in Traditional China," in M. Freedman, (ed.), *Family and Kinship in Chinese Society.* (Stanford).

RA1 (Royal Anthropological Institute of Great Britain and Ireland)

1951 *Notes and Queries on Anthropology.* (London).

Scheffler, Harold

1966 "Ancestor Worship in Anthropology: or, Observations on Descent and Descent Group," *Current Anthropology* 7 (5).

Twitchett, Denis C.

1959 "The Fan Clan's Charitable Estate, 1050-1760," in David S. Nivison and Arthur F. Wright, (eds.), *Confucianism in Action.* (Stanford), pp.99-133.

Watson, James

1982 "Kinship Reconsidered: Anthropological Perspective on Historical Research," *The China Quarterly* 92 :589-622.

Watson, Rubie

1982 "The Creation of a Chinese Lineage: The Teng of Ha Tsuen, 1669-1751," *Modern Asian Studies* 16 (1).

Zurndorfer, Harriet T.

1981 "*The Hsin-an Ta-tsu Chih* and the Development of Chinese

Gentry Society, 800-1600," *T'oung Pao,* LXVII: 154-215.

1984　"Local Lineages and Local Development: A Case Study of the Fan Lineage, Hsiu-ning Hsien, Hui-chou, 800 - 1500," *T'oung Pao* LXX: 18-59.

第六章

明清徽州商人的職業觀與家族主義：
兼論韋伯理論與儒家倫理*

一、前言

　　經濟人類學研究的一個重點是要釐清某一特定社會成員的經濟理性及其與社會文化制度之間的關係。就這個主題的研究，經濟人類學內部早已形成兩個彼此爭論不休的派別（參見Godelier, 1972）。一是所謂形式論派（formalism），主張不同社會的經濟理性在相當程度內是可以化約成普同的一些特質。簡單地說，不論在原始民族或現代社會，都可以把「經濟」看做是一套理性的行為模式，在稀有的手段和目的之間，採取以最小的勞力獲取最大報酬之原則。另一方則是所謂實質論派（substantivism），比較採取相對主義的

---

*本文原刊於《當代》第10期（1987年2月），頁54-61；第11期（1987年3月），頁72-85。第六節部份取材自作者〈東亞社會の家族イデオロキと企業經濟倫理〉，原發表於日本經濟調查會《東亞知識人會議》，日本東京，1988年12月，見該會監修《東アジア地域の經濟發展上そ綫文化的背景》，頁194-206，東京：第一法規，1989。

看法，強調不同的社會有不同的制度和價值體系，直接規範其成員的經濟行為和經濟理性。兩派的爭論迄無滿意的結果，主要因為所討論的層面不一致之故，前者著重在一般化的行為理性，後者強調經濟和社會制度的嵌合特性。

同類的問題也發生於制度經濟學或經濟社會學的領域。唯一的差別只是因為人類學家的研究對象多偏重於簡單的初民社會，而經濟學和社會學則以現代市場經濟社會為對象。如果我們從經濟人類學的這個立場來看韋伯（Max Weber）有關經濟和社會的研究旨趣，他很明顯地是可以歸入實質論一派，因為韋伯的論證始終環繞於非經濟因素，特別是關於宗教信仰如何影響到經濟體系運作的問題。而且，他的研究處處在說明不同的社會如何產生不同的社會經濟關係形態。這樣的研究當然是經濟人類學家最感興趣的。當我們嘗試從比較的觀點，來看韋伯有關新教倫理的論證，和最近一些學者有關儒家倫理的意見，那麼我們便可以提出幾個相當人類學式的問題了：(1)基督新教和儒家究竟是在那一個層面上可以比較？他們同屬宗教的範疇嗎？(2)儒家倫理作為一種文化價值體系，如何對儒家社會成員的實際經濟行為產生何種影響？(3)從生活的社會層面來觀察，所謂「儒」究竟是什麼性質的對象？是一種倫理規範？是一種職業種類？是一種理想化的聖人君子典範？

就這些問題，本章想嘗試從檢討最近有關儒家倫理和經濟發展問題的討論中，進一步分析「儒家」傳承與經濟行為相關的一些特質。

首先，「儒家倫理」與「經濟發展」兩者仍然是有待進一步具體確定其指涉範圍的概念用語。所謂「經濟發展」，一般是針對近

百年來各個地區和國家作為一個經濟體系的運作而言，這當然已非韋伯所要論證的資本主義啟動的問題了。但是，學者認為與儒家倫理有關的，不只是資本主義啟動和近代經濟體系整體運作的問題，而是與個別社會成員之企業精神、成就動機或工作倫理有關的心態和行為模式。嚴格地說，我們所討論的範疇，不過是一個相當狹窄範圍的經濟行為，而非「經濟發展」這樣整體性的問題。同時，因為儒家倫理早在東亞地區經濟開始發展以前就已經存在，如果它與經濟行為有關，當然也必然見之於近代以前的傳統中國人身上。

　　以下基本上是嘗試討論與明清時代的傳統商賈和儒士有關的經濟行為和理念，尤其是就傳統的「儒」透過文章辭句之學和科舉入仕而做為一種謀生職業的性質，探討其與商賈和農耕等「治生」之業的矛盾和依附關係，次就儒和賈兩種職業的倫理基礎，從社會人類學的觀點來分析其與傳統家族意識之間的關係。藉著最近出版有關明清徽州商人的文獻和著作，本文得以利用一些歷史材料（張海鵬、王廷元，1985；葉顯恩，1983；章有義，1984；藤井宏，1953；武新立，1983；張海鵬、唐力行，1984；安徽省博物館，1988；劉森，1987；Zurndorfer，1981，1984），希望比較具體地探討傳統儒士和商賈的職業及其轉換的形態，並說明儒家的倫理觀念如何滲透到商人的職業選擇和評價。並進一步討論傳統中國家族主義與商賈和儒士等職業倫理之間的互動形態，嘗試提出一個解釋的模式，與韋伯所論之西方「新教倫理」在宗教信仰的層面上做比較研究。

二、韋伯命題與東亞經濟發展

東亞經濟發展與儒家倫理

二次世界大戰後，日本及東亞其他地區在經濟發展方面的成功，早已引起世人注目。尤其是緊隨日本之後的台灣、南韓、香港和新加坡等所謂「四小龍」，其發展經驗就整個第三世界來看，是相當突出的現象，甚至可以說是獨一無二的。這幾個社會在區域和文化上頗為相近，因此很自然地引起社會科學家往文化和社會傳統方面來尋求解釋此地區在經濟行為上的一致性。

台灣、香港和新加坡三地雖然各自有不同的歷史經驗，但基本上是由華人社會所組成，表現在文化價值和社會發展形態上有其一致性。這是相當可以理解的。至於日本和韓國，固然曾經深受漢文化的影響，但在社會制度和價值體系方面，與中國社會比較仍然看得出有重要的差別。當學者們試圖從經濟發展方面的一致性來追溯社會文化的背景時，「儒家」也就似乎成為唯一可以找到的共同約數（denominator）了。因此，隨著東亞地區的經濟發展，社會科學界也產生一股配合的風尚，即試圖從儒家文化的價值體系來解釋東亞地區在經濟發展上所表現的一致性。

有關儒家倫理與經濟發展關係的探討，金耀基教授（1985）有較系統化的介紹和論說。我們可以先經由他的論點，來認識這個問題的一些基本性質。金耀基在其論文中指出「由於東亞的這些社會屬於中國文化圈，於是用文化（價值與觀念）來解釋毋寧是很自然

的。而中國文化的主導因素是儒家,因此儒家倫理乃成為解釋東亞經濟奇蹟之深廣原因。」(頁139)他提到,不少學者承續了韋伯的學術傳統,相信文化動機是現代化的根源,而要在東亞社會中尋求「基督教倫理」的代替物。他們所找到的,不是別的,正是原來就有,但為韋伯所拒絕的「儒家倫理」。這些學者包括 H. Kahn, S. H. Alatas, S. Andreski 及 Peter Berger 等。

康恩(Kahn)把日本、南韓、台灣、香港和新加坡歸類為所謂「儒家後期文化」(Post-Confucian Culture),而認為這些社會的成功,主要是由於大多數的組織成員皆受儒家傳統薰陶而具備了共同的特質。艾勒塔斯(Alatas, 1973:63)則認為馬來亞華人在商業上的成功,正足以反駁韋伯對儒家的論斷。阿崛斯基(Andreski)的立場更為清楚,他認為「儒家學說基本上是講實際的入世理性的,而不似韋伯所說,是資本主義不發生的原因。」(金耀基, 1985:139)至於勃格(P. Berger),根據金文的引據,他更確定地指出「儒家倫理」是東亞社會現代化重要的源頭活水,且對其經濟意索(ethos)有肯定的影響。勃格認為:「假如那裡確有一特殊的東亞的世俗性現象,那麼,儒家道德,不論是作為一因果的發動者,或理論上的合法化者,必須視之為一個重要組成。」(見金耀基, 1985:140)金氏自己也認為,「儒家思想是極為豐富複雜的,它的內在結構有多元的組成,並且具有本身轉化與更新的能力。東亞社會是一受儒家文化薰育的文化區。它在經濟現代化上有力的經驗現象,已不止使我們必須重新檢討韋伯的論斷,同時,應該對儒家倫理與經濟發展之間作更細微深入的探索。」(同上:142)

這些看法大都將韋伯的學說定位於「文化價值」與「經濟發展」

的問題上。但是，「文化價值」可以包括宗教性的和非宗教性的；宗教性倫理可以是新教倫理，也可以是非基督教倫理（例如儒家倫理）。而「經濟發展」可以指資本主義的起源問題，可以是資本主義的精神，也可以是二十世紀的經濟發展。韋伯在討論宗教倫理與經濟行為時，是否採取這般廣義的立場，是值得深思的。上述諸學者的討論中，有將韋伯所特別孤立出來討論的「宗教倫理」視為「文化價值」者，有將「儒家文化」視為「基督教倫理」的代替物者，有將「資本主義精神」擴大為「現代化」者。其論證結果總是認為儒家文化有助於東亞地區的經濟現代化，因此，韋伯對儒家的論斷乃需要加以修正，甚至反駁。此一研究態度一方面是肯定韋伯理論中所持的一個觀點，即「宗教倫理」對「經濟行為」可以有正面的作用，一如新教倫理所示。另一方面則否定韋伯對於新教倫理和西方資本主義關係的特殊論，而認為儒家倫理也是有類似新教倫理的作用和地位。然而，根據韋伯的論據，儒家是不可能具有資本主義精神的。

所以，這些學者的論證可能存在著一些不無可議的看法。譬如，我們如果對韋伯的理論採取較保守或嚴謹的理解，那麼可能會發現，儒家倫理與東亞經濟奇蹟的關係，與新教倫理和資本主義精神的關係，兩者可能是互不相干的問題（此看法也見於楊君實，1986：58）。具體地說，韋伯的研究一方面試圖釐清西方資本主義之得以啟動的宗教倫理基礎。對人類歷史而言，這是一個獨特的事件，此種啟動和發生的過程基本上已經完成，此後是不會再獨自重演一次了（也參見余英時，1986a：4）。後來在世界上其他地區所繼起的資本主義和經濟發展之經驗事實，只能說是這一過程的後續連鎖反應（同

上：5）。即使我們從東亞社會中證明像儒家倫理這樣的文化價值觀有助於經濟發展，那也不能說儒家倫理本身就具備了資本主義的精神，或啟動的契機。雖然在西方世界以外的地區，特別是日本，資本主義制度和精神均有所擴散，甚至其表現更超越了資本主義的起源地，我們還是不能回過頭來證明說，日本或東亞社會本身早已具備類似新教倫理的資本主義精神；更不能說，東亞本身在沒有西方資本主義的崛起條件下也會具有自己的資本主義之啟動契機。我們在邏輯上，首先就無法根據這些後來的發展，來質疑韋伯視新教倫理和資本主義精神為西方特有經驗的論證。此處並非意在為韋伯辯護，而是在於指出我們可能應該跳出韋伯的論證來討論東亞的問題。

然而，這裡也並不是說我們就不能討論儒家倫理與經濟發展的關係。問題乃在於，我們從東亞地區的研究中所獲得的結論，可能與韋伯的問題並無直接的關聯。實際上，這個問題的討論不論結果為何，均不影響韋伯論證的妥當性，即：新教倫理是資本主義只在西方而非其他社會獲得啟動的條件。換句話說，我們可以一方面接受韋伯有關資本主義精神的結論，不需加以反駁和修正，另一方面則繼續討論東亞地區的儒家倫理和經濟發展的關係。在這方面，余英時教授的立場頗值得我們參考。

新教倫理與儒家倫理的「入世苦行」說

余氏在其新作〈中國近世宗教倫理與商人精神〉（1986a）中，並不討論最近東亞地區的經濟奇蹟，而是以歷史上的，特別是明清時代，中國社會之商業活動為探討對象。一方面，他把上述的爭論

在時間的面向（dimension）更向上延伸了。問題不再僅止於儒家
倫理對東亞經濟現代化的影響，而是儒家倫理可能在西方資本主義
出現的同時或之前，已經對中國社會的經濟活動，產生了類似新教
倫理的影響。余氏在其新著的序言（1986b）中即自承，他從事這
個專題研究的一個「外緣」，就是因為近年來西方社會科學家企圖
用韋伯關於「新教倫理」的說法解釋東亞經濟現代化的突出現象
（1986b：12）。他認為自己所要嘗試做的，是提出所謂「韋伯式」
的問題，即「宗教觀念影響經濟行為的問題。」（1986b：13；1986a：5）
是要研究「明清商人的主觀世界，包括他們的階級自覺和價值意識，
特別是儒家的倫理和教養對他們的商業活動的影響。」（1986b：
12）因此，「在全書的論證過程中，我不但隨處以新教倫理，特別
是加爾文派的倫理，與中國的宗教倫理相比照，而且還著重地批判
了韋伯關於宗教的看法。」（1986b：13）「我的具體答案卻和韋
伯的《中國宗教》一書的論斷大相逕庭。」（1986a：5）

　　另一方面，余氏的立場與前述諸學者有一類似之處，即認定所
謂「韋伯式」的問題，是在於宗教理念與經濟行為之間的普遍關係，
而非較嚴謹和特定的資本主義啟動的宗教倫理條件。因此，他也接
受韋伯《新教倫理》中有關加爾文教義和現代資本主義之興起兩者
之間的特殊歷史經驗之論證（1986b：14），但並不同意韋伯有關
中國宗教與經濟關係的經驗論證。所謂「經濟」在韋伯而言是指資
本主義的啟動，在余氏則似乎僅限於商人精神。

　　雖然余氏也強調他的目的是要「揭示中國宗教入世轉向的特殊
途徑，和中國商人階層興起的特殊形態。比較和對照不是要證明中
國也有加爾文教的倫理或資本主義萌芽，而是為了使中國史的特殊

性更為顯明。」（1986b：15）但是，他又認為此種「宗教的入世轉向和商人階層的興起又是中西歷史過程中的共同現象。」（同上：15）到了後面，余氏也說道：「我們特別感到興趣的則是下面這個問題：中國近世的宗教倫理（尤其是儒家倫理）是否如韋伯所說的，和新教倫理形成明顯的對照，因而不能為中國資本主義的出現提供精神的基礎？讀者將會在本書中發現，我的答案恰好與韋伯相反。」（同上：16）

他認為中國的宗教倫理大體上恰好符合「入世苦行」的形態（同上：16），韋伯所刻劃的「入世苦行」也同樣可以把中國宗教包括進去（1986b: 16; 1986a: 17, 21, 23）。「我們只能說二者之間確有程度的不同，即新教所表現的入世苦行的精神比中國更強烈，更鮮明，因此也更有典型性……。我們已不能用他原有的『入世苦行』的觀念作為劃分儒家和新教的有效標準了。」（1986b: 16）。這似乎又意味著儒家倫理與新教倫理有其類似性，因此可能為中國資本主義的出現提供精神的基礎？

答案似乎是肯定的，因此余氏乃必須再尋求所謂「有兩種可能的方式足以解除韋伯理論所面臨的困難」（此處似乎應該說是余氏所面臨的困難較為妥當）：(1)重構原有「理想型」，使新教倫理有利於資本主義精神的因素更為突出、集中，即為西方所獨有者；(2)承認「入世苦行」的倫理必須在其他客觀條件的適當配合下才能推動資本主義的發展（同上: 16）。余氏便從韋伯《經濟通史》中舉了六項現代資本主義成立的前提：合理的會計制度，市場自由，理性的技術，可靠的法律，自由勞動力，經濟生活的商業化（同上: 16-17）。「韋伯從來便沒有認為新教倫理是促進資本主義興起的

唯一力量」（同上： 17）。其實，余氏已經為第二種可能的方式提出了中國的例證：中國雖然有入世苦行的宗教倫理，也有理性主義，然而這兩點都未能深入政治和法律的領域之中，因此「原因並不在於中國缺乏『入世苦行』的倫理，而是由於中國政治和法律還沒有經歷過『理性化的過程』。」（同上: 17）

余氏的瞭解很明顯地是將基督新教倫理中的「入世苦行」，從「轉化世俗」、「理性化過程」以及所謂六項現代資本主義成立的前提中分離出來；而且認為新教倫理中可能具備一種西方所獨有的，更有利於資本主義精神的因素，這個因素當然不可能是「入世苦行」了。但是，從韋伯的論證，入世苦行並不是獨立存在，或僅止於入世苦行本身而已，理性化和轉化世俗（包括法律與政治）的力量，以及上引的六項合理的經營形態，均與入世苦行密切相關。所以若有「其他新教倫理因素」或「其他客觀條件適當配合」的問題，也是與「入世苦行」有著聯繫，甚至是因果關係的，除非這些因素或客觀條件與「資本主義的精神」無關。

轉化世俗的宗教性力量

有關新教倫理與資本主義精神的討論，余氏的論證比較偏重「入世苦行」的層面，另一個瞭解的層面則是如黃進興教授（1985）所討論的，可從「轉化世俗」的概念入手，將新教倫理所包含的諸要素整合起來。黃氏在評論韋伯《新教倫理》一書時，說道：「這一本書的精彩之處，原是韋伯如何利用繁複細密的論證來說明貌似合乎理性的資本主義的運作制度，背後卻由一套極為不合理的新教倫理所支撐著。」（同上: 33）其中一項即是「預選」說：人是否得

救，上帝早已決定。即使最虔誠的信仰與最崇高的善行，都不能挽回已被決定的命運（同上: 34）。因此，加爾文的教義乃棄絕了形式上的宗教儀式（包括聖禮、懺悔、以至於教會制度等等），否定可以經由這些手段而獲得救贖之迷惑（enchantment）（也見楊君實，1986: 58）。信仰者唯有經由俗世的努力來證明上帝的存在，以現世的成就來肯定上帝對自己的恩寵。由此而衍生的天職觀念則強調外在俗世職責的實踐，正是入世苦行的思想背景，是合理經營（包括前引的六項前提）的信仰基礎。所以，原來的宗教玄學信仰最後卻變成是個轉化世俗的力量來源（黃進興, 1985: 35-36）。這就是資本主義精神的內涵。黃氏此種瞭解似乎更為妥當地把余氏所偏重的「入世苦行」與預選說、天職觀念、轉化世俗、合理性等結合起來構成一個整體性的「新教倫理」叢結及其轉化作用。

　　韋伯有關新教倫理的論證，最吸引人的地方，應該就是在於新教倫理的轉化世俗之效果。這個效果的產生並不是因為新教教義對於世俗生活的關注。剛好相反，新教對於上帝救贖的信仰較之過去更為極端與徹底，更走向宿命的觀點，對於世俗生活的目的和作用則看得更為不重要。正如一位研究清教徒之家庭生活的美國人 Edmund S. Morgan 所想要問的：

　　　　我們怎麼解釋這個弔詭（paradox）？清教徒一方面對於社會性的美德這麼明顯地關注，一方面卻坦承對這些德性的鄙夷，我們如何調解這互相矛盾的兩種態度？為什麼他們要這麼崇拜社會生活中的德行，明知這些德行並不能使他們更接近救贖的最終目標。（Morgan, 1966: 3；本文作者譯）

Morgan 的論文完成於一九四二年，當時韋伯《新教倫理》一書英譯本已出版，但他似乎是在沒有參考和引用韋伯著作的條件下獨立發展出這個論說，而其見解卻與韋伯一致。

根據這個看法，世人能夠獲得救贖與否，早已在出生之前由上帝命定，人們在日常生活中不論如何表現出對於信仰的虔誠，信守上帝的安排，甚至進入修道院苦行，皆無法改變此一預定的結局。換句話說，世俗生活與能否得救無關（Weber, 1958: 104-105; Morgan, 1966: 3-5）。這裡充分顯示出韋伯所理解的新教，在宗教信仰上所表現的絕對性。新教徒在信仰上對於俗世並無關懷眷念或珍視之意。相反的，現世的生活只是一個旅程的中點，暫時的歇腳處。或說，只是用來顯示上帝恩寵的舞台（Weber, 1956: 108ff., 158ff.）。

韋伯的洞見即表現在論證新教倫理，如何經由此一表面上棄絕世俗的宗教信仰轉而逼出改造世俗的結果出來。這就是預選說所導出的緊張與不確定感。清教徒因為除了在現實生活中證明本身已受到上帝的揀選和恩寵以外，別無其他辦法可以解決救贖的宿命觀。由於無法確知自己是否得救，唯有回過頭來更加積極地表現出嚴格的律己和不斷地反省，乃有所謂「入世苦行」之表現。清教徒之如此入世，並不是像儒家一般將世俗生活當做是終極的關懷，而是因為要超脫世俗，證明得救的緣故。清教徒的入世並不是為了把現實的生活過得好些或舒適些，而是要過得更辛苦些。節儉刻苦並不是為了享受即將得到的財富，嚴厲的生活本身才是目的。所以，在清教徒生活中幾乎沒有信仰之外的快樂。

靠著此種信仰所產生的意志力，在俗世生活中徹底地履行禁慾的生活，這是對俗世生活的正面抗拒。新教跟舊教不同的一個特徵，

即是不主張逃避世俗生活的苦修，這是基於對上帝救贖觀念的改變，而不是對俗世的評價有了轉變。簡言之，清教徒並不是因為肯定了原本存在的俗世而產生關懷，而是因為要否定這個原本存在的俗世生活方式並加以改造。清教徒作為上帝的選民來到俗世間，也是基於上帝的召喚（calling），叫他到這世上來堂堂正正地作個上帝的選民。因此，清教徒的俗世生活乃是一個基於禁慾主義和合理主義所刻意安排的生活。緊接著，乃產生棄絕「傳統主義」（人必須使自己調適客觀的歷史秩序），擺脫迷惑的世界觀之結果。這就是新教倫理轉化世俗的本質。如果清教徒的宗教信仰本身不夠強烈，對於上帝救贖的觀念不夠明確，那麼就無所謂「天職」的觀念，也就沒有「入世苦行」的結果。沒有「入世苦行」作前提，所謂合理化或理性主義也就等於無的放矢，而轉化世俗的作用也極不可能發生。

接下來，我們可以再回頭看中國宗教的問題，黃氏認為韋伯「想解答為何類似西方的合理性無法在中國產生，於此一脈絡之下，『新教倫理』所蘊涵的改造俗世的積極意願應被當作衡量的標示，韋伯以此來量度中國宗教『轉化俗世的力量』。」（同上: 37）他說，韋伯在考察中國社會之後，並沒有發現阻撓資本主義發展的「決定因素」（同上: 39）。

黃氏的一些摘要很值得我們在此援引：

> 儒家思想既缺乏「形上」趣味，也找不到超越的「人格神」，又無「彼世」的宗教泊地，使得韋伯不由懷疑起儒家能否名副其實地稱為「宗教倫理」。依韋伯的觀點，儒家的宗教性質極為淡泊。（同上: 40）

又：

> 總之，依韋伯的觀點來看，比起新教，儒家與道家顯然缺乏
> 「轉化世俗的力量」，而後者卻是促成近代資本主義的動力……。
> 儒家與新教至少同屬道德的理性主義，但是只要深一層探究，
> 即可發覺二者相似性僅止於表面而已。新教，特別是加爾文
> 教派，必須面對上帝倫理的要求，以理性的態度改造俗世，
> 駕馭自然。但儒家卻用理性，致力與世界維持和諧的關係。
> 因此二者貌似實異。（同上: 41）

> 統而言之，韋伯所要指證的就是在代表中國思想的儒家與道
> 家之中，無法找出一個「阿基米德」（Archimedes）的立足
> 點，用以轉化世界，所以傳統的意義和秩序從未遭到根本的
> 質疑。中國思想無由產生革命式的預言者或超越的救世主，
> 對韋伯而言，即是最好的例證。今日有些學者提出白蓮教的
> 「明王」或「無生老母」來反駁韋伯的論斷。但韋伯仍可將
> 這些民俗宗教排斥於中國思想之外。無論如何，韋伯的論點
> 將逼使今天汲汲想從儒家思想尋找東亞經濟成功根源的學者
> 反覆深思。（同上: 41-42）

三、傳統儒家的治生之道

「儒」的職業特性

「儒家倫理」，就像「新教倫理」一樣，也是一個包含了一串

特質的名詞。我們究竟是依傳統儒家相當哲學化的立場來瞭解呢？或只注意一些世俗化的理想規範？或就以一般讀書人相當技術化的文章辭句之學來定義？如所周知，所謂「儒」在傳統中國社會就已有這樣不同的涵義。一談起「儒」，通常我們第一個想到的或許是通過科舉考試且已任職於帝國官僚體系的官紳，但它也可以是在此之前，只是志在參加科舉考試的書生，或甚至是科舉失敗而以教讀為業來餬口的儒生，或更簡單地只是指那些以詩詞章句之學為職志的文人。另外，傳統的文人著作則偏重讀書人理想中的君子或聖人之「儒」，或用以描述具有類似之德行的商賈和一般人。換句話說，「儒」既是指從事某些特定職業的人，但也包含了一套思想和行為規範。學者在討論儒家倫理時，往往只專注後者，而很少注意到儒本身作為一種職業的性質。從社會科學家的立場來看，職業化的儒是比較值得分析的社會事實，而非那些規範性的倫理教條。我們首先要分析的是作為一種職業的儒與同樣作為一種職業的商賈，兩者之間的彼此關係。

　　向來文獻在論及傳統中國社會的職業組成時，總是簡單地以「士農工商」四民來總括，這也意含了把「士」當作一種職業類別而與農工商歸為同一範疇。另一方面，大部分的文獻則強調「士農工商」四者之高下等級，「士」為四民之首，而「商」則為四民之末，也就是強調「士」與其他三者之差別。所以，清末的顧炎武在其《日知錄》中，引周武王〈酒誥〉之書，謂「士者大抵皆有職之人」。然而，此處所謂「有職之人」乃是指有官位或屬貴族階層而言。在古代中國的社會結構中，「有職之人」當然是與平民有別的，所以顧氏乃認為「士」不應與農工商同列，所謂「四民」之說是戰國以

後的事。根據余英時對中國知識分子的研究，到了春秋晚期，「這時社會上出現了大批有學問有知識的士人，他們以『仕』為專業，然而社會上卻並沒有固定的職位去等待他們……。『仕』的問題並不是單純的就業問題，至少對於一部分的士而言，其中還涉及主觀的條件和客觀的形勢。」（余英時，1980：22-23）余氏所謂主觀條件就是「學而優」，而客觀形勢則為邦有道或無道。接著余氏從早期儒家的著作中詳細論證了「士」在仕和道兩者之間的關係（同上：38-57）。

用我們今天的話來說，文獻上所說的「士」實際上包含了兩層相關的意義：一是所謂「士志於道」的道德理想，一是「志於仕」的職業本身。理想化的儒家論說均特別著重前者，而寧可犧牲後者。儒家的經典《論語》就包含了不少這一類的信條，例如「謀道不謀食」，「憂道不憂貧」，「士志於道，而恥惡衣惡食者，未足與議也。」「士而懷居，不足以為士。」「無恆產而有恆心者，唯士為能。」傳統中國讀書人的理想，始終未偏離這個理念。

從這些理念，吾人也可以看出，讀書人對自我的評價是要比農工商為高，且往往多不屑自為農工商業者，縱然他們在理論上都強調農工商的存在對於社會國家的重要性。例如清代的唐甄即嘆言道：「我之以賈為生者，人以為辱其身，而不知所以不辱其身也。」[1] 比較客氣的說法，則如全祖望：「吾父嘗述魯齋之言，謂為學亦當治生。所云治生者，非孳孳為利之謂，蓋量入為出之謂也。」[2] 這

----

[1]《潛書·上篇》。

[2]《鮚埼亭集·外編》，卷八。

些說法雖然都正面地肯定從商之選擇，但也很明顯指出了讀書人對於「以賈為生」「孳孳為利」的輕蔑。

　　論及讀書人對於本身以外的農工商等「職業」的看法，可能又是另一套了。早在漢代。司馬遷作《史記》，即宣揚所謂「用貧求富，農不如工，工不如商」的論調。其實，中國古代的所謂治生之術，往往指的是「貨殖」之術。余英時（1980）的研究也指出，戰國秦漢以降，商人在中國社會上一直都很活躍，但他卻認為，以價值系統而言，商人始終是四民之末。「一般而言，元代的商人地位似乎在儒士之上」，但儒家的社會價值根本不變，依然是「重農輕商」，一直到十六世紀，傳統的價值觀念才有開始鬆動的跡象（同上：33）。他認為十六世紀以後的商業發展也迫使儒家不能不重新估價商人的社會地位，而有所謂的「新四民論」，不僅把商人的地位排在農工之前，甚至與士同等，或竟優於士（同上：29-33）。明代的王陽明就批評當時一般人對讀書人的評價太高，而認為應該給予農工賈更高的地位：「自王道熄而學術乖，人失其心，交騖於利，以相驅軼，於是如有歆士而卑農，榮宦遊而恥工賈。」[3] 黃宗羲也說：「世儒不察，以工商為末。夫工商固聖王之所欲來，商又使其願出於途者，皆本也。」[4]

　　由這些意見我們也可以看出，士作為一種道德理想和職業治生兩者之間，仍然存在著矛盾的關係。讀書人如果可以入仕，那麼現

---

[3]《陽明全集》，卷25，〈節菴方公墓表〉。引自余英時，〈中國近世宗教倫理與商人精神〉，《知識份子》，1986年冬季號，頁29。

[4]《明夷待訪錄》，〈財計三〉。

實的「治生」和理想的「弘道」自然可以調和。然而，大部分的讀書人卻未必都有此機會，他們往往一方面要靠自己的能力去治生，一方面則堅持讀書入仕弘道的理想。例如元代的許衡即認為：「為學者治生最為先務，苟生理不足，則於為學之道有所妨。」⑤清人陳確則謂：「確常以讀書、治生為對，謂二者真學人之本事，而治生尤切於讀書……。不能讀書，不能治生者，必不可謂之學，而但能讀書，但能治生者，亦必不可謂之學。唯真志於學者，則必能讀書，必能治生。」⑥這很清楚地指出了為學和治生的關係，治生才是為學之本。有許多例子都說明了如果缺乏經濟基礎，要想讀書仕宦以弘道是不可能的。

清沈垚談起這個問題時，說道：「明人讀書卻不多費錢，今人讀書斷不能不多費錢。」⑦因此，「仕者既與小民爭利，未仕者又必先有農桑之業方得給朝夕，以專事進取……。非父兄先營業於前，子弟即無由讀書以致身通顯……。古者士之子恆為士，後世商之子方能為士。此宋、元、明來變遷之大較也。天下之士多出於商，則纖嗇之風益甚。」⑧明初徽州汪道昆所著《太函集》也有這樣的說法：「夫養者，非賈不饒；學者，非饒不給。君其力賈以為養，而資叔力學以顯親，俱濟矣。」⑨沈垚和汪道昆顯然對於讀書人的經

---

⑤《許文正公遺書》，〈國學事跡〉。

⑥《陳確集》，卷5，〈學者以治生為本論〉。

⑦《落帆樓文集》，卷9，〈與許海樵書〉。

⑧同上，卷24，〈費席山先生七十雙壽序〉。引自余英時，〈中國近世宗教倫理與商人精神〉，頁28。

⑨卷42，〈明故程母汪孺人行狀〉。

濟基礎比較偏向於從商來解決。但是這只代表一部分傳統儒士的看法而已。

「耕讀循環」論

　　讀書人本身要講究治生之道，最方便的其如元朝時候的楊維楨所說：「士讀書將以惠天下，不幸不及仕，而教人為文行經術，亦惠耳。」[10] 明代馮夢龍所編的《三言》[11] 及凌濛初作的《兩拍》[12] 包含了許多有關市井生活的故事，其中就有不少篇描述宋朝以來的所謂「書生才子」屢試不第，轉而開學堂當「教授」度日的例子。清代的袁采，在其名著《袁氏世範》中勸人要「子弟須使有業」，而最好的選擇是「子弟當習儒業」。他很明顯地將儒當作一種正常的職業來看待，而說道：「士大夫之子弟，苟無世祿可守，無常產可依，而欲仰事俯育之計，其如為儒。其才質之美，能習進士業者，上可以取科第致富貴，次可以開門教授，以受束脩之奉。其不能習進士業者，上可以事書札，代牋簡之役。次可以習點讀，為童蒙之師。如不能為儒，則巫、醫、僧、道、農圃、商賈、技術，凡可以養生而不至於辱先者，皆可為也。」[13]

　　袁采對於治生的觀點比較起來是保守的，雖然教讀可以維生，

---

⑩《束維子文書》，卷25，〈孝友先生秦公墓誌銘〉。

⑪《喻世明言》、《警世通言》、《醒世通言》。

⑫《拍案驚奇初刻》、《二刻拍案驚奇》。

⑬《袁氏世範》，卷2。

但距離「仰事俯育」供給子弟專事進取之理想甚遠。較多的讀書人仍然視農賈方是治生之道。這中間，我們就看到有些人主張從事置產和稼穡為業，而鄙視商賈。有些則認為商賈之利倍甚於農桑，不必恥為商賈。我們可以先看看一些「重農學派」的觀點。

明代的張履祥（揚園）即強調「治生以稼穡為先，舍稼穡無可為治生者。」⑭ 他把商賈之術斥為「儒者羞為」之業，所以「知交子弟有去為商賈者，有流于醫藥卜筮者，較之農桑，自是絕遠。」⑮ 他的目的並不在於求富致財，而只是想為求仕提供必要的物質基礎，「得志則施王政於中國，不得志則亦存禮義於家。」⑯ 這段話與上引袁采之論如出一轍。

與張履祥約略同時期的張英，曾經身致宰相，著有一文〈恆產瑣言〉，更進一步確定土地對於讀書人治生的重要性。他把土地看做是最安全的財產，較之經商更有保障。他說：

> 予與四方之人從客閒談……。大約田產出息最微，較之商賈，不及三四。天下惟山右新安人善於貿易。彼性至慳嗇，能堅守，他處人斷斷不能，然亦多覆蹶之事。若田產之息，月計不足，歲計有餘。歲計不足，世計有餘，嘗見人家子弟，厭田產之生息微而緩，羨貿易之生息速而饒，至鬻產以從事，斷未有不全軍盡沒者。

---

⑭蘇惇元，《張揚園先生年譜》。

⑮《張揚園先生全集》，卷4，〈與嚴穎生〉。

⑯同上，卷5，〈與何商隱〉。

張英對於商賈之弊抨擊不遺餘力，他甚至引友人之言曰：「典質貿易權子母，斷無久而不弊之理，始雖乍獲厚利，終必化為子虛。惟田產房屋二者可持以久遠。以二者較之，房舍又不如田產。」

論及農耕之利，自然要涉及城居或鄉居的問題。他認為城居者收入要很好方可應付所需，因為城居「種種皆取辦於錢」，至於居鄉則「可以課耕數畝，其租倍入，可以供八口」。家中自有雞豚、蔬菜、魚蝦、薪炭等，「可以經旬屢月，不用數錢」。親戚應酬少，女子可以紡績，衣著不必鮮華，「凡此皆城居之所不能，且耕且讀，延師訓子……。果其讀書有成，策名仕宦，可以城居則再入城居。一二世而後，宜於鄉居，則往鄉居。鄉城耕讀，相為循環」。

張英的「耕讀循環說」代表了傳統中國讀書人的理想。如前引沈垚「能躬耕者躬耕，不能躬耕則擇一藝以為食力之計」。又清盛世的錢大昕也說：「與其不治生產而乞不義之財，毋寧求田問舍而卻非禮之饋。」[17] 徽州歙縣地方，民國時代吳吉祐撰《豐南志》，其中一則談到明代的一位巨商吳烈夫，「挾妻奩以服賈，累金巨萬，拓產數頃……。既而曰：『商賈末業，君子所恥，耆耇貪得，先聖所戒。』遂歸老於家，開圃數十畝。」[18]

事實上，不只是讀書人喜歡擁有土地，有些商賈賺了錢之後也多轉投到土地上面，成為地主兼商人（葉顯恩，1983：140-141）。如果商賈不把餘錢用來買土地，反而叫一些儒士覺得很特別而加以記載，例如談起徽州商人的明嘉靖《徽州府志》謂：「商賈雖有餘

---

[17] 《十駕齋養新錄》，卷8。

[18] 第5冊，〈存節公狀〉。

資，多不置田業。」[19] 謝肇淛的筆記《五雜組》也提到「江南大賈，強半無田，蓋利息薄而賦役重也。」[20] 可是，另一方面我們卻看到徽州地區佃僕制的盛行和族田的普遍設立（葉顯恩，1983；章有義，1984），這種現象與商賈的發達有相當程度的關係。

「右賈左儒」論：儒賈循環模式的觀念基礎

與重農論相對應的則有重商論。一般而言，重商論者比較不像重農論者那樣對另一派採取批評的態度。在重商論者的著作中不但很少找到抑農之論，也很少有對儒學表示輕視者。如《新安歙北許氏東支世譜》有關明嘉靖年間許大興一節（卷8）謂：「自高曾以來，累葉家食，不治商賈業。公一日忽自念曰：『予聞本富為上，末富次之，謂賈不若耕也。吾郡保界山谷間，即富者無可耕之田，不賈何待？且耕者十一，賈之廉者亦十一，賈何負於耕。古人非病賈也，病不廉耳。』遂挾素封之重而出息之⋯⋯，起家累巨萬。」其中的引語似乎源出汪道昆《太函集》[21]。

徽州歙縣《褒嘉里程氏世譜》記一則「棄農就商」之例，謂：「其祖父服田力穡，朝斯夕斯，不出戶庭。歲值凶荒，饑饉荐臻，室如懸罄，公憤然作色曰：『丈夫生而志四方，若終其身為田舍翁，將何日出人頭地耶！』用是效白圭治生之學，棄農就商⋯⋯。不十

---

[19] 卷2，〈風俗〉。

[20] 卷4，也見葉顯恩，《明清徽州農村社會與佃僕制》，頁140。

[21] 卷45，〈明處士江次公墓誌銘〉。

年而家成業就，享有素封之樂。」㉒ 這是少見的公開「張賈抑農」之論，但比起「賈之術惡」或謂「不務仁義之行，而徒以機利相高」來形容從商者，這也算不上是對「服田力穡」有什麼了不得的批評了。

　　對於「儒業」，重商論者倒是有不少較激烈的貶抑之辭，如清初歸莊即明顯地有尊賈賤士之論，他說：「然吾為（嚴舜工）計，宜專力於商，而戒子孫勿為士。蓋今之世，士之賤也，甚矣。」㉓沈垚也有同樣的看法：

> 然而睦嫻任恤之風往往難見於士大夫，而較見於商賈，何也？則以天下之勢偏重在商，凡豪傑有智略之人多出焉。其業則商賈也，其人則豪傑也……。是故為士者轉益纖嗇，為商者轉敦古誼，此又世道風俗之大較也㉔。

這段話也許更適合用於今天社會的寫照。歸莊和沈垚二人對儒士的批評已經不在於治生之業本身，而是直指倫理行為了。甚至有人談及山西商人時，也說：「山右積習，重利之念甚於重名。子孫俊秀者多入貿易一途，其次寧為胥吏。至中材以下方使之讀書應試，以故士風卑靡。」㉕談起徽州則云：「卻是徽州風俗，以商賈為第一等生業，科第反在次著。」㉖

㉒〈歙邑恆之程公傳贊〉。

㉓《歸莊集》，卷6，〈傳硯齋記〉。

㉔《落帆樓文集》，卷44。

㉕《雍正朱批諭旨》，第47冊，〈劉於義，雍正二年五月九日〉。

㉖《二刻拍案驚奇》，卷37。

　　論及徽州商人，吾人不得不提及明萬曆年間徽州人汪道昆的著作《太函集》和《太函副墨》。兩書收錄的文章有多處描述商賈業者之事蹟，與他本人的評語。此書已成為研究徽州商人的經典（藤井，1953）。據汪道昆自己說：「由吾曾大父而上，歷十有五世，率務孝悌力田。吾大父、先伯大父始用賈起家，至十弟始累巨萬。諸弟子業儒術者則自吾始。」[27] 他儼然以儒士的資格代表商賈業者說話，可以認為是典型的「重商論」者。首先，他很清楚地揭示了「右賈左儒」之論。

　　(1)吾鄉左儒右賈，喜厚利而薄名高。纖嗇之夫，挾一緡而起巨萬。[28]

　　(2)大江以南，新都以文物著。其俗不儒則賈，相代若踐更。要之，良賈何負閎儒！[29]

　　(3)（萬戶公）故非薄為儒，親在儒無及矣，藉能賈名而儒行，賈何負於儒？[30]

　　(4)休（寧）、歙（縣）右賈左儒，直以《九章》當六籍。[31]

　　(5)古者右儒而左賈，吾郡或右賈而左儒。蓋詘者力不及於賈，去而為儒；贏者才不足於儒，則反而歸賈。[32]

---

[27]《太函集》，卷17，〈壽卜弟及耆序〉。

[28]同上，卷18，〈蒲江黃公七十壽序〉。

[29]同上，卷55，〈誥贈奉直大夫戶部員外郎程公暨贈宜人閔氏合葬墓誌銘〉。

[30]同上，卷52，〈明故明威將軍新安衛指揮贈事衡山程季公墓誌銘〉。

[31]同上，卷77，〈荊園記〉。

[32]同上，卷54，〈明故處士谿陽吳長公墓誌銘〉。

　　汪道昆雖有「弛儒張賈」之意，但因為本身即為一介儒士，並不特別貶斥儒業。他為一位程氏商人所寫之墓表說道：「余惟鄉俗不儒則賈，卑議率左賈而右儒。與其為賈儒，寧為儒賈。賈儒則狙德也。以儒飾賈，不亦蟬蛻乎哉。長公是已……，季年釋賈歸隱，拓近地為菟裘，上奉母歡，下授諸子業。暇日及召賓客稱詩書……，不亦翩翩乎儒哉。」[33]

　　實際上，大部分其他有關的文獻仍然以儒為尊，學儒不成才轉而從賈。例如明末陝西商人王來聘即告誡其孫：「四民之業，惟士為尊，然無成則不若農賈。」[34]。又有山西商人席銘「幼時學舉子業，不成，又不喜農耕」，乃曰：「丈夫苟不能立功名於世，折豈為汗粒之偶，不能樹基業於家哉。」[35] 清末徽州祁門的倪人穆則謂：「人生貴自立耳，不能習舉業以揚名，亦當效陶朱以致富，奚甘鬱鬱處此乎！」（《徽》1418）[36] 休寧人朱模：「昔先人冀我以儒顯，不得志於儒，所不大得志於賈者，吾何以見先人地下，吾不復歸。」（《徽》274）休寧人查杰：「試觀貧富之原，寧有予奪乎哉，要在變化有術耳。吾誠不忍吾母失供養，故棄本（儒）而事末（商），倘不唾手而傾郡縣，非丈夫也。」（《徽》270）明婺源人李大鴻曾問族中諸父：「人弗克以儒顯，復何可以雄視當世？」答曰：「陽

㉝同上，卷61，〈明處士休寧程長公墓表〉。

㉞李維楨，《大泌山房集》，卷106，〈鄉祭酒王公墓表〉。

㉟韓邦奇，《苑洛集》，卷6，〈大明席君墓誌銘〉。

㊱（《徽》1418）指張海鵬、王廷元（編），《明清徽商資料選編》，第1418條。以下引註均指該書所收資料條目編號。

翟其人埒千乘而丑三族,素封之謂,夫非賈也耶?」(《徽》938)

由此,我們可以看出儒和賈二業在時人的眼光中並無確定不移的評價,端視個別情況而定。較中立的看法則是認為儒賈各有所長,即所謂「賈為厚利,儒為名高。」(《徽》842,1338)如明代的孫文郁曾撫然嘆道:「使吾以儒起家,吾安能以臭腐為粱肉;使吾以賈起富,吾安能以貿劑為詩書。」(《徽》1431)或如李夢陽所言:「夫商與士異術而同心,故善商者,處財貨之場而修高明之行,是故雖利而不汙。」[37]

然而此處每談起「商賈」均以利稱之;若談起「儒」則稱之為尊、為功名、為揚名、為儒顯、為名高、為詩書、或為「高明之行」。前者純就治生之術而論,後者則指社會地位和倫理生活的價值。這兩個不同層面的社會現象本來可以不必是互相排斥的,譬如說既為商賈之術又可從中獲得社會地位和倫理價值。我們可從韋伯有關西方新教倫理所衍生的結果看出此種可能性。但是傳統中國在儒家價值觀的籠罩之下,「儒」不僅兼具職業治生的含意,而且包含了倫理價值在內。雖然儒的倫理價值不見得必然與商賈之術有絕對的矛盾,但作為職業的儒或仕就和商賈不相容了,因此產生一個先入為主的觀念,即從事商賈者似乎就偏離了儒的倫理和社會地位之標準。

但是從另外一個角度來看,如果從事商賈之術者也能在道德倫理方面的涵養效法儒範,也即兼具了治生之術和倫理價值,那麼就有可能與儒平等,或更勝於儒。因此,我們也可以找到諸如下列的說法:「儒者直孜孜為名高,名亦利也。」(《徽》362)「余每

---

[37]《空同先生文集》,卷44,〈明故王文顯墓誌銘〉。

笑儒者齷齪，不善治生。」（《徽》363）「白首窮經，非人豪也。」
（《徽》365）「豈必儒冠說書乃稱儒邪？」（《徽》738）「雖隱
於賈⋯⋯，即宿儒自以為不及。」（《徽》366）

四、儒賈循環之過程

棄儒從賈：等一階段

　　由於從儒和從賈兩者各有其長處和短處，傳統中國社會中乃不
斷出現有「棄儒從賈」的情況。而從賈有成之後，往往又以「賈服
儒行」為理想，甚至「由賈轉儒」或勸子弟改習儒業。隨著個別家
族各世代的興衰，為賈為儒乃形成汪道昆所謂的「相代若踐更」之
循環。汪氏又以儒賈之張弛來說明此現象：「夫賈為厚利，儒為名
高。夫人畢事儒不效，則弛儒而張賈。既側身饗其利矣，及為子孫
計，寧弛賈而張儒。一弛一張，迭相為用，不萬鐘則千駟，猶之轉
轂相巡。」[38] 類似的說法如「進而為儒⋯⋯，退而為商。」（《徽》
1425）或「易儒而賈⋯⋯，易賈為儒。」（《徽》1427）

　　讀書入仕，或所謂「舉子業」，一直支配了傳統中國社會的職
業選擇。如果客觀條件允許，顯然絕大多數的男子都會走上「服儒」
的選擇。但實際的社會情境卻叫大多數人不得不放棄此途，改事他
業。因為有這個前提，所以我們到處可以找到「棄儒從賈」的記載。
日本學者重田德（1975：294-349）據徽州婺源一地即找到四、五

---

[38] 《太函集》，卷52，〈海陽處士金仲翁配戴氏合葬墓誌銘〉。

十個例子，而余英時（1986：35-36）也舉出十七、八個例子。見於《明清徽商資料選編》的為數也不少，其中有因家道中落或家貧者[39]，有因失怙者[40]，有因父命或母意而從賈者[41]，有因科舉失敗不得志者[42]。從這些例子，我們大致可以看出有許多以商賈為業者，初期均以讀書求仕為其理想，後來才因為環境不允許而放棄。當有朝一日，策賈有成，自然又對儒行或儒業躍躍欲試，接著即有所謂「賈服儒行」或「賈而好儒」的階段（張海鵬、唐力行，1984）。

賈服儒行：第二階段

商賈的好儒傾向隱含了從商者的倫理價值觀仍然以儒為優先，希望自己也可兼具儒的性格，不輸於儒者。所謂「賈服而儒行」指其道德行誼者諸如：新安程得魯「雖服賈，其操行出入諸儒。」（《徽》870）黃璣芳「平生自無妄話，與人交悃愊忠信……。足智好議論者服其誠，而好儒備禮者亦欽其德。若公者，商名儒行，非耶？」（《徽》1347）鄭孔曼「雖游於賈，然峨冠長劍，褒然儒服。」（《徽》1350）汪坦「其遇物也咸率其直而濟之以文雅，此其商而儒者歟。」（《徽》1356）黃長壽「以儒術飭賈事……。雖游於賈人，實賈服而儒行。」（《徽》1364）許思恭「治賈不暇給，而恂恂如

[39]《明清徽商資料選編》：242，303，313，371，382，434，533，594，596，624，674，679，810，832，888，899。

[40]同上：283，521，556，671，695，804，852，889，915。

[41]同上：251，809，820。

[42]同上：239，247，358，380，409，425，428，429。

儒生。」（《徽》1377）休寧金鼎和「躬雖服賈，精治經史，有儒者風。」（《徽》1383）汪起鳳「少好讀書，從父四峰公命，以儒服賈。而虞仲（即起鳳）廉潔謙讓，猶然賈之儒者。」（《徽》875）

因此，明代以來常有「士商異術而同志」之論（《徽》1344）。換句話說，士商作為治生之術雖然有所不同，但在倫理價值和人生態度的層面卻可以是相同的。明歸有光在其文集中談到新安一位商人，「程君少而客於吳……。古者四民異業，至於後世而士與農商常相混……。子孫繁衍，散居海寧、黟、歙間，無慮數千家，並以讀書為業，君豈非所謂士而商者歟。」[43]

所謂「賈服儒行」，有專指其對文章詩書之喜好者；歙縣吳正學「喜敦詩書，好儒術。」（《徽》1351）黃長壽「商齊魯間……，性喜蓄書，每令諸子講習加訂正，尤嗜考古蹟，藏墨妙。」（《徽》1387）凌順雷「雅嗜經史，嘗置別業，暇則披覽於其中，教諸子以讀書為首務。」（《徽》1375）許海「獨子也，故去儒即商……。即商游乃心好儒術，隆師課子。」（《徽》266）績溪章策「雖不為帖括之學，然積書至萬卷，暇輒手一編，尤喜先儒語錄。」（《徽》1378）汪志德「雖寄跡於商，尤潛心於學問無虛日。琴棋書畫不離左右，尤熟於史鑑。」（《徽》1386）黟縣胡際瑤「自曾祖業商江西，代傳至際瑤弗墜。然好讀書，能詩畫，精音律，有士行。」（《徽》1406）婺源施德巒「終身服賈三十餘年……。勞暇則寄情詩酒，著《北山詩稿》。」（《徽》1414）董邦直兄弟「俱業儒，食指日繁，奉父命就商。奔走之餘，仍理舊業，出必攜書盈篋。」

[43]《震川先生集》，卷13。

（《徽》1416）休寧汪應浩「家素事鹽策，值開中法更，乃鼓篋閩越，遠服賈，業以日拓……。雖游於賈人乎，好讀書其天性，雅善詩史。」（《徽》1392）

此類商而好儒者在明清時代各處均有所見。明末清初太湖之大商人席本久，據汪琬所言，「暇則簾閣據几，手繕寫諸大儒語錄至數十卷。又嘗訓釋《孝經》，而尤研精覃思於《易》。」其堂侄席啟圖也是「好讀書，貯書累萬卷……。晚年得病，更閉門著此書[44]，猶謂『吾病瀕死，惟以書未成為恨』，擔心無以見先賢於地下。」[45] 更有名的例子則為《知不足齋叢書》的編者，清乾隆歙縣巨商鮑廷博，其父「性嗜讀書」，廷博乃力購前人之書，「既久而所得書益多且精，遂蔚然為大藏書家。」當乾隆詔開四庫館時，鮑家即獻所藏書六百餘種，且多係珍本。嘉慶帝並下詔旨旌表《知不足齋叢書》之刊行（葉顯恩，1983：125-127）。

商賈能夠自己讀書著作，甚至花費巨資購藏書籍，當然其中也有不少轉而傾注於傳統中國的書畫藝術方面者。徽商中即多有所謂工詩，工詩文，工棣書，工八分書，工山水，工繪事者（《徽》1486-1504）。這些嗜好不只是以儒為服飾，可以說已是躬行為儒了。

有時候，為彰顯為賈者的儒士行誼，甚至不惜貶低商賈之術或從賈之事實和成就。因此我們也常常見到這一類更明顯的「內疚」之言。新安人張樸「終以儒賈不肯事齷齪瑣屑，較計錙銖……。雖讀書未竟其志，亦豈可於賈人中求之哉。」（《徽》1370）程石潭

---

[44]指《蓄德錄》。

[45]汪琬，《堯峰文鈔》，卷15，〈鄉飲賓席翁墓誌銘〉，〈席全人墓誌銘〉。

「隱於賈，而不淪於賈。」（《徽》1360）鄭作「雖商也，而實非商也。」（《徽》1368）許文林「儒雅喜吟……，其志不在賈也。」（《徽》1361）歙縣江珮「未為儒，去而從賈，非其志也。」（《徽》1423）又如休寧汪起鳳，「以儒服賈……。絕口不道奇贏，同列甚重之。不言利而利自饒……，已而局促不自安，仰天浩嘆曰：丈夫縱不能超忽風雨，揮斥八極，以烜赫當世。世遂乏倘徉適志之鄉哉？」（《徽》866）歙縣鮑橐：「富而教不可緩也，徒積貲財何益乎？」（《徽》406）。

　　從另外的一些例子，我們也不難看到商人要在外表顯出儒者風範的苦心。江世鸞「恂恂雅飾，賈而儒者也。」（《徽》1369）黃長壽「以儒術飾賈事……。雖游於賈人，實賈服而儒行。」（《徽》1364）休寧汪起鳳「以儒服賈。」（《徽》1379）楊杞年「遵父命以儒事賈。」（《徽》1417）婺源孫大巒「雖不服儒服，冠儒冠，翩翩有士君之風焉。」（《徽》1381）程執中「雖營商業者，亦有儒風。」（《徽》1384）歙縣許晴川「亦循循雅飾若儒生。」（《徽》1425）

　　基本上，世人仍以儒為先，以賈為次。黟縣胡際瑤「晚年雖授例捐職，生平實以不習儒為憾，因以二子就儒業，展望甚殷。」（《徽》1407）程魚門有見其他鹽商多豪侈而畜「聲伎狗馬」，他自己則「獨悁悁好儒」（《徽》1410-1411）。歙縣人許晴川訓其子曰：「進而為儒，若聞義者，以文名等輩；退而為商，若聞詩、聞禮、聞韶、聞善，奮跡江湖，亦循循雅飾若儒生。」（《徽》1425）儒賈之高下本末實已一清二楚。

　　商賈本身既不能親自透過科舉仕宦來達到世俗所崇尚的社會地

位和道德理想，便只好退而求其次，一方面仍然堅守賈術，一方面則滿足於以儒行為飾。但是，我們仍將見到有許多賈者並不以倫理或外表的儒服為滿足，他們開始經由自身的「由賈轉儒」或透過子弟的專習儒業，而達到將商賈的治生之術和儒家的社會價值理想結合起來。

由賈入儒：第三階段

雖然身為商賈，但仍念念不忘儒業者甚多。明初休寧人汪昂「初業儒，已而治鹺於江淮荊襄間……。憤己弗終儒業，命其仲子廷誥治書……。日以望其顯名於時，以纘其先世遺烈。」（《徽》1420）明末汪鏜曾於海上業賈，常嘆「不能卒舉子業」或「為儒不卒」（《徽》1435）。清初歙縣人吳鈵為鹽商，「猶不忘舉子業，往往畫籌鹽策，夜究簡編。」（《徽》1398）因此，商賈最後往往「復習舉子業」，再由賈入儒。

清初休寧人汪錞，先是因為父死而「棄儒服賈走四方」，經過十餘年才又「讀書江漢書院」，最後得舉進士，而擢為吏部文選司主政（《徽》1397）。歙縣人方岡卿年輕時也從父兄為商，「請改業而為儒，岡卿之兄不許，強而後可。」（《徽》1399）黟縣人汪廷榜年輕時業賈，遠至漢江，見漢水江波浩渺，大為所動，乃「歸而讀書，學文詞」，最後中舉人（《徽》1401-2）。新安程魚門雖為鹽商，但也「惜惜好儒」，惜不能專志讀書，因而屢試不中，至四十餘歲，才因鹽業失敗乃得再舉進士，為四庫館編修（《徽》1410）。明初潘仕所言可以總結此一趨勢，即「賈有所成，將舍賈而歸儒也。」（《徽》1460）

在職業上，由賈入儒顯然不是最好的策略，因為儒賈兩業常相排斥，除非該商賈已坐擁資產，不須再費心料理。明成化嘉靖年間，歙縣王廷賓雖為行商，但喜好詩文，有人就告知其母：「業不兩成，汝子耽于吟詠，恐將不利於商也。」其母則嘆曰：「吾家世承商賈，吾子能以詩起家，得從士游，幸矣。商之不利何足道耶？」（《徽》1388）這個例子一方面說明了儒賈兩業的互不相容，另一方面則顯示商人由賈入儒的傾向。

然而，若起先以營商為業，後來方專事舉仕之業，便得考慮放棄原有商賈之業，否則不能專心致志，也就屢試無成了，如上引程魚門之例。我們從文獻上可以看出，較好的策略是有人繼續操持商賈之業，而令子弟專習儒業，形成一種「家族分工」之形態。茲舉數例以明之：明歙縣人潘汀州兄弟，其父原來要以汀州服儒，以其弟服賈。但其弟早夭，汀州乃代之而營商，周遊江淮吳越，累資巨萬。直到有兒子可以代理受賈，汀州方「始歸儒」（《徽》1389）。清黟縣人胡際瑤業商有成，生平以不習儒為憾，乃命長子和三子習儒業，次子則隨父習商（《徽》1407）。同樣的例子，也見於明嘉靖歙縣人方道容（《徽》1419），江珮（《徽》1423），許萬竹（《徽》1426），新安程長原（《徽》1432），祁門倪應瑞（《徽》1448）。這些人或築書塾，或招延名儒為諸子師資，或親自督課之[46]。擴而大之，則以家族內諸子弟為對象，「助以束脩膏火之費」（《徽》1443）。又如婺源人李大祈先是家貧，乃「棄儒服，

---

[46] 《明清徽商資料選編》：325，373，399，407，547，1343，1422，1423，1424，1428，1442，1457。

挾策從諸父昆弟為四方游」，後來終於「業駸駸百倍於前，堁素封矣」。每以幼志未酬，叮嚀諸子發憤讀書，「次第尉起，或馳聲太學，或叨選秩宗」。時人即稱道「如（李大祈）公者，**易儒而賈，以拓業於生前；易賈而儒，以貽謀於身後，庶幾終身之慕矣。**」（《徽》1427）

即使子弟舉仕成功，商賈之業仍有繼續保持之必要。明代歙縣人許海幼時即捨儒從賈，其子舉於鄉試，有人勸說，既然兒子已科舉入仕，可以不用再從事商賈了。他回答：「兒出當為國，吾為家以庇焉，欲令內顧分其心邪？」（《徽》266）這表明了「家族分工」之利，可以免除儒賈分心「業不兩成」之弊。

由賈入儒的傾向，葉顯恩（1983：120-130）稱之為「縉紳化」。其手段除了讀書登第之外，尚包括通過捐輸而取得官位之途。如績溪胡舜申一家「在唐朝已雄於財，後五世常侍，四世祖客都皆以貲得官。逮於國（宋）朝，亦蔚為富室。」（《徽》245）再不然，也可擁雄貲，「高軒結駟，儼然縉紳。」（《徽》144，150）

在傳統中國，儒學不僅制度化為官方之學，而且與帝國的官僚體系結合成一體，特別是透過科學制度落實為一種普遍的社會與文化價值標準。但這個標準所產生的作用與其說是在於儒家倫理或道德意識的普及，倒不如說是在於透過科舉入仕的手段把「儒生」制度化地抬高成為傳統中國人的最高社會價值所在，「讀書做官」不僅在文化倫理上具有最高的價值，而且在世俗中也成為最具體的終極人生目標。這個延續一千多年的體制將所有其他生產性的經濟活動都降為次等的職業。更由於科舉制度本身並無社會階級之限制，使得「儒業」成為所有各類人等的可欲目標，其普遍性較之西方封

建時代的任何制度更為深入和穩固，幾乎完全支配了傳統社會的職業選擇。

五、家族倫理與儒賈循環

商人經過長年奮鬥而累積財富之後，何以仍汲汲於子孫之儒業？試以明休寧人金赦為例，他跟隨父親賈於淮海，積二十年乃成大富。其妻告曰：「（汝）故事儒，藉宗廟之靈，從（父）賈而起富，乃今所不足者，非刀布也。二子能受經矣，幸畢君志而歸儒。」（《徽》1430）又有溪南吳士珮也是以服賈起家，與人談起兄弟之事，則謂「吾家仲季守明經，他日必大我宗事，顧我方事錐刀之末，何以亢宗？誠願操奇贏為吾門內治祠事。」（《徽》1429）前者強調所缺者已非金錢日用之費矣，後者明言操奇贏之賈術並不能彰顯祖宗。這就是為何賈者最後仍須轉而學儒或入儒之背後動力。明婺源人李大祈棄儒服而從賈之時，曾憤然道：「即不能拾朱紫以顯父母，創業立家亦足以垂裕後昆。」然而，等到他「艖艘蔽江，業駸駸百倍於前，垺素封矣」，仍以幼志未酬而囑其子：「予先世躬孝悌，而勤本業，攻詩書而治禮義，以至予身猶服賈人服，不獲徼一命以光顯先德，予終天不能無遺憾。」（《徽》1427）

又如汪道昆之從兄汪大用，曾經「北賈青、齊、梁、宋」，且「治鹽策錢塘」，已十分富饒，復勸其子曰：「吾先世夷編戶久矣，非儒術無以亢吾宗，孺子勉之，毋效賈豎子為也。」（《徽》1434）前引吳士珮也認為從商是「事錐刀之末，何以亢宗？」（《徽》1429）歙縣江肇岷服賈之後，仍然「思振家聲，以承父志，復命（于練）

歸讀。」(《徽》1438）其同宗江羲齡與子為賈四方,「相從旅邸,籬燈夜讀」。有人即勸說:「君家徒四壁,今有子偘儻不群,正宜貿易,以蘇涸鮒,徒呫嗶詩書,非計。」江氏答曰:「吾家……世守一經,策名清時,苟不事詩書,而徒工貨殖,非所以承先志也。」(《徽》1440）歙縣吳敬仲:「非詩書不能顯親。」(《徽》854）新安沙溪人凌珊,「恆自恨不卒為儒,以振家聲,殷勤備脯,不遠數百里迎師以訓子侄。起必侵晨,眠必丙夜,時親自督課之。」(《徽》1442）婺源洪庭梅「常以棄儒服商不克顯親揚名為恨。」(《徽》539）休寧汪鍠「去海上業賈」,終「饒裕自若」,生有五子,「皆強幹能世其業」。但汪氏臨終時仍以儒業為重勉其子:「吾為儒不卒,然籬書未盡蠹,欲大吾門,是在若等。」(《徽》1435）歙縣寒山人方勉弟曾輟學從父親為賈,談到孝悌之道:「吾兄以儒致身,顯親揚名,此之謂孝。吾代兄為家督,修父之業,此之謂弟。」(《徽》438）

這些例子都清楚說明了「亢宗」、「光顯先德」、「振家聲」、「顯父母」、「大吾門」、「顯親揚名」和盡孝道等等,是商人由賈轉儒的目的。這顯示出商人最終關懷仍然在於家族的延續,至於事商或事儒,均只是完成這個目標的手段而已。相較而言,從賈還不如從儒。儒家的這種理想在具體事例上是有礙商人精神的發展和延續的。另一個例子是歙縣人江才,「北游青、齊、梁、宋間,逐十一之利。久之復還錢塘,時已挾重賞為大賈。已而財益裕,時時歸歙,漸治第宅田園為終老之計……。翁年四十餘,有四子,即收餘貲,令琇、珮北賈維揚,而身歸於歙;教瓘、珍讀書學文為舉子。」(《徽》934）這就是傳統商賈的最後歸宿。實際上,有些殷商巨

賈等不到下一代有能力科舉入仕，本身就已花費鉅資捐納，以換取名位，正是所謂「既得厚利，便又追求名高。」（見葉顯恩，1983：127）

　　傳統商人先是不得已而「棄儒就賈」，繼之又以賈服儒行為尚，或再回頭重拾儒業。在這個循環中，吾人可以看出傳統家族主義所扮演的啟動作用。家族的榮耀只能透過讀書仕宦才能獲得，即使從商以致巨富而無名佚，對傳統中國人而言，仍然不算顯祖揚名。這個終極的價值觀念逼使大部分人投身於科舉之業。但一如本文第三節所論，如果沒有經濟基礎，那麼讀書仕宦之途也將為之堵塞。因此又使得大多數的讀書人非得棄儒就商不可。經商致富之後，方可經由己身或其族裔專心求取功名，進而完成「光宗耀祖」之人生理想。同樣的過程也出現在十九世紀末的南洋華僑社會。

　　郭德利（M. Godley, 1981）研究個別華人資本家歷史，曾經歸納出一個頗有意思的現象。這些身處海外的華商，在他們的有生之年，仍然不忘向滿清皇朝捐納，買得各種官爵祿位，他稱之為「官吏資本家」（Mandarin-capitalists）。有不少例子更把祖宗三代也包括到捐納的名單上，此種「光宗耀祖」的家族心態昭然若揭地呈現在這些連西方資本家也不得不心服口服的華人企業家身上。這些人物對香港人來說一點也不陌生，因為他們的名字有大多數均鏤刻在歷史悠久的香港大學的建築物上，例如張弼士、胡子春、林文慶、陸佑、黃仲涵等。

　　郭德利在談到這些人的商人性格和企業精神時，可以說毫無保留。他說張鴻南（張弼士之弟）具備了 "incredible energy, farsightedness and brilliance"（Godley, 1983：21），而鄭景貴（馬來亞巨

商）則表現出 "uncanny ability to seize new opportunities and grasp the drift of history"（同上：28）。郭氏更引述王賡武有關星馬華人的研究說，這地區的華人社會階層只有兩類，一類是商人（merchants），另一類是要做商人的人（those who aspired to be merchants）（同上: 33; 又見 Wang, 1968）。由此可知，環境的改變可以使傳統華人在商業企業活動方面的潛能獲得充分的發揮。瞭解東南亞華僑之商業技能的西方人士偶爾即將海外華人與善於經商的猶太人相提並論。

然而，郭德利也一再指出：「雖然中國一直不缺乏商人和財富，但私人企業卻始終為家族的自我限制規模所阻撓，而很少能夠茁壯到足以撼動整個社會體系。」（Godley, 1983: 37-38）或說：「如果認為中國境內從未有資本主義的發展，或利得的動機不曾在人際關係上有任何作用，那是不切實際的。」（同上：33）在史籍中並不乏有關從商致富的記載，但幾乎毫無例外，過去幾個世紀以來，商人最後總是傾向於把累積得來的財富或過剩的資本投資於購買土地，或供應下一代有閒沉浸於傳統典籍，參與科舉，以便進入官僚行列。即使有人終生以商賈為業，仍會要求其下一代儘可能轉向科舉。因此，我們可以說，引發人們營商致富的動機中，實已包含了否定或摧毀商業企業發展的因素（同上：37）。經商致富的終極目標是要科舉入仕，而這個目標的完成是依附在家族的倫理基礎上。

財富並不是商人所追求的唯一精神目標，在傳統的價值觀底下，每一個人都想「光宗耀祖」（to elevate the family name），而光宗耀祖只能透過諸如科舉的手段來完成。這裡，我們在商人身上看到一般儒家倫理和傳統家族倫理的矛盾與妥協。簡言之，儒家倫理

並不鼓勵人們經商致富，但為了實現儒家倫理的價值觀——即學文讀聖賢書以舉仕，經商致富又是一項最有效的手段。類似「光宗耀祖」的家族倫理是促使某些人經商致富的原動力，但是要實現這個目標最後卻又非放棄經商致富的手段不可。

從家族倫理到商人企業精神，再到儒家倫理，三者似乎可以形成一個循環關係（developmental cycle），而我們在不同的歷史時代，不同的地理環境，所觀察到的不同經濟發展形態，可能只是這一個循環關係不同階段的呈現而已。

六、東亞家族與經濟理性

家族倫理？儒家倫理？

關於家族主義在儒家倫理和成就動機上所扮演的角色，並沒有為最近的論著所忽略。例如，金耀基所引用的幾位學者就有如下的說法。艾勒塔斯：「中國人對財富、榮譽、健康擁有強烈的動機，對家庭與祖先有能力表達虔敬，這些毫無疑問是決定性的文化因素，足以開出一種勇猛的經濟行動。」勃格的論證最後也歸結到傳統的家族心態上：「這是一套（指所謂庸俗化的儒家思想）引發人民努力工作的信仰和價值，最主要的是一種深化的階層意識，一種對家庭幾乎沒有保留的許諾（為了家庭，個人必須努力工作和儲蓄），以及一種紀律和節儉的規範。」勃格認為這種信仰和價值構成了東亞文化的共同遺產（見金耀基，1985：141）。

似乎學者們所謂「儒家倫理」，比較具體的內容，即指庸俗化

的傳統家族倫理而言。因此，問題可進一步化約為：家族倫理與經濟發展的關係。事實上，學者在討論與經濟發展有關的文化傳統價值觀時，對於儒家倫理的其他方面仍然多採取保留的態度。我們可以說，學者們企圖尋找的基督教倫理之代替物，在東亞社會是家族倫理，而非廣義的儒家倫理。這一點也可以從余英時的意見獲得佐證，他說：「儒家的宗教力量，從來總是很薄弱，它只限於家庭裡面，家庭對於祖先的崇拜。我始終覺得這個問題是關鍵的所在。中國的儒家缺少一個很強烈的『上帝』（personal god）的觀念，這個觀念可以直接通到每一個人的心裡。」（余英時,1982:11）

　　將東亞地區，特別是中國社會中與經濟發展和資本主義有關的儒家倫理，界定於家族制度和家族倫理的層面上，也使得我們可以回過頭來，更嚴謹地比較韋伯的新教倫理和東亞儒家傳統的家族倫理兩者性質的差異。家族倫理可以比擬於新教倫理的一點，只是在於兩者相對於經濟活動和經濟理性而言，都是屬於金耀基所說的「文化的解釋」。至於兩者分別在各自的經濟體系中所產生的作用和運作過程，恐怕很難加以類比。較嚴謹的說法應該是：傳統家族倫理對近代東亞的經濟發展，特別是在工作倫理和成就動機的層面，有積極的作用。如此，學者或可免去含混的「儒家倫理」概念所產生的困惑和爭論。

傳統中國家族意理

　　我們由中國社會的討論可以發現，要探討現代東亞經濟圈的社會和文化基礎，也許傳統的家族制度和家族倫理才是最主要的根本契機所在，而不是缺乏明確意指的「儒家倫理」，除非我們又把家

族倫理界定為儒家倫理的核心所在。但東亞社會主要包括了中國、日本和韓國三種不同的家族型態，此種差異性也否定了共同的「儒家文化」之涵蓋範圍。透過三種不同家族社會形態的分析，我們應該可以更為特定地呈現三種社會經濟體的運作法則，從中發掘其共同的基礎，但也可充分確定其差異性。這裡只就傳統中國和日本社會略做比較研究，以凸顯這個差異性的意義，尤其是中國家族倫理相對於日本家族倫理的局限性。

　　關於中國家族制度的特質，本書第四章〈房與傳統中國家族制度〉已有比較技術性的分析。首先，在理念方面可以發現家族制度是透過「系譜體系」和「功能體系」兩者的交作所形成的。中國人日常用語中的「房」、「家族」或「宗族」，是一種純粹用來指稱親屬「關係」和親屬「單位」的概念。它們並不一定表示具體存在的親屬「團體」，所以稱之為「系譜體系」。至於被稱為「家庭」的家戶經濟團體或擁有共同財產權的「宗族團體」，則除了有親屬關係的前提之外，還必須具備同居、共食、共產等等社會「功能」，是相當具體，持續性很強，凝結力很高的社會實體，我們稱之為「功能團體」。中國家族制度的一個重要特色，就是以這種理念性的「系譜體系」為基礎，以功能性的社會因素為附屬的交作關係。這是中國社會與西方和日本社會的差別所在。如下所述的，日本家族制度基本上乃是以功能體系為核心，而系譜理念只居次要地位。甚至系譜體系往往可以人為地加以調整以適合功能體系的維持和運作。

　　傳統中國人的觀念皆以宗族、家族或房的延續為重，這些觀念具體表現於姓氏的傳承、祖先的崇拜、財產的繼承和孝道的德行。根據父系的原則，一個男子一出生便在其父親的家族中具有「房」

的地位，自動成為家族財產的擁有者之一，死後得受祀於該家族的祠堂或公廳。相反地，女兒不論如何均無法在其父親的家族中擁有「房」的地位，她的系譜身分只有透過婚姻關係附屬於其夫之家族和房。此種觀念很嚴格地表現在祖先崇拜和冥婚的儀式上（陳其南 1985:83-92）。

傳統中國人最擔心的一件事是絕後、絕嗣或絕房，所謂「不孝有三，無後為大」。「嗣」或「房」均指概念上的系譜傳承而言。一個沒有兒子的男人必須盡可能尋求其他方式來延續其「香煙」。他可以為女兒安排招贅婚，帶進一個女婿來，然後指定他們所生的一個兒子來繼承其嗣系或房系。他也可以從外面收養兒子來繼承其宗祧。然而最值得注意的是「過房」的安排，即在系譜上由某一兄弟的一個兒子過繼來承續其宗祧，但不改變其住居和家戶關係。其「養」父之家戶自然消滅，但系譜上的宗祧則由「過房子」承續下來，故過房關係可以在死後才安排。這些例子充分說明中國人只重系譜觀念上的宗祧延續，而忽略了家戶經濟體的延續。

依據分房的法則，一男子可從其父親的家族中獲得其應得之房產，建立一個以自己之房單位為中心的生活團體，即「家戶」。父親的家族財產和生活團體經過一段時間後必須分解消失，而由其子所代表之諸房完全取代。所以在中國的家族意識形態中除供祭祀用的象徵性「祖產」之外，無永遠存在不變的家族財產單位和歷經數代而不分割的家戶單位。對於中國人而言，「絕家」是自然的事，而宗祧分房的原則正好為了分家另立門戶提供了倫理上的基礎。中國人比較強調家庭成員系譜關係的延續性，而家戶經濟體只不過是用來達成延續系譜關係的工具。這些特質相當清楚地反映在私人企

業的結構和所有權的轉移過程上，特別是與日本做比較時更為突出。
我在另一篇論文（同上：3-35）中對於這個問題有比較詳細的探
討。

　　從中國人的觀點來看，把工廠或公司作為一個企業共同體，就
如家戶經濟單位一樣，可以是為了延續個別家族和房的宗祧而存在
的。家族制度中既有分房的法則，那麼家產或家業也就得各房均分，
代代相傳，越分越細。另一方面因為重視家族系譜的延續性而忽略
了家戶經濟體的本身價值，乃使得中國式的家族企業體在遇到企業
危機時，往往為了維護家屬之私利，棄該企業的存續和善後於不顧。

　　因為中國家族理念以系譜關係為主要支配法則，所以在一般的
家庭企業經營中，人們無法將具有親屬關係特質的「自然人」企業
主或雇員，與不具親屬特質的「法人」企業體本身分別開來。例如，
在台灣常見到企業作為一個自然人，往往以其家族關係和家族倫理
操縱其相關的法人企業。社會大眾也總是不會把企業主個人及其親
屬從他們屬下的法人企業分開來對待。因此法人的觀念很難建立起
來，企業倫理也就無法脫離家族倫理的限制而獨立運作。其顯現的
問題是家族產業與公司企業不分，自然人與法人關係混淆不清。這
些問題的背後就是因為中國社會倫理無法擺脫家族倫理的支配，而
家族倫理又以系譜理念優先於功能體系的緣故（同上：111-5）。

　　以系譜理念為主制的中國家族倫理，在深化的層次已具備「擬
似」宗教倫理的性質。宗祧的延續性被比喻為「香火」，家族的宗
教性則表現在諸如祖先崇拜、喪葬儀式和風水信仰的領域，宗教的
家族倫理在世俗的社會生活中則凝結為「孝」的德行。雖然中國人
往往被認為是自私的，但這個自私的對象並非個體，而是家族。很

明顯的，中國人並不是為了個體的存在而生活和工作，家族意識才是激發大部分中國人肯定其生命意義和工作倫理的原動力。這個原動力塑造了中國人勤勞、節儉和「賣命」工作的形象。這就是一般論者認為是促成東亞經濟發展的「儒家倫理」最主要之內涵。但是，本文的論證乃在於指出這個所謂「儒家倫理」並不是最根本的動力源頭，在它的底下另有「家族倫理」的作用。

事實上，源於中國本土或經過中國化的宗教信仰體系要在中國社會獲得推展，首要的一個條件是必須與既有的家族制度與倫理觀念調合。儒家（教）、道教和佛教就是明顯的例子。家族倫理甚至被這些「宗教」教義所吸收和強化，而成為其主要內涵。然而，作為一種倫理制度的中國家族意理（ideology），一方面是中國人工作倫理的原動力，可是另一方面如上所述的，也是阻礙現代企業倫理發展的因素。

日本家族意理與企業倫理

與傳統中國比較，日本家族制度的中心思想乃在於延續具體存在的，日文中被稱為「家」（ie）的家戶經濟共同體。這個「家」不但有家產和家屋，而且有固定的家業（指職業而言）和家名。「家」由其成員代代相續，銜接不輟。儘管「家」的成員不斷逝去和更新，「家」的本體之存續並不受影響。日本人對於這個「家」的觀念，就如同中國人對房、家族、宗祧等系譜觀念一樣，特別強調其永續性。簡單地說，日本人所重視的家戶和生活團體正好是中國人所忽視的，而中國人所重視的系譜血緣關係對於日本人而言卻是次要的。

建立在傳統家族倫理上的日本式企業，其業主和員工卻能以「家」

或企業共同體之延續為職志，甚至視個人的生命為有限，而「家」和「企業」的生命則無涯，當然「家」或「企業」的存續要優先於個體的存續了。「家」不但要延續下去，而且不能由新家或分家來取代。「絕家」對於日本人來說，就如同中國人的「絕房」或「絕嗣」一樣嚴重。

日本人對於「家」的共同體之重視，相對地減輕了血緣傳承的重要性。所以，一家之主（家督或家長）的代代相傳可以不必受血緣系譜關係的限制。日本所謂「親子」關係並不局限於血緣的父子關係。真正的父子只有輔以實際的繼承關係才被認可為具有名份上的親子關係。作為兒子的不見得即自然獲得承繼父親之「家」的權利，而被認定為具有「親子」身分關係的養子反可以繼承家督之地位。

在日本相當普遍的「婿養子」之觀念最能夠顯現出此種非血緣的親子關係。在中國只有「贅婿」而無「婿養子」，贅婿被招入其岳父家時，並不改姓，也不能繼承其財產，死後其神主牌不能入祀其祠堂或公廳（見本書,頁169-176）。所以，中國有句俗話：「傳媳不傳女」，意思就是說只傳給已屬於自己宗祧後代的媳婦（即兒子之妻），而把女兒和女婿排除出去。日本的婿養子不僅是女婿，且在一進門之後即為養子，更改為妻家的姓，完全取得繼承妻家家督的地位。日本人對於繼承關係的此種看法，無意中提供了一套關鍵性的優選制度，即可以用能力標準來選擇家族企業的繼承人。

中國人雖然可以選擇女婿，卻無法取代親生兒子獲得繼承權。因此，即使再優秀的家族，不過三、五代也會出現帶來衰敗的子孫。「富不過三代」乃成為中國家族企業的致命傷。中國也有養子制度，

但習慣上都是幼年收養，對能力無選擇餘地。日本社會的「養子緣組」卻可以在成年之後才安排，而得以充分考量其品德和能力。日本的養子和婿養子制度巧妙地規避了中國家族企業的這項弱點。因此日本社會比較可以見到百年以上的老店。實際上，婿養子和養子繼承的例子不會比實子繼承者多，但在關鍵的階段往往對於家業的發展和持續具有決定性的作用（陳其南，1985:93-7）。

　　家族制度和家族意識的差異也反應於「忠」和「孝」的觀念。在中國社會，忠和孝是不同性質的道德觀念，「忠」是以非血緣關係的客體為對象的，例如君主、國家和企業體，而「孝」則是以尊輩血親為對象。前面我們提到中國家族制度是以系譜血緣意識為重，而社會功能團體意識為次，反映在忠孝的相對關係乃在道德意識上產生孝高於忠的位階關係。中國傳統的道德觀念中常有這類說法：「百行孝為先」，「身體髮膚受之父母，不敢毀傷」，「忠孝不能兩全」等等（同上:20-1）。

　　要瞭解日本人的忠孝觀念，我們可以從日本社會關係中的一項支配原則，即「親子關係」的涵義來看。對於中國人而言，「親子」只能是血緣的實親和實子關係。對於日本人而言，「親子」卻是一般性的社會關係。幾乎所有社會關係中的先後輩關係和上下層關係，都可以用「親子」這個具有普遍意義的理念來形容與瞭解。日本的「親子」不但超越了實有的血緣親子關係，而且在許多場合更回過頭來制約血緣的親子關係。日本的「親子」已不是一般學者所謂的「擬血緣」關係，而是獨立於血緣意識的一般社會法則。假如「孝」是用來指稱「親子關係」的道德原則，那麼這種意義的「孝」，與中國人所瞭解的「忠」，在對象性質上已無差別。因此日本人一方

面以社會功能團體意識優於系譜血緣意識，另一方面則以普遍性的
「親子」關係和無差別的「忠孝」義理來啟動非血緣性的社會功能
團體之運作。

　　在這裡我們看到傳統日本的家族制度中已經具備了柏深思
（Tallcott Parsons）所謂「普遍性」（universalism）的一般社會
構成質素，而日本社會中的一般團體構成也具備了傳統性的「家族
性」質素。這種兼具普遍性和特殊性的雙重質素形成獨特的日本家
族和企業體，不但不見於中國，也不見於西方社會。此種獨特性投
射出來，就使得日本家族具有相當濃厚的「企業」體質，也使得日本
企業體的結構和運作帶有獨特的「日本家族」性格。隨著日本經濟體
質的改變，日本式企業體一方面擺脫了困擾東方社會的家族主義與
封建傳統的束縛，在另一方面卻也避免了現代企業體因為不穩定的
市場和契約關係所帶來的衝擊。我們可以看到，日本經濟與企業之
所以會成為「第一」（Number One），是有其家族制度和社會傳
統為背景的。假如我們一定要在日本資本主義的背後尋找一個倫理
基礎，那麼這個倫理基礎似乎不是宗教性的，而應該是家族性的。
而且，這個家族性的質素不僅展現於工作倫理的層面，它更以人際
關係的型態和組織性的制度結構浸透到具體的現代企業體中。

　　日本學者在思考日本社會的「新教倫理」代替物時，也顯然偏
向於日本人特有的家族主義。在傳統日本的商人社會中，「商賣鼎
盛，子孫繁榮」的家業觀念，被認為是最大的價值，這也是商人聚
集資本的原動力。日本並沒有韋伯所謂新教倫理，而祖先崇拜的觀
念，或家的觀念，以及由儒家文化所孕育而成的出人頭地之意識，
才是扮演著日本資本主義強而有力的支柱（神島二郎，1978;竹內

洋, 1979; 作田啟一, 1959; 林顯宗 , 1986:20 ）。

七、結語

　　本文的論述試圖將家族倫理和經濟活動的相關性，置於歷史和地區脈絡中加以比較，而得出一個雛形的發展模式。就此循環性的發展模式而言，如果中國的「家族倫理」作為一種促進工作和營利活動的原動力而言，其性質與啟動西方資本主義精神的「基督新教倫理」有根本上的差異。新教倫理是一連串宗教改革運動展現在教義和信仰形態上的結果，而中國家族倫理在過去近八個世紀以來並沒有根本的改變。所以，新教倫理的革命性和原創性，宜乎其為資本主義之啟動機制。

　　又，中國人的家族倫理相對於商人企業精神和儒家倫理所構成的循環關係，使得本身無法有所突破。因此，經由家族倫理所啟動的商人精神，是否可以獲得彰顯，甚至突破儒家傳統倫理或家族倫理本身的限制，則有疑問。而且本文接著透過中國家族制度特性的分析，及與日本社會的比較，釐清了中國家族倫理做為工作精神之原動力的性質，並討論其對於經濟組織和企業體質的現代化所造成的阻礙。在這個論證過程中，我們探討了家族倫理在中國和日本社會中與宗教倫理的相關性。特別是在中國的例子，由於祖先崇拜的存在，使得「家族倫理」較之「儒家倫理」更具備宗教性的質素，而帶有超世俗的性質。如本文一開始所討論的新教倫理，能夠形成強制性驅力的倫理制度必須是建立在超越世俗的信仰基礎上，才能對於世俗的生活方式和社會秩序產生變革的力量。而向來學者們所

討論的「儒家倫理」由於其宗教質素的淡薄，對於世俗秩序充滿了妥協性，其本身也缺乏超越世俗的信仰力量，因此始終沒有逼出其本身所宣示的理想世界。

　　東亞地區經濟發展的文化價值和社會制度基礎乃在於家族意理，而非曖昧的儒家倫理。家族意理一方面解釋了東亞地區民間的工作倫理之來源。而個別社會的家族意理之差異性也說明了不同地區在邁向經濟發展途徑中表現於企業體質和企業倫理現代化階段的相對優劣之勢。這個分析期望可以幫助我們重新估計和思考各個社會在走向現代化過程中所必須面臨的問題性質。

參考書目

竹內洋

　1979　《日本人の出世觀》（東京：學人社）。

作田啟一

　1959　〈立身出世〉，載《階級社會と社會變動》，現代社會心理學第8輯（東京：中山書店）。

余英時

　1980　《中國知識階層史論：古代篇》（臺北：聯經出版事業公司）。

　1982　〈當代新儒家與中國現代化〉（座談會記錄），《中國論壇》，105期。

　1986a　〈中國近世宗教倫理與商人精神〉，《知識份子》，1986年冬季號，頁3-45。

　1986b　〈關於韋伯、馬克思與中國史研究的幾點反省〉，《明報月刊》，245期，頁11-18。

　1987　《中國近世宗教倫理與商人精神》（臺北：聯經出版事業公司）。

武新立

　1983　《明清稀見史籍敘錄》（南京：金陵書畫社）。

林顯宗

　1986　《日本式企業經營——組織的社會學分析》（台北：五南）。

金耀基

1985　〈儒家倫理與經濟發展：韋伯學說的重探〉，載喬健（主編），
《現代化與中國文化研討會論文彙編》，頁133-145。

重田德

1975　《清代社會經濟史研究》（東京：岩波書店）。

神島二郎

1987　《近代日本の精神構造》（東京：岩波書店）。

章有義

1984　《明清徽州土地關係研究》（中國社會科學院出版社）。

張海鵬、王廷元（編）

1985　《明清徽商資料選編》（合肥：黃山書社）。

張海鵬、唐力行

1984　〈論徽商「賈而好儒」的特色〉，《中國史研究》，1984（4）。

黃進興

1985　〈韋伯論中國的宗教：一個比較研究的典範〉，《食貨》，
15（1/2）：32-48。

楊君實

1986　〈儒家倫理、韋伯命題與意識形態〉，《知識份子》，1986
年春季號，頁58-65。

謝國楨

1981　《明清社會經濟史料選編》（下）（福州：福建人民出版社）。

薛宗正

1981　〈明代徽商及其商業經營〉，《中國古史論》（吉林人民出
版社），頁296-321。

藤井宏

　　1953　〈新安商人の研究〉，《東洋學報》，36⑴: 1-44; 36⑵: 32-60; 36⑶: 65-118; 36⑷: 115-145。

葉顯恩

　　1983　《明清徽州農村社會之佃僕制》（安徽人民出版社）。

陳其南

　　1985　《婚姻、家族與社會：文化的軌跡（下集）》（台北：允晨）。

劉　森

　　1987　《徽州社會經濟史研究譯文集》（合肥：黃山書社）。

安徽省博物館

　　1988　《明清徽州社會經濟資料叢編》（北京：中國社會科學出版社）。

Alatas, S. H.

　　1973　"Religion and Modernization in Southeast Asia," in Hans-Dieter Evers, （ed.）, *Modernization in Southeast Asia.* （London: Oxford University Press）.

Andreski, S.

　　1968　"Method and Substantive Theory in Max Weber," in S. N. Eisenstadt, （ed.）, *The Protestant Ethic and Modernization.* （New York: Basic Books）.

Godelier, Maurice

　　1972　*Rationality and Irrationality in Economics,* Trans. by B. Pearce. （New York: Monthly Review Press）.

Godley, Michael R.

1981　*The Mandarin-Capitalists From Nanyang: Overseas Chinese Enterprise in The Modernization of China, 1893-1911.* （Cambridge: Cambridge University Press）.

Kahn, H.

1979　*World Economic Development: 1979 And Beyond.* （London: Croom Helm）.

Morgan, Edmund S.

1966　*The Puritan Family: Religion and Domestic Relations in Seventeenth-Century New England.* （First published by The Public Library, Boston, in 1944; revised and expanded edition published by Harper and Row, New York, in 1966）.

Wang, Gungwu（王賡武）

1968 "Traditional Leadership in a New Nation: The Chinese in Malaya and Singapore," in Wijewardene, （ed.）, *Leadership and Authority: A Symposium.* （Singapore）.

Weber, Max

1958　*The Protestant Ethic and The Spirit of Capitalism.* Trans. by Talcott Parsons. （New York: Charles Scribner's Sons）.

第七章
中國古代親屬制度與婚姻形態：
稱謂、廟號與婚制 *

一、前言

　　本文嘗試從人類學者對於中國古代親屬制度的研究，重新探討商王廟號在瞭解商代社會結構上的意義。第二節，檢討過去學者對於商王廟號的討論，並指出研究這個問題的基本態度。第三節，將過去有關中國古代親屬制度的研究作系統的整理，特別是關於雙方交表婚，母方交表婚和異世代媵婚的制度。第四節，試從史家的研究論商王廟號的間隔世代原則，比較其與周代昭穆制的異同；並根據王妣廟號之關係導出廟號的四分組制，指出廟號的間隔世代原則與婚姻制度之間的並行現象。第五節，參考親屬稱謂的變化和其他的社會制度，論商王廟號的秩序性所顯示的兩種婚姻型，並探討殷商社會分成四個婚姻組的可能性。第六節，根據商王廟號的秩序性，商王及位年數，史書對於「弟」和「母弟」的記載，春秋時代的「立

＊本文原題〈中國古代之親屬制度 — 再論商王廟號的社會結構意義〉，發表　於《中央研究院民族學研究所集刊》，35期（1973），頁129-144。

弟」之說，及商代嚴格劃分世代的條件，檢討所謂「兄終弟及」制的一些問題。

二、關於商王廟號的討論

商王廟號的秩序性及其與商代親屬和婚姻制度的關係，經由張光直教授（1963，1965）首先發現並加以解釋之後，已經過好幾位學者的討論（丁驌，1965，1966；許倬雲，1965；劉斌雄，1965；林衡立，1965；許進雄，1965；楊希枚，1966；Chang，1964），但似乎還沒有一種說法能夠合理而充分地解釋廟號所隱含的社會結構意義。張光直之說（1963：65-96）可以用更清楚的社會人類學說法加以整理如下：商王室是行父方交表婚的兩個以上之父系群所構成，而王位的繼承則為母系的舅傳甥。張氏可能忽略了其他有關親屬制度的研究，這些研究似乎未曾顯示過在中國境內有排除母方交表婚而行父方交表婚的跡象，所謂「親母之父系宗族為亂倫禁忌範圍為世界各地父系氏族社會中所習見」（1963：83）也許是一個不正確的說法。他摒棄了父系社會行母方交表婚或雙方交表婚的可能性，這也是一個很難令人類學者同意的見解。對於商代婚姻制度的解釋，我們不能只靠廟號來推測，而忽略親屬稱謂及其他有關的社會行為之旁證。如果這方面的資料不可得，也應正確地考慮人類社會基本親屬結構的可能性。我們不認為中國的親屬制度也是「所有一切原則的例外」。

劉斌雄先生（1965）大膽地提出商王室的十分組制，這是一個很難與廟號的秩序性實際驗證的說法。商王室如何在此種分組制度

之下行第二交表與第三交表中間的雙方異世代斜婚和姐妹交換婚（1965：104-105），似乎還沒有其他的資料可資佐證。我們對此種罕見的例子寧可採取保留的態度。

丁驌先生（1966）的分組法更能顯示整個商王世系和婚姻關係的規則性。但靠此種分組法所解釋出來的商代親屬制度顯非人類學者所能理解。一個先前行外婚的兩個氏族為何後來突然變成各自內婚？而內婚所生之子為何會是屬於其他氏族的（1966：41）？「廟號來自母方，王位繼承自父方乃是父權母系。」（1966：68）對descent的此種概念幾乎是研究上代中國的史學家易犯的誤解，甚至張光直先生也要在父系和母系之間，導進一個模糊的「男系繼承」觀念（1963：74），而趙林先生《商周親屬制度之研究》（Chao, 1970）所引用的人類學材料，例如對 moieties（頁30）、雙方交表婚（頁36）和婚姻組（頁58-59）的說明都有謬誤。

像這樣對親屬制度缺乏明確的概念所討論的結果，往往是一個無法讓人家理解的親屬制度。商王廟號就像是殷墟出土的一堆陶片，許多人想把它拼合恢復原來的樣子。很不幸的，這些陶片過於零碎，已經無法看出它原來的形狀，而只能根據紋理來判斷。可是我們很可能不但不知道有這種陶片的紋理，甚至連它是個什麼樣子，一點概念也沒有。用另外的例子來說明，這就好比要依靠一局殘棋，去追溯這種棋的玩法一樣。至少我們對這種棋所有可能的玩法應該先有個概念，然後才能從殘局中重建這一套下棋的法則。對於殷商社會的瞭解，只依賴歷史學是不夠的，必須借助於人類學對於人類社會的基本制度之研究，始能克奏其功。商王廟號可以是親屬制度的表徵，但只靠商王廟號並不能產生新的親屬制度。對於廟號，我們

應該從人類社會的基本親屬結構可能產生的變異及與殷商有關的中國境內各民族之親屬制度去尋求合理的解釋。

三、關於中國古代親屬制度之研究

研究中國古代親屬制度最重要的文獻是《爾雅·釋親》、《儀禮》和《禮記》。比較而言，《爾雅》所記載的親屬稱謂較簡單，少分化而且有些地方不一致，因此常被認為是代表較早期的稱謂制。大約成書於西元前五世紀左右的《儀禮》和《禮記》則代表較晚期，經過儒家合理化以後的產物，其中記載許多有關親屬制度在祖先崇拜、喪制及其他儀式上的功能，提供研究親屬制度的最佳材料。《儀禮》和《禮記》記載周代的制度，因此《爾雅·釋親》就常被認為可以遠溯到殷商時代。從甲骨文所得有關親屬稱謂的材料殘缺不全，是否已經包括了所有的稱謂，很有疑問，因為卜辭中所見的親屬關係只限於表現在祭祀系統以內的（陳夢家，1956：483），所以尚不能用來驗證吾人對《爾雅》的推論之可靠性。若單據卜辭來建立商王室的親屬制度，也似嫌粗略。

大部分的學者均認為《爾雅》的親屬稱謂，是早期中國行雙方交表婚的遺留（Fêng, 1937: 50-51; Granet, 1930: 187；加藤常賢，1940: 176-199）。根據《爾雅·釋親》，姑之子（FZS）、舅之子（MBS）、妻之晜弟（WB）、妹妹之夫（ZH）均稱為甥。而夫之父（HF）、母之兄弟（MB）稱為舅，妻之父（WF）稱為外舅。夫之母（HM）、父之姐妹（FZ）稱為姑，妻之母（WM）稱為外姑[1]。無疑的，只有行雙方交表婚和姐妹交換婚的親屬關係才能與

此種稱謂一致。Radcliffe-Brown 即相信古代中國極可能有雙方交表婚的存在，把一個村落的兩個宗族或不同宗族的兩個村落聯姻起來。此種情形也發現於今之河南、山西一帶（Hsu, 1940-1: 357, n. 22）。Chen 和 Shryock（1932：629）引唐朝白居易的一首詩說明此種制度曾存在於江蘇：「徐州古豐縣，有村曰朱陳……。一村唯兩姓，世世為婚姻……。」因此李維史陀（Lévi-Strauss）認為我們可以相信馮漢驥所說，至少在西元前一千年之間，中國的某些地區曾有雙方交表婚的存在（1969: 346）。

　　雙方交表婚在人類學上是很普遍的例子，只要一個社會分成兩個外婚的單位，而彼此通婚，便可以產生這種婚制。這種社會很容易令學者聯想到澳洲 Kariera 族四組制的可能性。但要構成四組制，單是雙方交表婚和姐妹交換婚的條件是不夠的，必須輔以嚴格的世代分別或雙系制（double descent）。法國漢學家葛蘭言（Granet）根據周代的昭穆制認為古代中國已經有嚴格的世代分別制度（1939：3-6）。而且有「姓從父，名從母」的習俗（1939：83-102），再加上《爾雅》的親屬稱謂之證據（1939：43, 165），因此產生了一種假說，認為中國最古老的親屬制度是四組制：一個社群分為兩個外婚群，彼此聯姻，根據世代相當的原則行姐妹交換婚，父輩的兩組彼此交換，子輩的兩組彼此交換，形成雙方交表婚制（Granet, 1939：165; Lévi-Strauss, 1969：317）。事實上，葛蘭言的主要論

---

①本文所用親屬類型代號之意指如下：F=Father（父），M=Mother（母），S=Son（子），D=Daughter（女），B=Brother（兄弟），Z=Sister（姊妹）。所以，FZS=Father's sister's son（父之姊妹之子）。

證是在根據周代的五服喪制和諸侯五廟的五代循環法則,重建一種類似澳洲 Murngin 族八組制的婚姻制度,而他不過是認為此種婚制之前應該有個上述的四組制之存在。此種親屬制度的演化觀念卻成為李維史陀大肆抨擊的對象(1969:313-5, 320-2)。

從葛蘭言的說法而言,由四組制分裂成八組制的過程首見於諸侯五廟的制度,不僅父子兩代成昭穆相當,即祖孫也不同組。在親屬稱謂方面,則舅甥之稱只用於男人,姑姪只用於女人。換句話說,不再行雙方交表婚,而女人永遠嫁給姑表兄弟(FZS),男人永遠娶舅表姊妹(MBD),婚姻的方向由雙向的變成單向的。此時舅的稱謂不僅指母之兄弟和岳父,也指妻之兄弟;甥不僅指姊妹之子和女婿,也指姊妹之夫,此種世代的忽略加強了系性的差別(Granet, 1939:210-211)。「婚姻」二字的用法本是如此,《說文》:「婚,婦家也;姻,婿家也。」也就是說,一邊是 wife-givers,一邊是 wife-takers(Lévi-Strauss, 1969:320-321)。此種婚姻型態在古代中國造成兩個父系半族,而根據母系原則分居成四群,行母方交表婚,構成五代循環的現象(同上:323)。從葛蘭言這樣拼湊而來的八組制也只是一種假說而已,周人是否如此尚待證實,但至少學者們均承認母方交表婚仍然存在於中國境內的某些地區,例如雲南昆明(Hsu, 1945:83-103)、福建(Lévi-Strauss, 1969:352,引自林耀華)、太湖附近(Fei, 1939:50-1)。但父方交表婚則到處受到嚴厲的反對(Hsu, 1945:98)。

另外一種婚制,是自古以來即發現於諸侯等貴族階層以上的包含異世代之多妻制,這種制度在歷史上有清楚的記載。《春秋公羊傳·莊十九年》:「諸侯娶一國,則二國往媵之,以姪娣從。姪者

何？兄之子也。娣者何？女弟也。」《禮記義疏》：「姪是妻之兄女，娣是妻之妹，從妻來為妾也。」《左傳・昭十一年・疏》：「按古禮，天子取九女，諸侯七。」此種媵婚制自西漢以後即不見記載（Fêng, 1937：50）。李維史陀認為這種娶妻之兄女的異世代婚制，在世界上其他地區太普遍了，而且與古代中國社會的特徵相當符合，不能等閒視之，必須當做是中國親屬制度的基本結構現象來處理（1969：354）。

　　因此，李維史陀拾取葛蘭言旋即放棄的見解，認為古代中國可能有兩種親屬制度同時並存，一個是行姊妹交換婚和雙方交表婚的平民，有外婚半族；一個是來自封建制度，而基於父系氏族間的聯姻循環，行母方交表和姪女婚（1969：369-370）。前者是限制的交換（restricted　exchange），後者是普遍的交換（generalized exchange）。

四、商王廟號的間隔世代原則與婚姻形態

　　李維史陀非常反對葛蘭言所提議的古代中國有四組制之說。他認為葛蘭言犯了歷史的錯覺，因為根據學者的研究，五服喪制是後期儒家合理化的產物，《儀禮》的親屬制度是五服的結果而不是原因（Fêng, 1937：41-43）。把它當做原始型態來推論古代中國有世代原則是有問題的。"The stratification into generations should be placed not before the Confucian period, but after." (Lévi-Strauss, 1969：333)

　　但周代初期宗廟之制已分昭穆是沒有問題的。父為昭，子為穆；

昭居左，穆居右。《禮·祭統》：「昭穆者，所以別父子、遠近、
長幼、親疏之序而無亂。」不僅宗廟如此，墓葬如此，廟祭時子孫
也分昭穆。昭穆之制實與宗廟不可分。在周代之前，不見有昭穆制
之存在，這是李維史陀否認更早之中國有世代原則的理由。然而近
人丁山考宗法之源（1932），謂：

> 宗法者，宗廟之法也。（頁404）

> 宗法者，初以辨先祖宗廟之昭穆親疏，非以別繼祖繼禰，後
> 世子孫之嫡庶長幼也。（頁402）

> 宗法之起，不始周公制禮，蓋興於宗廟制度，殷之宗廟以子
> 能繼父者為大宗，身死而子不能繼位者，雖長於昆弟，亦降
> 為小宗，與禮家所傳「繼別為宗，繼禰為小宗」適得其反。
> 禮家所謂繼別禰，則近於周人之大宗為祖，小宗為禰，是後
> 儒相傳之宗法，即周宗昭穆之演變。（頁415）

換言之，儒家對宗法所做之改變只是別繼祖繼禰之法而已，至於宗
廟之制，則殷代已備，故殷人也已經有別父子、遠近、長幼、親疏
之序。但殷人既無昭穆制，如何別之？

　　這一個問題當然應該從廟號本身去求解，表7-1乃根據卜辭修
正後的殷王世系表，顯見甲乙和丁相隔世代出現的趨勢，一如昭與
穆，這是以前討論廟號的諸學者一再指出的事實（張光直，1963：
69-71；丁驌，1966）。昭穆既是周人用於別父子遠近長幼親疏之
序者，十天干的商王廟號自然更是殷人宗廟中所以別父子遠近長幼

親疏之序者。故我們可以說，殷人與周人一樣有嚴格分別世代的制度（參見陶希聖，1966：13-17，從稱謂論殷代之世代層的劃分）。但殷人所用之法較周人複雜，在意義上更不明確。昭有顯明之意，穆者柔和之貌，昭居左，穆居右，有尊卑之意。而十天干不過次序符號而已。前述馮漢驥與李維史陀對周代以前有否間隔世代原則之懷疑應可獲得解決。

　　然而，不論是昭穆制或廟號，其與親屬婚姻制度是否有關係？這是到目前尚無法肯定的問題。葛蘭言遽以昭穆論周代婚制，論商王廟號者也以十干之分組，即代表婚姻組，而在邏輯上均未稍有交代。許烺光即不以為然，他認為昭穆制不是固定的規定個人之屬性，而只表示父子之間相對的地位，父對子而言永為昭，子對父而言永為穆。在廟制的安排上必須使某一神主對上為穆，對下為昭，故只分左右兩排是不行的。每一排必須再分上下兩格，所謂昭穆只能對位在同格的左右兩排而言，故其祔遷的次序是由穆而同格之昭，由昭而異格之穆。此種相對性，即同一主可為穆也可為昭，與親屬結構似無相關（Hsu, 1940-1）[2]。李維史陀則認為未必盡如許烺光之說，因為根據過去的經驗，間隔世代的原則在解決某些混淆不清的現象很有幫助，尤其當這些現象暗示著相鄰兩代互相對立而間隔世代彼此同組時，更有可能（1969：343-344）。人類學家此種一廂情願的說法畢竟不能令人滿意。筆者以為商王妣之廟號或能解答這個問題。

---

[2]參見李宗侗之說，以昭穆為固定之指稱，而直接當作一種婚級制（1954:52-55）。又見加藤常賢（1940: 583-647）論昭穆制與婚級制之關係。

表7-1　殷王妣世系

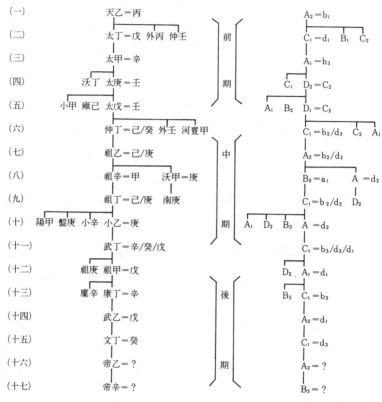

〔說明〕 (1)豎線表直系父子關係；橫線表兄弟關係，兄終弟及次序由左至右；＝表婚姻。
(2)右表代號：A₁(甲)，A₂(乙)；B₁(丙)，B₂(己)，B₃(辛)；C₁(丁)，C₂(壬)；D₁(戊)，
D₂(庚)，D₃(癸)。大寫表王，小寫表妣。
(3)世系及先王名稱以《史記》爲據，先妣根據卜辭（陳夢家，1956：379-384）。

　　我們從卜辭的祀典上證明每一位先王的十干廟號是固定的，對
於後世不同的祭祀者而言，先王的稱謂雖有不同，但廟號卻未改變。
事實上，卜辭學者完全是根據這個假定才能與史料互相印證，據以

斷代。這是與周代昭穆制最大的不同點。我們可以認為昭穆制是後期對間隔世代的原則加以合「禮」化的結果，是周人「尊尊」的表現。但昭穆既含尊卑之序，故在宗廟祔遷的過程中廟號即不能固定，而需依賴相對關係改變。不含尊卑意義的十干無此限制，故廟號可以固定。許烺光對於昭穆制的解釋不能用於商王廟號。但我們也不能因為廟號是固定的指稱，就認為與親屬制度有關。幸好，卜辭學者給殷王世系所補充的先妣廟號提供了一項可資利用的材料。

蓋卜辭祀典上所載大宗諸王之妣也全部以十干為號，若先王和先妣廟號之間存在著某種一貫不變的關係，那麼我們就可以認為具有間隔世代原則的廟號次序與婚姻制度之間，的確具有某種並行關係。然後才可以根據廟號來探索親屬制度，而不致陷於邏輯上之謬誤。

今根據一妣或多妣之標準把殷王世系分成三個階段來論王妣廟號之關係。前期自天乙至太戊共五世，為一王一妣；中期自仲丁至武丁共六世，大部分為一王多妣；後期自祖庚至帝辛共六世，所見均為一王一妣。各期王妣廟號之關係如表7-2，我們可以發現王妣配之廟號沒有一組之王妣廟號是相同的。但是否還有其他關係，從這個表不容易看出來。過去的討論者曾經試過不同的分組方法，但都是把間隔世代的原則與外婚氏族混為一談，無意間認為相鄰的兩個世代即是兩個外婚的氏族。現在，我們可以提出一種較有可能的分組法，把十干分成A、B、C、D四組：

甲（A_1），乙（A_2）為A組；丙（B_1），己（B_2），辛（B_3）為B組；

丁（C_1），壬（C_2）為C組；戊（D_1），庚（D_2），癸（D_3）
為D組。

　　如此分組的目的，只是因為這樣最能夠透露商王廟號的秩序性。
那麼表7-1和表7-2的世系均可以代號加以簡化，這些簡化以後的世
系表立刻顯示出各期王妣配的特徵。前期為A組配 B 組，C 組配D
組；中期A和C的多妣配總是同時具有B、D兩組，而祖辛（B_3）之
配也可能同時具有A、C兩組③ ，一妣配則為A組配D組；後期的王
妣配剛好與前期相反，而為 A 配 D，C 配 B，最後一組文丁（C_1）
配癸（D_2）則又回到前期的型態。整個過程中，從天乙至文丁近六
百年的王妣配看來，A和C是一組，B和D是一組，互為外婚，而A
和C則互為相鄰之世代，幾無例外。對於想要建立某一民族的婚姻
型態之人類學家而言，此種比率已經非常令人滿意，顯然商王妣之
廟號不但不是隨機的、偶然的安排，而且是用以間隔世代，並能顯
示出婚姻關係的範疇概念。

　　然而，我們仍然不必以為殷人即以十干指稱每一婚姻組，十干
不過是一些無意義的次序表而已，其用以分別世代正如今人之使用
輩名，所以能夠顯示出婚配的規則性顯然是因為實行某種特別婚制
的關係。

---

③卜辭第二期祭祖辛奭妣壬（c_2），第五期則祭祖辛奭妣甲（a_1）及妣庚（d_2）。
　此問題參見許進雄之討論（1965： 126-127）。

表7-2 商王妣廟號之關係

王	妣		
	前期	中　　　　期	後　期
甲	辛	庚	戊
乙	丙	己/庚，庚	戊
丁	戊	己/癸，己/癸，辛/戊/癸	辛，癸
戊	壬		
庚	壬		
辛		甲	

王	妣		
	前	中　　　　後	
A_1	b_3	d_2	
A_2	b_1	b_2/d_2，d_2	
C_1	d_1	b_2/d_3，b_2/d_3，$b_3/d_1/d_3$　　b_3，d_3	
D_1	c_2		
D_2	c_2		
B_3		a_1	

五、春秋時代之媵婚制

從前期的婚配關係來看，AC和BD分別構成一個外婚群，如果在《史記》和卜辭中的父和子為真正的父子關係，那麼AC和BD便是兩個外婚的父系半族（moieties）。由於實行嚴格的輩分制度，所以每一個半族又自然分為兩級，父與子異級，祖與孫同級，那麼A與B，C與D構成配對。換句話說，這兩個父系半族是根據輩分各組成兩級實行雙方交表婚和姊妹交換婚的婚姻配組。這與《爾雅》的親屬稱謂所導出的婚姻型完全一致，而過去學者所爭論的，商代有無四組制的問題，卻在這裡巧妙地出現了一個幾無瑕疵的 native's model。可是這種分組制度是否為殷人所認知，有無其他佐證足以說明其社會實際存在著此種四組制，此等問題仍然有待史家的探討。但至少我們已知道，據卜辭第五期祀典的證明，「先祖與先妣，各種祭祀，都是分別舉行的，先祖為一系統，先妣為一系統。」（董作賓，1955：106）除了認為商代兼顧兩系之外，我們將如何解釋先妣要受特祀且能自成一系統的現象？而四組制的所有現象——雙方交表婚，間隔世代原則和雙系繼嗣制——都可以在這個時代找到蛛絲馬跡，似乎不能說是偶然的巧合。

中期的多妣配，全部是相鄰兩代之女子同配一王的事實，則又令人不得不指涉到春秋時代的媵婚制，而卜辭學家早已注意到這種可能性（胡厚宣，1944）。前引《公羊傳・莊十九年》：「媵者何？諸侯娶一國，則二國往媵之，以姪娣從。」姪是妻之兄女，娣是妻之妹。我們寧可相信中期商王的多妻制是一種異世代的媵婚制，是

古代社會所承認的婚制，不僅由商王廟號的世代原則可以支持我們的看法，《爾雅》的親屬稱謂也可以拿來加以說明。

《爾雅·釋親》「姑之子為甥，舅之子為甥，妻之晜弟為甥，姐妹之夫為甥」被解釋為雙方交表婚的稱謂制。但，先前稱為「出」的姊妹之子，到了後面卻也稱為「甥」，孟子也稱女之夫為「甥」

表7-3 春秋時代齊魯兩國諸候之婚配關係

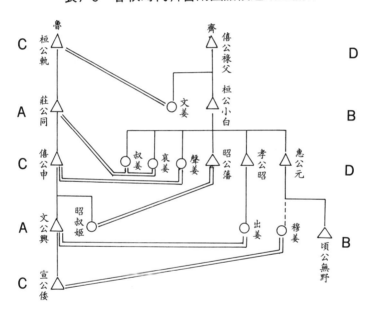

〔說明〕⑴豎直線表父子，橫直線表兄弟姊妹，雙平行線表婚姻關係，虛線表可能之關係。英文字母表世代關係。

⑵本表根據芮逸夫師的資料（1957，1959）繪製而成；又見加藤常賢之說（1940：444-447）。後者以文公興之夫人出姜為宣公倭夫人穆姜之姑（FZ）。

（Féng, 1937: 50）。後期「甥」之稱延伸至次一世代是否與上述之媵婚制有關，頗多爭論（同上: 51）。然而，證諸商王廟號，此種婚制未始不可能。舅的稱謂也不只用於母親之兄弟，且向下延伸至妻弟。但馮漢驥對於這點提出了一個相當令人信服的辯解。他說舅之稱妻弟，始自西元十世紀以後的《新唐書》，此時妻之父不稱舅已有一千年之久，而媵婚也早在西元前三世紀已經消失，故不能用以說明此種婚制（同上: 55-56）。但我們也不必像他所說的，把周代封建貴族多行異世代媵婚制的可能性也放棄掉。

例如，《左傳・襄公十九年》：「齊侯娶於魯，曰顏懿姬，無子，其姪鬷聲姬生光，以為太子。」在此，齊侯行媵婚是很可能的事實。而〈襄公二十三年〉：「臧宣叔娶於鑄，生賈及為而死，繼室以姪。」異世代的姪女婚豈是這一時代的優先婚？（關於古代中國行媵婚制的其他例子，參見 Granet, 1953: 7-27; 李宗侗, 1954:140-146）。而齊魯兩國的累世通婚（表7-3）幾乎就是後期商王姻婚配關係的翻版：

商代後期	春秋魯齊兩國
(見表7-1，祖甲至文丁)	(見表7-3)
$A_1 = d_1$	$C = b$
$C_1 = b_3$	$A = d$
$A_2 = d_1$	$C = d$
$C_1 = d_3$	$A = b$

對魯僖公申而言，昭公潘等兄弟是舅（母之兄弟）也是甥（妻之兄弟），自應稱舅；對魯文公興而言，齊頃公無野應稱甥（妻之

兄弟），但同時又相當於姊妹（昭叔姬）之子。關於舅甥的稱謂問題，恐怕媵婚制是一個重要關鍵。

　　以春秋時代的例子來重構商代的婚姻制度，並不只是因為廟號的秩序性及親屬稱謂的變化所投射出來的一個「影子」而已，事實上，周代史籍和卜辭也已經透露出殷人行媵婚制的可能性。《易・歸妹》六三：「歸妹以須，反歸以娣。」六五：「帝乙歸妹，其君之袂，不如其娣之袂良。」《殷虛書契前編》（卷四第二十六葉）：「己卯（下缺）歸姪（下缺）奴王（下缺）。」

　　這種媵婚制不但已成為一種社會制度，而且可能是瞭解整個先秦時代的社會組織之重要線索。《公羊傳》云：「諸侯娶一國，則二國往媵之。」婚姻在春秋時代所扮演的國際政治角色，更是史不絕書。在這個時代，婚姻不只是個人的事，而是整個父系之「國」的事。所謂「甥舅之國」或「兄弟之國」，我們除了透過聯姻的關係以外，實在無法去瞭解這種「國際公法」。在這方面仍然有待更進一步的分析，史學家如果具備更正確的親屬制度之概念，則我們對春秋時代社會組織的瞭解將有一新的面貌，而且可能為人類學的親屬理論提供一個珍貴的民族誌材料，因為人類學家對此種婚制的瞭解仍然相當有限。

　　類似此種異世代的婚制（obilque marriage）最有名的例子是美洲的 Miwok 族印地安人（Gifford, 1916）及大洋洲的Ambrym族（Deacon,1927）。Miwok族分成兩個父系半族行母方交表（MBD）婚和妻之兄女（WBD）婚，而在社會制度方面，Miwok族和古代中國更有許多類似的地方（Lévi-Strauss, 1969: 368-370）。Seligman（1927）提出假說欲解釋Ambrym族社會如何由雙方交表婚發展至

異世代婚的過程及其產生六組制的理由。這裡可能也包含著四組制的雙系社會移向父系為主的社會之過渡階段，媵婚制是父系已經占優勢的社會才有可能實行的制度。但有關六組制異世代婚的民族誌分析一直相當缺乏，Deacon從土著的模式所得到的報告成為絕響，尚未出版，人已經去世（1927：325）。而李維史陀宣稱準備另著專書分析（1969: 125 n.），我們也只聽見樓梯聲，未見人下來。不久，他便放棄了這個計畫（1969: xxxvi）。

六、商代王位繼承與兄終弟及的一些問題

在前面的數節中，我們根據人類學家對於中國古代的親屬制度之研究，以及史書所載有關殷周的材料，試圖透露商王廟號所隱含的社會結構意義，並嘗試建立了中國古代的婚姻制度。我們大致可以獲得一個有關殷商六百餘年的社會結構之輪廓。基本上，不論殷商時代有多少民族同時存在於中國境內，殷人是自成一個傾向於內婚的族群。我們不清楚殷商這個民族有否明顯的平民貴族階級之劃分，但至少從婚姻關係上可以看出有兩個外婚的半族，每一個半族又可以根據間隔世代的原則分成兩級，因此殷人的社會結構最簡單之原型是可以建立於四組制之上的。但在實際的情境中，每一個半族可能又分成幾個較小的氏族，其數目並不一定要一致，不過整個族群仍然保留四組制的基本型態。當這個社會以半族為單位，行雙方交表的姊妹交換婚時，便與這種四組制的社會結構互相吻合，而呈現雙系的繼嗣制。如果王位的繼承是父系的，那麼必有其他的社會關係是循著母系而傳承，例如姓氏或居處法則等。也有可能半族

是根據母系法則，而氏族是根據父系法則劃分的，例如姬姜兩姓或原為外婚的母系半族，後來又各自分成幾個居住在不同地方的父系氏族之國。

　　這是一個理想型，實際的商代社會可能要複雜得多。對這種四組制的最大之干擾可能來自異世代多妻制的制度化，使世代原則受到擾亂。也有可能是由於新的外族同化進來成另一個聯姻的對象，或是原來半族內的某些氏族特別龐大而崛起成為新的聯族（phratry）。這些情況都有可能使四組制變成六組制，使雙系繼嗣制走向單系繼嗣制。在商周時代，父系性的逐漸強化是明顯的事實。商王廟號另一個有待分析的秩序性也許能夠透露這種六組制的傾向。下表是根據卜辭修正以後的商王傳位次序用上文的分組法所做成：

（匚丙～太丁）$B_1 \rightarrow C_1 \rightarrow C_2 \rightarrow D_3 \rightarrow A_2 \rightarrow C_1 \rightarrow$

（卜丙～小甲）$B_1 \rightarrow C_2 \rightarrow A_1 \rightarrow C_2 \rightarrow D_2 \rightarrow A_1 \rightarrow$

（雍己～祖乙）$B_2 \rightarrow D_1 \rightarrow C_1 \rightarrow C_2 \rightarrow A_1 \rightarrow A_2 \rightarrow$

（祖辛～盤庚）$B_3 \rightarrow A_1 \rightarrow C_1 \rightarrow D_2 \rightarrow A_1 \rightarrow D_2 \rightarrow$

（小辛～祖甲）$B_3 \rightarrow A_2 \rightarrow C_1 \rightarrow (B_2) \rightarrow D_2 \rightarrow A_1 \rightarrow$

（廩辛～帝乙）$B_3 \rightarrow C_1 \rightarrow A_2 \rightarrow C_1 \rightarrow A_2 \rightarrow$

（帝辛）B_3

在這個表內，我們看到以B組為起始，每隔六王循環一次的秩序性，而A/B和C/D在每個循環中的頻率也好像有規則可循。而商史學者對「殷人六廟」之說（參見《甲骨學商史編》，頁268-275）更應該不會陌生。如果說這也是筆者提出分組法之下的一種巧合，那麼商代王位繼承法的許多巧合也著實令人迷惑了。我們再看兄終弟及

的另一個特殊現象。

　　史家根據〈殷本紀〉的許多「傳弟某某」，及卜辭中所見「父某，父某」等，認為商王室的繼承法是「父死子繼」和「兄終弟及」並行制，甚至說：「商之繼統法以弟及為主，而以子繼輔之，無弟然後傳子。」（王國維，1927）然而表7-1的兄弟關係，照本文的分組法，大部分是屬於不同的世系或不同的世代。用筆者的分組法來批評兄終弟及說也許過於主觀，那麼試就董作賓所考訂出來的商王及位年數（表7-4）來論其世代關係。

表7-4　商王在位年代

世　代	同　世　諸　王	分　　　　組	在 位 年 數*	總　數
一	天乙	A_2	13	13
二	太丁，外丙，仲壬	C_1，B_1，C_2	（併入太甲之年）	—
三	太甲	A_1	12	12
四	沃丁，太庚	C_1，D_2	29，25	54
五	小甲，雍己，太戊	A_1，B_2，D_1	17，12，75	104
六	仲丁，外壬，河亶甲	C_1，C_2，A_1	11，15，9	35
七	祖乙	A_2，	20	20
八	祖辛，沃甲	B_3，A_1	16，15	31
九	祖丁，南庚	C_1，D_2	32，25	57
十	陽甲，盤庚，小辛，小乙	A_1，D_2，B_3，A_2	17，28，21，10	76
十一	武丁	C_1	59	59
十二	祖庚，祖甲	D_2，A_1	7，33	40
十三	廩辛，康丁	B_3，C_1	6，8	14
十四	武乙	A_2	4	4
十五	文丁	C_1	13	13
十六	帝乙	A_2	35	35
十七	帝辛	B_3	63	63

* 諸王在位年數根據董作賓，1958和1960

從成湯以至紂王，共十七世三十一王的六百餘年中，一世一王之例有八，共219年，其中五王在位年數在20年以下，平均各王也不及28年，這與常理中的一世之年相當。但一世數王的八例（太丁，外丙和仲壬之世不計），即位年數共達421年，每王平均在位也有21年，與一世一王之年數差不多。而兄終弟及每世的平均在位年數約為53年，高出一世一王之例約二倍，這或許有可能，但不應該出現這麼高的平均數字。商王室的許多此種「特例」實非常理所能瞭解。第四代諸王的在位年數共54年，第五代104年，接著第六代35年，連續三代八王將近200年，而西周武王至夷王共八世九王也不過233年。又設若兄弟（不論同父或同母）的年齡相差約40年（已超出一個女人生育年齡之極限），那麼一般的情形，兄弟的死年相差也應約略此數，可是太戊卻比其兄小甲（在位17年才死）多活了87年。

再看另外一個例子，第九世的祖丁在位25年以後，傳位給堂兄弟南庚（25年），南庚傳位給祖丁之子陽甲（17年），陽甲再傳弟盤庚（28年），盤庚再傳弟小辛（21年），小辛再傳弟小乙（10年）。假設祖丁在死的那一年才生下小乙，那麼小乙即位的那一年至少應該是91歲了（25+17+28+21），而小乙至少活到101歲時仍執國政！再假設小乙60歲時生下唯一即位的兒子（長子？）武丁，那麼武丁至少也活了100（41+59）歲才傳子。根據這樣最可能的估計，太戊至少活104歲，河亶甲89歲，如果據常理的推算，每一王至少應再多加20歲！像這種情形，我們不禁要問為什麼兄終弟及的諸王總是活得那麼久，而一世一王的例子卻老是在位不到二、三十年就死了？如果史家的說法正確，應該對這種特例有所解釋。

我們回頭看文獻上關於「弟」的記載：

《公羊傳・隱公七年》：「其稱弟何？母弟稱弟，母兄稱兄。」

《解詁》：「母弟，同母弟；母兄，同母兄……，分別同母者，春秋變周之文，從殷之質。」

《左傳・昭公二十五年》：「臧氏老將如晉問。會請往，昭伯問家故，盡對，及內子與母弟叔孫則不對。」

「母弟」之稱早就出現於卜辭（陳夢家, 1956: 484, 引自方法歛, 1939: 金璋所藏甲骨卜辭361），但究竟何所指，似尚未明。《解詁》之說如上，而顧炎武《日知錄・論母弟稱弟》：

夫一父之子，而以同母不同母為親疏，此時人至陋之見……。

郭氏曰：「若如《公羊》之說，則異母兄弟不謂之兄弟乎？」

程子曰：「禮文有立嫡子，同母弟之說，蓋謂嫡耳，非以同母弟為加親也。若以同母弟為加親，則知有母不知有父，是禽獸也」。

近人李宗侗（玄伯）謂：「古時所謂同母，不必係同母所生，凡姪娣所生亦曰母弟。」（1944: 4）牟潤孫據《國語・晉語》謂：

同姓必同母，異母必異姓。古代之姓就母系言，今人已無異

說。司空季子之同姓為兄弟，正足為同母為兄弟之解說。（1955：403）

理雅各（Legge）譯《左傳》（1960），稱「母弟」為"own full young brother."

由此可見學者對「母弟」之解釋各異其辭，莫衷一是。而這些解釋不是說「母弟」是同母兄弟，就是同父兄弟，均無法解開商王即位年數之謎。關於「立弟」之說，也不單純：

《公羊傳·隱公元年·解詁》：「嫡子有孫而死，質家親親，先立弟；文家尊尊，先立孫。」

《左傳·襄公三十一年》：「穆叔曰：太子死，有母弟則立之，無則立長；年鈞則賢，義鈞則卜，古之道也。」

公羊家謂：「禮：嫡夫人無子，立右媵；右媵無子，立左媵；左媵無子，立嫡姪娣；嫡姪娣無子，立右媵姪娣；右媵姪娣無子，立左媵姪娣。質家親親先立娣，文家尊尊先立姪。嫡子有孫而死，質家親親先立弟，文家尊尊先立孫。其雙生也，質家據現在，立先生；文家據本意，立後生。」（引自王國維，1927）

又，《史記》所謂「弟子相爭」，如果依史家的說法，即等於「叔侄相爭」，也就是說父輩和子輩相爭，在一個有嚴格世代層劃分的社會，這是很難令人信服的說法。也許曾經有過這樣的事實，

但只能算是特例，不應該是整個殷商社會的常態。徐仲舒論〈殷代兄終弟及即選舉制〉（1945）之說對此也無甚幫助。

以上根據商王廟號的秩序性，商王即位的年數，史書對於弟和母弟的記載，春秋時代的「立弟」之說，以及殷代的社會條件，提出筆者對於史家所謂「兄終弟及制」的懷疑。目前似乎還沒有一種說法能夠滿意地解釋殷商的王位繼承制，主要的癥結所在可能是卜辭和《春秋》三傳所謂「母弟」的真正意義，它不但與母方有關，而且與媵婚制也不可分，重視「母弟」之地位是殷代社會制度的一項特色。它的意義必須置於整個殷商社會的情境中始能瞭解，但殷商去今已遠，其社會制度已非今日可比，例如婚制即然。甚至宋代程子對所謂「母弟親親」，「知有母不知有父」之說已大不以為然，誣之為禽獸。殊不知殷商對於秦以後之中國人而言，已屬另一文化（other culture），學者似宜慎用「以今推古」，免陷於先入為主之成見。如此，史家或可為我們解開殷代王位繼承之謎。

參考書目

丁山

1932　〈宗法考源〉，《中央研究院歷史語言研究所集刊》，第4
　　　　本，頁399-416。

丁驌

1965　〈論殷王妣諡法〉，《中央研究院民族學研究所集刊》，第
　　　　19期，頁71-80。

1966　〈再論商王妣廟號的兩組制說〉，《中央研究院民族學研究
　　　　所集刊》，第21期，頁41-80。

王國維

1927　〈殷周制度論〉，《觀堂集林》，卷10。

加藤常賢

1940　《支那古代家族制度研究》（東京：岩波書店）。

牟潤孫

1955　〈春秋時代母系遺俗公羊證義〉，《新亞學報》，第1期，
　　　　頁381-421。

李宗侗（玄伯）

1944　〈中國古代婚姻制度的幾種現象〉，《國立北平研究院史學
　　　　集刊》，第4期，頁1-19。

1954　《中國古代社會史》（臺北：中華文化出版）。

芮逸夫

1957 〈左傳「穆姜之姨子也」質疑〉,《清華學報》,新1卷第3期,頁1-12。

1959 〈釋甥舅之國〉,《中央研究院歷史語言研究所集刊》,第30本,頁237-256。

林衡立

1965 〈評張光直「商王廟號新考」中的論證法〉,《中央研究院民族學研究集刊》,第19期,頁115-120。

胡厚宣

1944 〈殷代婚姻家族宗法生育制度考〉,《商史論叢》,Ⅰ：1。

許倬雲

1965 〈關於「商王廟號新考」一文的幾點意見〉,《中央研究院民族學研究所集刊》,第19期,頁81-88。

許進雄

1965 〈對張光直先生的「商王廟號新考」的幾點意見〉,《中央研究院民族學研究所集刊》,第19期,頁121-138。

徐仲舒

1945 〈殷代兄終弟及即選舉制說〉,《文史雜誌》,第5卷第5、6期。

張光直

1963 〈商王廟號新考〉,《中央研究院民族學研究所集刊》,第15期,頁65-96。

1965 〈關於「商王廟號新考」的補充意見〉,《中央研究院民族學研究所集刊》,第19期,頁53-70。

陶希聖

　　1966　《婚姻與家族》（臺北：商務）。

陳夢家

　　1956　《卜辭綜述》（北京：科學出版社）。

董作賓

　　1955　《甲骨學五十年》（臺北：大陸雜誌社）。

　　1958　〈中國上古史年代〉，《國立臺灣大學考古人類學刊》，第
　　　　　11期，頁1-4。

　　1960　《中國年曆總譜》（香港：香港大學）。

楊希枚

　　1966　〈聯名制與卜辭商王廟號問題〉，《中央研究院民族學研究
　　　　　所集刊》，第21期，頁17-40。

劉斌雄

　　1965　〈殷商王室十分組制試論〉，《中央研究院民族學研究所集
　　　　　刊》，第19期，頁89-114。

Chang, Kwang-chih（張光直）

　　1964　"Some Dualistic Phenomena in Shang Society," *The Journal
　　　　　of Asian Studies,* Vol. 24, No. 1.

Chao, Lin（趙林）

　　1970　*Marriage, Inheritance and Lineage Organization in Shang
　　　　　-Chou China.*（Taipei）.

Chen, T. S. and Shryock, J. K.

　　1932 'Chinese Relationship Terms,' *American Anthropologist,* 34：

623-69.

Deacon, A. B.

1927 "The Regulation of Marriage in Ambrym," *Journal of the Royal Anthropological Institute,* 57：325-42.

Fei, H. T.（費孝通）

1939 Peasant Life in China.（London: Routledge）.

Fêng, H. Y.（馮漢驥）

1937〔1948〕'The Chinese Kinship System,' *Harvard Journal of Asiatic Studies.* 2：141-275. Reprinted by The Harvard University Press.

Gifford. E. W.

1916 'Miwok Moieties,' *Uuiversity of California Publications in American Archaeology and Ethnology,* 12：130-94.

Granet, Marcel

1930 *Chinese Civilization.* London.

1939 'Catégories matrimoniales et relations de proximité dans la Chine ancienne,' *Annales Sociologiques,* Série B, fasc. 1-3. Paris.

1952 *Études Sociologiques sur la China,* Paris.

Hsu, F. L. K.（許烺光）

1940-1 'Concerning the Question of Matrimonial Categories and Kinship Relationship in Ancient China,' *T'ien Hsia Monthly,* 11：242-69, 353-62.

1945 'Observations on Cross-cousin Marriage in China,' *American Anthropologist,* 47：83-103.

Legge, James

　1960 *The Ch'un Ch'ew with the Tso Chuen. The Chinese Classics,* Vol. 5. Hong Kong.

Lévi-Strauss, C.

　1966 'The Future of Kinship Studies. the Huxley memorial lecture 1965,' *Proceedings of the Royal Anthropological Institute,* pp. 13-22.

　1969 *The Elementary Structures of Kinship.* Translated from the French（2nd edition, 1967）,（New York: Beacon Press.）

Seligman, B. Z.

　1927 'Bilateral Descent and the Formation of Marriage Classes,' *Journal of the Royal Anthropological Institute,* 57：349-76.

家族與社會
——台灣與中國社會研究的基礎理念

· 54017 ·
79.02.1047

中華民國七十九年三月初版
中華民國八十四年三月初版第三刷
有著作權・翻印必究
Printed in R.O.C.

定價：新臺幣250元

著　者　陳　　其　　南
發行人　王　　必　　成

本書如有缺頁，破損，倒裝請寄回更換。

出 版 者　聯經出版事業公司
臺北市忠孝東路四段555號
電　　話：3620308・7627429
郵 撥 電 話：6 4 1 8 6 6 2
郵政劃撥帳戶第0100559-3號
印刷者　世和印製企業有限公司

行政院新聞局出版事業登記證局版臺業字第0130號

ISBN　957-08-0114-X（平裝）

國立中央圖書館出版品預行編目資料

家族與社會：臺灣與中國社會研究的基礎
理念/陳其南著 . --初版 . --臺北市：
聯經，民79　　面；　　公分
ISBN　957-08-0114-X(平裝)
〔民84年3月初版第三刷〕

Ⅰ.家族－社會方面－論文，講詞等 Ⅱ.社
會制度－中國－論文，講詞等

541.92　　　　　　　　　　　　84002680